U0362650

大羅新
大羅
北京永成
七週紀念

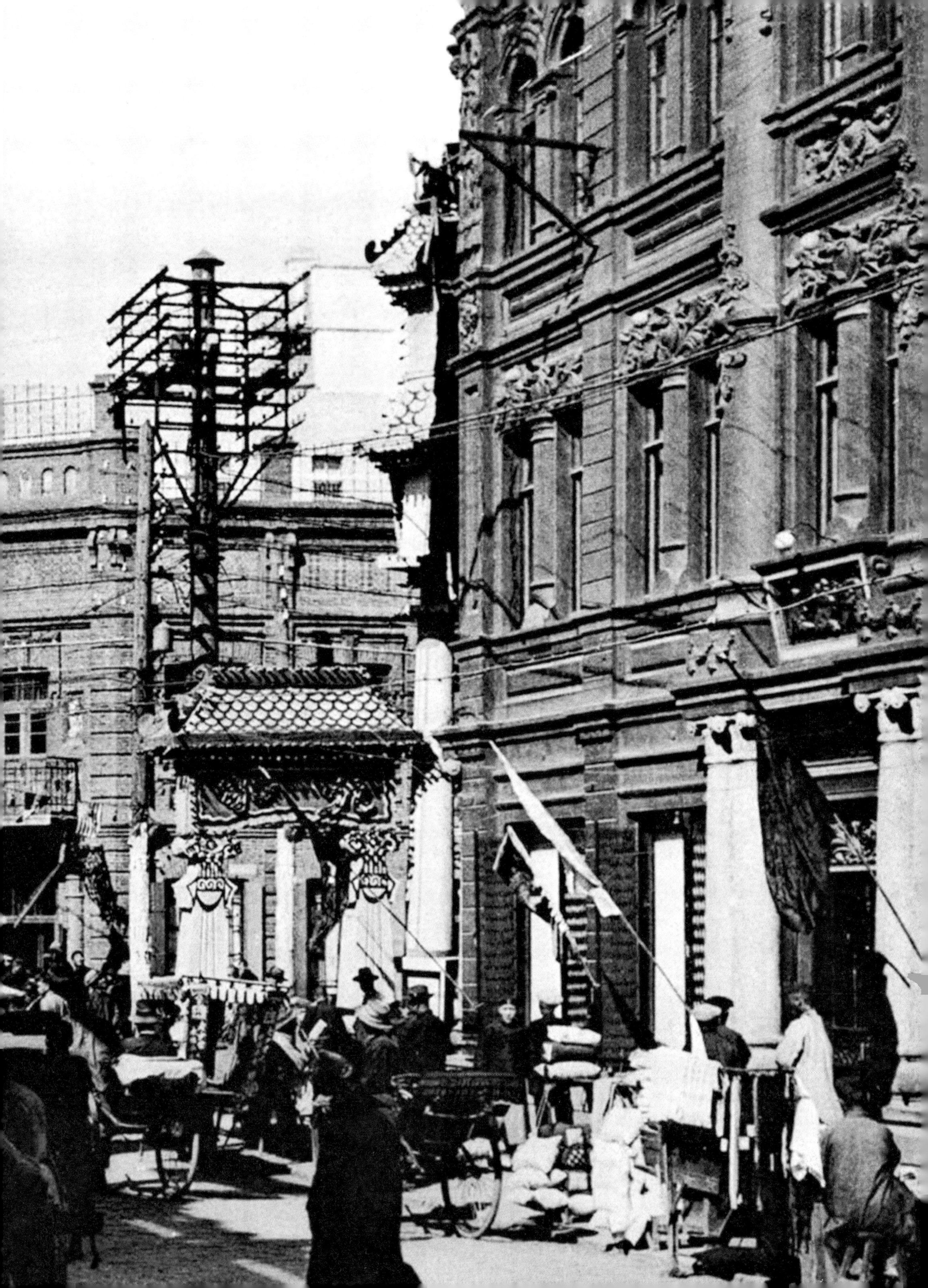

“十二五”国家重点出版物出版规划项目
地域建筑文化遗产及城市与建筑可持续发展研究丛书

碰撞与交融

哈尔滨道外近代建筑文化解读

Collision and Integration

An Interpretation of Modern Architecture in Daowai, Harbin

王 岩 著

哈爾濱工業大學出版社

前　言

在有着“东方小巴黎”和“东方莫斯科”美誉的哈尔滨的近代史上，道外称得上是一个独特的存在。

道外最早的地名是“傅家店”。1898 年俄国在哈尔滨开工修筑中东铁路并划出铁路附属地范围，傅家店在此范围以外。1905 年清政府在傅家店首次设治，称滨江关道（即哈尔滨关道），傅家店从此有了第一个政府的行政建制，后于 1908 年，以“傅家甸”作为这里正式的行政区划名称。傅家甸和俄国势力控制的中东铁路附属地之间仅隔着滨洲铁路线，因而很早人们就习惯把滨洲铁路线以西的铁路附属地的一部分称作“道里”，将铁路线以东的傅家甸等处称作“道外”，1910 年中东铁路机关报《远东报》上就已经出现了“道里”“道外”的称谓。

在整个近代时期，“道外”一词始终是一个地理空间的概念，即一个约定俗成的地域名称而非正式行政区划的名称，这一地域的范围是以傅家甸为核心，包括了八区、四家子、圈儿河、北江沿等处。“道外”正式的行政区划的名称先后有滨江厅、滨江县、滨江市，即使在伪满时期道外这一地域被正式划入哈尔滨市区的范围之内，其行政区划的名称依然不是“道外”，而是东傅家区和西傅家区。直到 1956 年，“道外”一词才正式成为哈尔滨市的一个行政区划的名称——“道外区”[1]。

“道外”同时也是一个文化的概念。在伪满以前，道外在行政上始终归中国政府管辖（只有八区被划入中东铁路附属地），而且是哈尔滨地区中国人口最集中的区域，近代大量的关内移民在此聚居，在文化上保留了很多中国传统文化的内容，形成了哈尔滨地域范围内一个特色鲜明的文化区。在这个文化区域内，以中国工匠为主体，人们创造出了完全有别于哈尔滨中东铁路附属地内西式建筑的、具有中西交融特色的近代建筑文化，成为哈尔滨近代建筑中颇为独特的一支。

道外近代建筑的特殊意义在于，它不仅仅是一种单纯的建筑现象，更是近代哈尔滨一种独特的文化现象。从文化地理学和民俗学的角度看，其文化要素之众多、民俗特色之鲜明、设计手法之自由不羁，在哈尔滨近代建筑中都是绝无仅有的，也绝非简单的“中华巴洛克”一词所能概括的。与哈尔滨的道里、南岗等区域那些直接源自西方的“阳春白雪”式的建筑文化相比，道外这种以民间工匠为主体所创造出来的近代建筑更富于“下里巴人”的味道，在建筑艺术水平上它可能难登大雅之堂，甚至可能有“低俗”之嫌，但其存在的意义绝不仅仅在于建筑艺术本身，而在于它是近代中西建筑文化交融和碰撞的一个产物，是近代中西建筑文化交融现象在中国北方传统文化边缘区的一种表现。

道外近代建筑在本质上已形成一种独特的区域建筑文化现象。在文化上，道外形成了以中国传统文化为根基、以中西交融为鲜明特色的区域文化，在哈尔滨近代以西方文化为主导的文化氛围中可谓独树一帜；在建筑上，则形成了以中国的民间工匠为创作主体，以模式化的外廊式楼院布局、多层面的中西建筑文化交融、强烈的民俗意趣为典型特征的道外近代建筑，成为道外区域文化的重要组成部分和最直观的文化表征，与哈尔滨中东铁路附属地内的建筑文化形成鲜明对照。

鉴于道外近代建筑所反映出来的传统建筑的现代转型、近代中西建筑文化的交融，以及道外特有的民俗文化氛围等多方面的内容，实际上已远远超出了建筑本身所能解析的范畴，因此本书借用了人文学科的相关文化理论和概念，如文化地理学中的文化区、文化扩散、文化整合等以及民俗学的相关理论，分析和阐释了这种建筑文化现象的成因及其深层的文化内涵，探寻了影响其形成的建筑背后的文化动力，以使这种解析更具文化学意义，能更加全面完整地揭示出道外近代建筑的内在实质。

王　岩

2018.4

Introduction

In modern times of Harbin which was nicknamed Oriental Moscow and Oriental Paris, Daowai is undoubtedly a unique area.

The first name of Daowai was Fujiadian, which was originally a small fishing village outside the Chinese Eastern Railway (CER) Zone when Russia started to built the CER and the CER Zone in 1898. In 1905, the Qing government established a custom administration named Binjiang Guandao (or Harbin Guandao) in Fujiadian, to deal with the issues between Chinese government and CER Zone, and Fujiadian gained its first official name and became an administrative district of Qing government. Separated with the Russian controlled CER Zone by the railway, Fujiadian and some other parts which all located on the east of the railway line was conventionally called Daowai (which means outside the railway area in Chinese) , while part of the CER Zone to the west of the railway was called Daoli (which means inside the railway area). The two names of Daoli and Daowai could already be seen in 1910 on the CER newspaper *The Far East*.

During most of the first half of 20 th century, the name Daowai was more a geographic, conventional region concept than an officially administrative name. The range of Daowai covered Fujiadian as the core, Baqu, Dong-sijiazi, Quanhe and Bei-jiangyan. BinjiangTing (quite similar to county in late Qing Dynasty), Binjiang County, and Binjiang City were successively used as the official name of Daowai. Even in the period of puppet Manchukuo when Daowai was officially within the urban area of Harbin, the administrative division names of this area were Dong-fujia District and Xi-fujia District, not Daowai. In 1956, Daowai eventually became an official district name in Harbin, Daowai district.

On the other hand, the name Daowai was also a concept of culture. Before puppet Manchukuo, Daowai was controlled by Chinese government all the time (except Baqu controlled by CER Zone), and was the densest area where Chinese immigrants from south of Shanhaiguan settled in Harbin. Thus Daowai became a unique cultural area in Harbin where traditional Chinese culture was well kept. Chinese craftsmen in this area created a sort of Sino-western blending modern architecture which was totally different with that in the CER Zone and became adistinctive part of modern architecture in Harbin.

The specific significance of modern architecture in Daowai lies in that it is not only a matter of architecture but also a matter of culture in modern Harbin. From the point of view of Cultural Geography and Folklore, modern architecture in Daowai is rather distinctive in Harbin, with its diversified cultural elements, unique folk features and liberal design which could not be only described as the word "Chinese Baroque" .Unlike the architecture in Daoli and Nangang District with highbrow western style, architecture in Daowai created by Chinese craftsmen shows more popular folk characteristics in design which might be unrefined and unpresentable or even vulgar. Yet what really make sense lies not only in architecture itself, but in that Daowai architecture is as an outcome of Sino-western collision and integration in modern times, and a phenomenon of Sino-western blending in north cultural fringe in China as well.

In fact, architecture in Daowai has become a distinctively regional culture phenomenon. The regional culture in Daowai is based on traditional Chinese culture and characterized by Sino-western blending, meanwhile modern architecture in Daowai is created by craftsmen and featured with modular layout of quadrangle storied building, multi-level of Sino-western architectural blending, and garish folk flavor. Daowai architecture is therefore the most important part of Daowai regional culture and the most visualized cultural representation contrasting sharply with that in the CER Zone of Harbin.

Daowai modern architecture has presented multiple aspects including the transformation of traditional Chinese architecture, the Sino-western collision and integration in modern times, and specific folk culture atmosphere, which are far more beyond the analyses only on architecture. In this case, this book borrows some concepts from relevant cultural theory of human science, such as cultural district, cultural diffusion and cultural integration from Cultural Geography, as well as relevant concepts from Folklore, so as to analyze and explain the cause and deep cultural connotation of this architectural phenomenon, to explore the cultural motive behind the buildings, thus aiming to give a more comprehensive integration of modern architecture in Daowai.

WANG Yan
April 2018

目　录
Contents

道外近代建筑文化的形成

The Evolution of Modern Architecture in Daowai

纵观整个中国近代的建筑发展，其发展的核心内涵和主题就是现代转型，是伴随着整个社会的现代化进程，从绵延几千年的“本土长寿”的传统建筑体系向适应工业文明的新的现代建筑体系过渡的重要转折。近代中国的社会发展和变迁正是围绕着“现代转型”这一主题而展开的，其现代化的历程属于“后发外生型现代化”，其现代转型的启动具有明显的外源性的特点[2]。作为中国近代城市发展前哨的哈尔滨，是伴随着中东铁路的修筑和通商开埠而发展起来的近代新兴城市，其现代化的历程是典型的“后发外生型现代化”，哈尔滨近代建筑的现代转型就是发生在这样一个大的历史背景下。而在这一重大的社会历史变革的时刻，哈尔滨的道外区由于较为特殊的历史和社会原因，形成了完全不同于其他两区（道里和南岗）的区域文化，在建筑上则是形成了哈尔滨绝无仅有的道外近代建筑。道外近代建筑的形成和演进的内涵与主题只有一个，就是现代转型，其现代转型的历程和模式也是迥异于道里和南岗的。

1.1 传统文化在道外的传承

道外（即近代的傅家甸、四家子等区域）在哈尔滨历史上是一个非常特殊的区域，它地处中东铁路附属地以外，始终处于中国政府的管辖之下，也主要因为如此，中国的传统文化才有了延续和传承的空间，中西方建筑文化的冲突和碰撞也集中地出现在这里，因此才形成了以多层面的中西建筑文化交融为主要特色的道外近代建筑。道外近代建筑之所以有别于道里、南岗两区，根本的原因就在于传统文化在道外得到了延续和传承。而得以传承的重要条件，一是当时的行政区划，二是近代的关内移民。

1.1.1 内部条件——行政区划

（1）设治前的历史文化。

道外在近代是以傅家甸为核心的地区（还包括四家子、圈儿河、北江沿等区域），是哈尔滨形成、发展较早的老城区，历史悠久，早在哈尔滨市形成以前，人类就在此地繁衍生息和开发建设。

据史料记载，商、周和先秦时期，这里是肃慎族居住地区。两汉、三国和两晋时属夫余。南北朝时期这里成为勿吉族的辖地。隋朝，勿吉族车骨部突起，松花江、牡丹江流域以及黑龙江中上游都为其所有。唐代，这里被正式纳入疆域版图，先隶属河北道，后又归属于渤海国鄚颉府。五代时，来源于唐朝黑水（族）的女真族迅速兴起，分布于松花江、黑龙江下游地区。之后，辽建契丹国，这里成为生女真族的领地。金灭辽后（1125 年），这里成为金代上京会宁府（今阿城区城南白城）西北部的边缘地区。元朝时此地归硕达万户府管辖。明朝为巩固封建统治，在东北各地设立了众多的“卫”“所”，这里先归属于岳希卫，后划入阿什卫。

清代，东北地区实行的是军府制的管理，这里归属宁古塔将军管辖，后划归吉林将军。康熙年间，清政府在今道外区前进乡设置了水师营，营周围还设立了许多官庄。雍正四年（1726 年），设吉林阿勒楚喀协领衙门，地址就在上京会宁府，这里便属阿勒楚喀副都统下属的双城厅管辖。

可见，道外在近代以前的历史上，是以少数民族的游牧文化为主体，但即便如此，这里的文化仍然是在中华民族完整的文化区中发展的。

道外地区最早形成的是放牧的草场和捕鱼的滩头，人们相沿称呼这里为“马场甸子”。有学者考证，这里最早被称为“哈尔滨渔村”[3]。大约在 1890 年，从山东逃荒来的傅氏兄弟在哈尔滨渔村北头，即今南头道街 1 号盖房落户，并开了一个小药铺、一个大车店和一个黄酒馆[3]，这便是道外的前身——傅家店。中东铁路开工修筑以后，傅家店也随之逐渐繁荣起来，到 1898 年已有二三百户人家，2 000 人左右①。从原有的小渔村到拥有几家店铺的傅家店，显示出这里传统的游牧和渔猎经济文化开始向商品经济文化转变的趋势。

但是，在 1905 年以前，这里一直没有单独的行政建制，归吉林将军治下的阿勒楚喀副督统管辖。1898 年中东铁路开始修筑，选定了哈尔滨地区作为铁路的枢纽。随后，中东铁路工程局前后共进行了三次圈地，划出铁路用地和所谓的铁路附属地，由中东铁路管理局直接管辖和控制，傅家店也曾经被圈占。《合办东省铁路公司合同》规定，“勘定路线之时，凡一切坟墓、村镇、城市务宜设法从旁绕越”[3]。因此，“光绪二十八年（1902 年）初，吉林铁路交涉总局与中东铁路公司联合勘界，收回了被俄国军队圈占的傅家店及以东地区 11.45 平方公里。同年，傅家店城区面积已达 0.45 平方公里”②。从此，

① 哈尔滨市人民政府地方志办公室．哈尔滨市志・人口．
http://218.10.232.41:8080/was40/detail?record=5&channelid=35519&presearchword=

② 哈尔滨市人民政府地方志办公室．哈尔滨市志・城市规划．
http://218.10.232.41:8080/was40/detail?record=9&channelid=34213&presearchword=

傅家店成为中东铁路附属地界以外、中国政府治下的城市区域。

在 1905 年设治以前，傅家店唯一的行政管理机构就是“傅家店办事公所委员会”，进行地方自治管理。

（2）设治后的政权沿革。

近代时期，清政府没有预见到中东铁路在哈尔滨的开工修筑，会给哈尔滨带来历史性的变革，即使在中东铁路即将通车、哈尔滨已显示出近代城市的雏形时，也没有意识到主权和利权正在大量外溢，仍然没有在哈尔滨正式建制，只是在俄国人的要求下在哈尔滨设立了吉、黑铁路交涉局。直到 1905 年日俄战争结束，日俄两国开始重新划分在东北的势力时，清政府才匆忙在哈尔滨设治。

1905 年 10 月 31 日，由吉林将军达桂会同黑龙江将军程德全奏请在哈尔滨添设滨江关道(即哈尔滨关道)，设立的目的正是为了“维护主权、利权而‘力争先著’、‘会同设官，不可稍分畛域’。其职权为‘主办黑龙江、吉林两省对俄交涉和稽征关税事务，并统辖依兰府一带地方’”①。这是中国政府在哈尔滨地区第一个正式的建制机构，道署便设于傅家店，即今道外北十八道街和北十九道街之间。

虽然初次设治就设了行政级别较高的“道”，但由于“无承上启下之员”，1906 年 8 月 31 日，吉林将军达桂以“哈尔滨俄国人屡向傅家店侵展，华洋错处，讼狱滋繁，傅家店商民日众，无以为治”[4]，非一道员所能辖治为由，会奏在“哈尔滨援照奉天营口厅章程，添设江防同知一员，归哈尔滨道所属”[3]，专理两省华洋交涉事宜。1907 年 1 月 23 日，奉旨奏准于哈尔滨设滨江厅江防同知[4]；4 月 18 日，吉林将军以朱启经试署滨江厅江防同知，并颁木质关防，厅署设于傅家店万德店(现南十一道街)[4]，治理傅家店、岗家店、四家子等村。

1908 年 1 月，何厚祺试署滨江厅同知，认为傅家店的“店”字意义狭窄改傅家店为“傅家甸”；从此，傅家甸便成为道外城区最早的区划名称。

滨江厅江防同知设立后，因为俄国人不承认，很难实行其职责，而且“所辖地不足十里，殊难成治”，所以东三省总督徐世昌、吉林巡抚陈昭常于宣统元年闰二月十九日（1909 年 4 月 9 日）奏请将滨江厅江防同知改设为滨江厅分防同知。四月十五日（6 月 2 日）奏准，正式设立滨江厅[5]。宣统三年 (1911 年)，又把双城东北隅 61 村屯划归滨江厅分防同知，使其辖区扩大到西起苇塘沟，东至阿城界，南至双城府旗屯营地，北至松花江南岸，东西宽 70 余华里（1 华里 =500 m），南北长 40 余华里，110 余个村屯，4 万余垧耕地（1 垧 =10 000 m^2），5 280 余户人家。除俄国管辖的道里、南岗、香坊等地外，其他地区都属滨江厅辖界[1]。

① 孟烈，李述笑．百年风雨道台府．
http://special.dbw.cn/system/2005/06/29/050069502.shtml

1909 年 9 月 18 日，吉林将军奏请以“滨江道改称西北路道，仍驻哈尔滨，巡防吉林西北一带等处地方，兼管哈尔滨关税及商埠交涉事宜”[4]。无论是滨江关道，还是西北路道，都是哈尔滨地区的最高行政管辖机构；无论是滨江厅江防同知，还是滨江厅分防同知，都是隶属滨江关道或西北路道的地方行政管辖机构[5]。

1910 年 7 月 27 日，滨江关道改称吉林分巡西北路兵备道，正式启用关防[4]。

1913 年 3 月，滨江厅分防同知撤销，改设滨江县[4]。

1917 年 12 月 4 日，滨江县署由傅家甸迁往东四家子新署址[4]（现第四医院院内）。

1927 年 12 月 1 日，滨江县马路工程局与卫生局合并，改设滨江市政公所[4]。

1929 年 2 月 1 日，吉林省政府成立，裁撤滨江等道尹，设交涉员；同年 5 月 1 日，滨江市政公所裁撤，设立市政筹备处，划傅家甸、四家子、圈儿河、太平桥为滨江市辖区，脱离滨江县，成为滨江市，为吉林省辖市[4]。

1933 年 7 月 1 日，东省特别区改称北满特别区；同年，日本人制订所谓“大哈尔滨计划”，将原哈尔滨特别市、东省特别区市政管理局辖哈尔滨市、吉林省辖滨江市、江北黑龙江省松蒲市政局辖区四合为一，并将呼兰县 10 屯、阿城县 31 屯划入，成立哈尔滨特别市。吉林省属滨江县所辖区域划为北满特别区。至此，以傅家甸、四家子为核心的道外地区才正式并入哈尔滨市的行政范围内。

由上述历史沿革可以看出，从原始的自然村落到设治后直至伪满政权以前，道外地区的行政管辖权一直掌握在中国人手中，其各项事业的发展也是由中国政府控制的，这在很大程度上避免了西方文化的直接的外来移植，使得这一区域的中国传统文化、包括建筑文化在很大程度上得以延续和保存，客观上为传统建筑文化的传承提供了必要的保障。

1.1.2 外力强化——近代移民

（1）土著文化。

历史上哈尔滨地区的土著文化是少数民族的游牧文化，在文化上远离汉文化的核心区，处于文化边缘区的关东文化区内，传统文化对此地的影响力很弱；自清代京旗移垦以及汉族流人逐渐进入后，汉文化也逐渐同这里的少数民族文化（尤其是满族文化）相互融合，形成一种满汉交融的地方文化。

关东地区是以满族为主体，由满族、蒙古族、朝鲜族、达斡尔族、鄂伦春族等民族同构共存的少数民族社区。清代以来，民族文化的交流主要在满汉之间进行。满洲贵族入主中原后，为固守“龙兴之地”的满族纯正风俗，曾对关东地区采取闭关政策，但“闯关东”的现象屡禁不止，满族固有的传统文化不断受到汉族流民、流人所带来的中原文化的冲击，以致“弃置本姓沿用汉习者”日多，至 19 世纪初，

“黑龙江以南的满洲几乎人人会说点汉语，许多满人甚至已经丢掉了自己的母语，此即汉化的结果”[6]。“到了今日，旅行满洲者，从辽河口岸直达黑龙江，至多只能看见从前游牧人民的一点行将消灭的残遗物迹而已，他们昔日跨峙塞北的雄威，已经荡然无存了。”[6]另一方面，中原流民到关东地区后，由于环境的改变，也不得不改吃高粱米、棒子面，为抵御严寒，也不得不烧炕睡炕，等等。满汉文化不断交融，最终形成了新型土著文化，即满汉交融的关东文化。“满汉旧俗不同，久经同化，多已相类，现有习俗，或源于满，或移植于汉。”[6]这是对满汉交融的关东文化的高度概括。

即使是在关东文化区内，哈尔滨在近代以前也没有行政建制，仅仅是一个自然经济的小渔村而已，既不是地方权力的中心，更谈不上文化的发达，因此在满汉融合的关东文化区中，哈尔滨也是处于边缘的地位。

（2）近代移民。

近代以来，尤其是中东铁路通车后，大量的移民纷纷来到哈尔滨谋生，包括中东铁路从关内各省招募来的筑路民工，以及后来闯关东过来的关内移民。据清末的统计，由于自然灾害、战乱等因素而诱发的移民潮，导致关内北方各省农民平均离村人口在9.1%~10%之间。“进入东北的流民以山东的为最多，其次是直隶，以天津、保安、滦州、乐亭等府县较多。再次是河南和山西两省。”[7]中东铁路的修建对劳动力产生了极大的需求，除雇用当地的民工外，俄国的筑路人员还前往关内北方各省招收贫苦农民前来修路。《一个俄国军官的满洲札记》的作者在书中承认：“在异国他乡的满洲，要完成像中东铁路这样一项庞大的工程，没有中国劳动力是不堪设想的。实践证明，从俄国向满洲输送劳动力的尝试，是行不通的。”此书还记载了1899年工程师依格纳奇乌斯曾亲自前往上海和芝罘招收七万名工人的情况。1900年为修筑铁路主干线，铁路商务代办卡尔波夫又招募了十万名工人。这些从外地招募来的劳工，基本上来源于关内各省人多地少、生活艰苦的地区，所以在中东铁路工程结束后，其中大部分就在铁路沿线的村庄里落脚，从事农业劳动谋生，成为黑龙江移民的一部分[7]。“关于1927年移民的地理分布，中东铁路运输机构所做的调查也得出了相类似的证明：‘八分之五赴铁道东部，八分之二赴西部，其余的八分之一下车于哈埠。’”[7]1903年中东铁路建成后，在客观上为黑龙江地区移民的迁徙带来了便利的条件，促进了铁路沿线地区移民事业的发展，铁路所到之处，移民便蜂拥而来。

此外，日俄战争也对移民产生了影响，一方面，如“汤尔和在《黑龙江》一书中写道：‘日俄战争使江吉两省之移民增加率，显著提高，故由战争而使恐怖之辽宁居民举起全村，而求安全避难之所，著眼于北满之自由天地也。’”[7]另一方面，俄军以哈尔滨为军需基地，刺激了粮食加工、酿造、纺织等加工工业的起步，客观上为移民提供了大量的谋生机会。

这些移民来到哈尔滨后首先选择的落脚点几乎都在傅家店，许多人后来从事商业活动也选择在傅家店，使这里很快就成为大量中国人聚居的地方。随着近代大量移民的涌入，无论从传统习俗上还是建筑文化上，正统汉文化中的许多核心内容，包括居住习俗、建筑习俗等都被直接带到了这里，这在客观上大大强化了这里的中国传统文化的影响力。“当流民数量大大超过土著居民……这时客文化就可能喧宾夺主，并对土著文化产生影响。”[6] 随着闯关东的流民日益增多，而且落地生根者年增年长，客民的数量逐渐占据优势，使他们有理由保持齐鲁文化或是燕赵文化，“聚族而居，其语言风俗一仍旧贯”，中原文化就有可能喧宾夺主，迅速扩散，使本地区的中原文化传统得到极大的强化，甚至有学者认为，“社会意义上，东三省基本上是华北农业社会的扩大，二者之间容有地理距离，但却没有明显的文化差别。华北与东三省之间，无论在语言、宗教信仰、风俗习惯、家族制度、伦理观念、经济行为各方面，都大同小异。最主要的，是东三省移垦社会成员，没有自别于文化母体的意念”[6]。

因此，在这样的前提下，当中东铁路修筑后大量的西方文化以强势姿态风靡哈尔滨地区时，道外的传统建筑虽然也受到了强烈的冲击，但是并没有完全抛弃中国传统建筑文化的根基，而是以此为基础，兼收并蓄，逐渐迈出了现代转型的步伐，并使这一主题贯穿整个道外近代建筑发展过程的始终。

1.2　道外传统建筑的现代转型

1.2.1　转型的启动——整体约开与局部自开

（1）哈尔滨：整体约开。

在整个哈尔滨的现代转型过程中，傅家甸作为与中东铁路附属地的城区（南岗、道里）紧密相连的一个城市区域，始终与铁路附属地内的发展建设保持着密切的关联。众所周知，1898 年俄国利用《中俄密约》（全称《御敌互相援助条约》），攫取了在中国东北修筑铁路的特权，开工修筑铁路，又选择哈尔滨地区为铁路的枢纽，并划定铁路附属地作为城区，从此拉开了哈尔滨作为近代城市的发展序幕，这也成为与之毗邻的傅家甸地区向现代转型的一个契机和起点。

作为后发外生型现代化，现代转型的主要促动因素之一就是开埠通商，具体方式可分为不平等条约下被动的“约开”和中国政府自行开放的“自开”两种。

1896 年签订的《中俄密约》，表面上看是为了“联俄制日”，并没有允许俄国政府建造中东铁路，但是俄国通过将铁路的建筑和经营权全权授予华俄道胜银行而最终达到了借地筑路的目的。随后签订的《合办东省铁路公司合同》和俄方单独拟定的《合办东省铁路公司章程》使俄国完全取得了在中国境内修筑铁路的特权。1898 年 6 月，中东铁路工程局最后确定以哈尔滨为中心，分东、西、南三线，由 6 处同时相向开工。至 1903 年 7 月 14 日，全长 2 489.20 km 的中东铁路全线正式运营通车。

在筑路的同时，由于以哈尔滨为铁路枢纽，与筑路有关的行政管理机构均选择设在哈尔滨，并划出所谓的“铁路附属地”，由俄国人进行规划建设，而完全将中国主权抛在一边。俄国政府一直想将中国东北变成它的“黄俄罗斯”，所以从中东铁路修筑伊始直至建成通车始终没有放弃过在哈尔滨独立自治的野心。1899 年 6 月，中东铁路总工程师尤格维奇规定了所谓的“中东铁路附属地内居住权”，同年中东铁路工程局对新市街进行规划，首任工程师是列夫捷耶夫；1901 年 10 月中东铁路工程局开始对埠头进行规划（持续到 1902 年初）；1902 年 5 月 28 日，中东铁路公司二次圈地，通过《哈尔滨总车站续购地亩合同》，展地 5 267 垧，而且擅自出租土地 255 段。这一时期，俄国人完全不顾中国的主权利权，随意侵占土地、擅自进行租地售地的事件屡有发生，如 1902 年 6 月俄国人多米兰斯基、德里金强行租占四家子地基，“开工修造洋房”；8 月俄国人姚继煦私占四家子镶黄旗人富荣喜土地，埋钉界桩[4]。实际上已将哈尔滨视为完全开放的地区，“哈尔滨铁路界内之地，计南北十五华里，东西十八华里，俨然一商埠之形势。此界原购时，俄国人以修铁路为名，以开商埠为实，至今其势已成、积重难返。推究由来，其咎实由从先卖地无限为发轫之始也，所有界内既为俄国人租买，即为俄国人经营。未明言租界而与租界无异”[8]。中东铁路通车后，哈尔滨作为交通枢纽，运输便捷畅通，各方商贾更纷至沓来，哈尔滨商埠地的身份逐渐开始形成。

因此，《中俄密约》的签订不仅使俄国成功地修筑了中东铁路，而且使包括傅家店、四家子在内的哈尔滨整体门户洞开，虽无约开之名，而有约开之实，可称之为“第一次约开”。

然而，俄国通过中东铁路的修筑而获取的在华地位和利益令日本大为不满，1904 年 2 月，日俄战争在旅顺爆发，两个无耻的侵略者在中国的领土上为争夺各自的利益而展开激战。另一方面，在 1904~1905 年的日俄战争期间，哈尔滨成为俄军的军需大后方，俄国满洲军队军务粮台在紧邻傅家店的八区地方建立货物仓库，所以后来八区又有“粮台”之称。同时，俄军庞大的军需在客观上刺激了傅家店地区工商业的起步和发展，制粉业、杂货业、纺织业逐渐兴起，这也吸引了关内一些有产者或破产者纷纷沿着中东铁路北上哈尔滨，投资或寻找谋生的机会，致使傅家店的经济日渐发达。

1905 年 9 月，日俄战争结束，双方签订《朴次茅斯和约》，俄国被迫将中东铁路南部支线长春至大连段割让给日本，从此形成日本控制“南满”和俄国控制“北满”的局面。但日本决不甘心将北满地区全部交由俄国控制，为了获得在北满的利益，1905 年 12 月，日本强迫清政府与之签订《中日会议东三省事宜正约》及《附约》。在《中日会议东三省事宜正约》中，清政府承认向日俄转让南满铁路的事实；而在《附约》中，清政府将被迫开放一系列通商口岸：

大清国、大日本国政府为在东三省地方彼此另有关涉事宜，应行定明，以便遵守起见，商订各条款开列于下：

第一款 中国政府应允俟日俄两国军队撤退后，从速将下开各地方中国自行开埠通商：

奉天省内之凤凰城、辽阳、新民屯、铁岭、通江子、法库门；

吉林省内之长春（即宽城子）、吉林省城、哈尔滨、宁古塔、珲春、三姓；

黑龙江省内之齐齐哈尔、海拉尔、瑷珲、满洲里。

第二款 因中国政府声明，极盼日俄两国将驻扎东三省军队暨护路兵队从速撤退。日本国政府愿副中国期望，如俄国允将护路兵撤退，或中俄两国另有商订妥善办法，日本国政府允即一律照办。又如满洲里地方平靖，外国人命产业，中国均能保护周密，日本国亦可与俄国将护路兵同时撤退。

第三款 日本国军队一经由东三省某地方撤退，日本国政府随即将该地名知会中国政府，虽在日俄和约续加条款所订之撤兵限期以内，即如上段所开，一准知会。日本军队撤毕，则中国政府可得在各该地方酌派军队，以资地方治安。日本军队未撤地方，倘有土匪扰害闾阎，中国地方官亦得派相当兵队前往剿捕，但不得进距日本驻兵界限二十华里以内。……

光绪三十一年十一月二十六日
明治三十八年十二月二十二日
立于北京[8]

如果说，第一次约开时，腐败的清政府丝毫没有预见到中东铁路的修筑会带来一个崭新的现代城市，也没有预见到主权利权的逐步丧失，那么，中东铁路通车前后发生的中国主权利权屡屡受到侵害的诸多事实已使清政府意识到主权利权的大量外溢，不得不试图抵制抗衡，尤其是 1905 年 9 月日俄签订《朴次茅斯和约》后，清政府才匆匆于 10 月 31 日在哈尔滨设立滨江关道（即哈尔滨关道）。但随后的《中日会议东三省事宜正约》，尤其是《附约》的签订，要求清政府速开哈尔滨等 16 个城市为商埠，使清政府面临新一轮的主权利权的争夺，哈尔滨将面临的是第二次的“约开”。在此期间，洋人侵犯我主权利权的事件仍时有发生，如光绪三十二年九月初一日（1906 年）哈尔滨关道道台杜学瀛为禁止洋人私自向华民购租地事件向上呈请：

会办吉林铁路交涉总局花翎二品衔试署哈尔滨关道杜学瀛为呈请事。

窃查哈尔滨自铁路开通，洋人纷至沓来，往往有私自购租地亩情事。华人贪图重利，不顾大局，每致堕其术中，贻后来无穷之患。本年五月间，有老少沟六合局执事人陈珍，私将六合局房地卖与洋商什尼诺夫。经职道访闻，传案将合同追销，勒令退价赎回。转瞬，各处开辟商埠，各国官商络绎而至，私自购租地亩之事尤不能免，实与利权、法权均有关系，自应先事防范，以免日后纠葛。除分呈外，理合具文呈请宪台鉴核俯赐，咨会外务部照会驻京各国使臣，凡洋人在吉江两省地方向华民租用地亩，无论是否通商口岸，均须报明华官，于合同签押盖印。如私相授受，概不为据。其蒙古地方一律照此办理，以维权限，实为公便，须至呈者。[8]

面对西方列强即将展开的对哈尔滨的掠夺局面，也为了维护应有的利益，吉林将军达桂上奏清政府称“哈尔滨铁路畅通，既为贸易往来之中心点，又为权力竞争之中心区，商埠之设诚不可缓”，请求钦准在哈尔滨自行开辟商埠，设立公司招商入股[3]。可见，这一主张实际是在《附约》的“约开”制压下不得已而采取的一种无奈的主动之举。于是，1907 年 1 月 12 日，清政府设立“哈尔滨商埠公司”，地址就在道外的圈儿河，委任杜学瀛为总办，这标志着包括傅家店在内的哈尔滨地区正式开为商埠地，成为一个整体开埠的“约开城市”。

哈尔滨商埠公司在关于开办日期并拟定招股事宜的告示（光绪三十三年一月十七日，即 1907 年 3 月 1 日）中称：

将军的恩惠要使本国的商民均沾利益，是以设立商埠公司，派本道为总办，本府为帮办。这商埠设在四家子迤东圈儿河地方，南北长二十余里，东西宽十里八里不等，东至阿什河，西至铁路界壕，南绕田家烧锅，北至松花江南岸，地势极好，将来华洋通商，必然兴旺。本公司业已开办，该处系有主地亩，必须给价收回。拟招股本三十万元，每十元为一股，共计三万股，以作收买民地之用。就把此地划出街道、马路，按宽长十丈为一方，租给华洋商人，修建房屋，开设生意，按年征收租价。你们要知道每垧地能出街基七方半，这地价只付一次，租价是公司常年进项。此外还有许多营业者有利的事都归公司承办，所得红利入股的人一律均分。你们想想这利益有多么大，况入股的人除分红利外仍得八厘利钱，比拿钱放账、置买房产还便宜多着哩。劝你们有钱的人赶快入股，不拘多寡，本公司一体优待。此是一准有大利的事，与别的事业不同，本公司绝不欺哄你们，你们万不可观望失了机会，是为厚望，切切特示。①

① 哈尔滨商埠公司关于开办日期并拟定招股事宜的告示（及简明章程开摺的呈文）. 吉林公署文案处档案（J066-05-0090）.

（2）道外：局部自开。

哈尔滨整体约开后，道外的傅家甸地区日益繁盛起来。1913年成立滨江县后，确定了以傅家甸为基础向东发展商埠区的计划，包括整顿傅家甸、开发四家子和填筑江滩地以扩大商埠区。到1916年4月，滨江县知事张南钧以“旧商场（注：即傅家甸）商业日盛，大有人满之患”为由，在向吉林省长、道尹的报告中指出：“近两年，欧战发生，旅哈俄国人十去七、八，道里商业一落千丈，傅家甸始挤富庶。俄国人已见于此，特经营粮台（又称八站），免去赋税，欲诱我华商兴彼市面。业将粮台地面出放街基、兴修马路、节节进行，其势日通”，所以，“开放四家子商场（商埠）实为刻不容缓之举，知事拟乘此清丈土地、出放街基之际，将四家子划为新市场（新商埠），作为特别区域，既以抵制俄国人，且以振兴地面”①，请准将四家子地区开放，将十六道街一带空地开发，大兴土木，广建房屋、工厂、商店、戏院和妓院，借以招商兴市。关于资金问题，他提出“筹办四家子新市场之大端计划也，至一事之成非财莫举，修筑马路、建设平康里、戏园、公园诸款，请省长由四家子地价内拨借10万元”①。

1919年和1921年，道外又两次成立滨江商埠局，将圈儿河、太平桥、三棵树等150余万平方丈（1平方丈≈11.11m²）土地辟为商埠。不难看出，四家子、圈儿河等处的相继开放实际上是中国政府在辖区内实行的局部的自开商埠的措施。这种主动的自开商埠，极大地刺激了民族工商业的起步与发展，使得道外在20世纪10年代至20年代成为哈尔滨乃至全国民族工商业发展最快的地区之一，而民族工商业的快速发展也带动了更大量的关内移民的涌入，当时“跑哈尔滨是最时髦的一件事”[9]。这些又反过来刺激了房地产事业的飞速发展，促进了道外的城市和建筑面貌的改观，从制度层面保证和促进了传统建筑文化的现代转型。

1916年10月，“傅家甸新造楼房极多，又兼马路兴修，市面日见发达，户口随之增加。……凡十月一日以前修筑成立之房计一千五百二十间”（《远东报》，1916年10月20日）。至同年底，“傅家甸本年修筑之楼房、洋铁盖房，……闻共计成立者，一千六百三十余间云”（《远东报》，1916年11月21日）。

1917年的《远东报》记载，“东四家子新修之商埠，南北大街长四里有余，东西大街长五里有余，宽三丈六尺，道旁水沟均用板砌成沟，以外所栽之木尽系青杨，五步一株，大者拱把，小者如臂。说者谓，滨江一隅若至商埠开通之后，

① 哈尔滨市人民政府地方志办公室．哈尔滨市志·城市规划．http://218.10.232.41:8080/was40/detail?record=40&channelid=34213&presearchword=

地面发达在东三省当首屈一指云”（《远东报》，1917 年 8 月 4 日）。至 1917 年底，“本埠东四家子本系偏僻之地，近因地面繁兴，商民在该地建房者颇多，楼房计有五百余间，砖房计有二千余间，土平房计有三千余间。现因冻结工程，未及完整者尚多。其马路亦修有十四条，可以通行无阻云”（《远东报》，1917 年 12 月 1 日）。除大量兴建房屋外，东四家子东端还修建了道外唯一的一座公园，即滨江公园，使道外市政面貌进一步改观，“东四家子滨江公园所占地点系弓地十三垧，南北长八十五丈，东西宽五丈，正门向西开设，北面设一便门以便出入，内有凉亭两座，正在修工之际，尚未完竣，其中置花草树木，并有花匠十余名，故各界人士之前往游赏者相属于道云”（《远东报》，1917 年 8 月 4 日）。

（3）两次战争：偶然与必然。

在道外现代转型的起步期，两个偶然的历史事件，即两次战争，在客观上为道外民族工商业的快速发展提供了契机。一次是 1904 ~1905 年的日俄战争，哈尔滨成为俄军的军需大后方，道外的八区（当时在铁路附属地界内）因有滨洲铁路站场而成为制粉业火磨、油坊、粮栈等军需物资的加工集散地，所以八区又有“粮台”之称。俄军庞大的军需刺激了外商和关内的华商纷纷前来投资办厂经商，成为道外民族工商业起步的一个重要契机。

另一次战争是 1914 ~1918 年的第一次世界大战，俄日两国都投入战场，对哈尔滨已无暇顾及。这倒给了道外的民族工商业一个绝好的发展机会，使之进入了近代民族工商业的兴盛时期。以制粉业的火磨为例，“民五（即民国五年）以前经营者多为俄国人，次日人，华人经营者尤寥寥也。自至欧战爆发，列国征调侨民归国入伍，华人乃得趁此时机以贱价取得彼侨在华经营之各种实业工厂。哈埠华人经营之火磨，大半于此时购之于俄国人也。自此以后，火磨事业其权威遂一变而操诸华方，外人经营者，仅永胜公司等二三家，硕果仅存耳。彼时大战正烈，东、西洋各种工业几乎全部停顿，日俄两国之食粮完全仰给于我东北三省。一时哈埠火磨事业极形发达，因之遂引起一般资本家之兴致，相率起而投资于斯业。”[10] 哈尔滨民族工商业的发展由此突飞猛进，一日千里，终于在 20 世纪 20 年代达到鼎盛，而道外在其中占了大部分。

民族工商业的繁荣兴盛反过来带动了更多的商人前来投资，加上一战期间正是道外四家子自开商埠、大兴土木之时，房屋需求量猛增，1917 年 5 月 15 日《远东报》评论傅家甸之发达时称：“自欧战发生以来，本埠中外商家无不获利倍蓰，内地商店不能望其万一。故纷纷派人来哈组织分号银行及公司等，惟限于市房不足应用，多败兴而回云。”因而房屋建设、房地产业都随之迅速发展起来，这又进一步带动了道外传统建筑的快速转型，不能不说是偶然中的必然。

1.2.2 转型的途径——本土演进与外来移植

在传统建筑现代转型的过程中，一般有两种主要的转型途径，一为“外来移植”，即以完全移植西方的建筑成就为主，另一种为“本土演进”，是在传统建筑体系的基础上进行演变和改造而形成的[2]。从道外传统建筑在近代的发展来看，大约经历了四个阶段，各个阶段呈现不同的转型特点，本土演进与外来移植作为不同阶段的阶段性特征相继出现。

（1）初始期：延续本土。

约从中东铁路修筑开始到1910年以前。这一时期的道外建筑以延续传统建筑文化为主。传统建筑的现代转型尚未起步，建筑从结构体系到外观样式均未发生根本性的改变。

傅家店地区在中东铁路修筑之前只不过是众多自然村落中的一个，处于中国传统文化圈的范围之内，至铁路修筑之初这种情况亦未曾改变：“当时道外是松花江火轮船码头，与火车站相连接，水陆交通堪称方便。这里又是商店街，大约有800户居民，多是中国旧式建筑，颇为繁华。”[3]从当时留存下来的老照片上也可以清楚地看到，当时商业店铺的式样仍是传统建筑的门脸和招牌、幌子、大屋顶、小青瓦、青砖墙等（图1.1）。1905年设治后新建的道台府建筑群也是典型的衙署布局、传统样式和做法，但是富于东北地方特色的，如采用满族民居的梁架、仰铺的小青瓦等。不过在这个组群中有一个特殊的单体建筑“会洋官厅”，推测是办理与洋人有关的关税等事宜的地方，采用的是完全的西式样式，显示出这一时期的中国工匠已经初步掌握了一些西式建筑的构筑方法（图1.2）。

1910年（宣统二年）前，即使是中东铁路已通车、哈尔滨已通商开埠数年，道外的房屋建设仍“无人管理，可任意选址修筑，以土坯房、草棚房居多”[1]。因而这一时期建筑的发展十分缓慢。

（2）起步期：本土演进与外来移植交织。

约1910年至1916年。这一时期道外开始整顿市政，主要有修筑马路、垫修江堤等。商业建筑上开始出现“洋门脸”，但主体结构上，有的还保持中国传统木构架，仅将临街立面修成西式门脸，有的则已尝试西式的砖石承重墙结构，从内到外彻底移植西式建筑做法，因此，其现代转型的途径是本土演进与外来移植相交织。

在整顿市政上，1910年10月23日的《远东报》记载：“傅家甸警局警务长德柳臣，以傅家甸地窄人稠，商民修盖房间任意修筑，并无报官勘丈发给建筑执照之办法，以致漫无限制，非侵占邻基，即占碍道路街巷，因之狭隘，与交通大为不便。以故由管局拟定修造章程。凡修造之户，均须先报由巡警局勘文明白，发给执照，方准修盖。于昨将章程办法备文呈请滨江厅批示云。”此外，修整马路也是整顿市容的重要一环。1911 年，“滨江议事会开夏季常年会时，即提议修筑傅家甸马路，……拟以修堤余款修筑傅家甸马路，并闻照省垣马路均行用木板铺垫云”（《远东报》，1911 年 8 月 12 日）。“兹闻滨江林司马，日昨招包工人杨某绘具马路图式，南至医院，北至码头，东至十三道街，西至租界中间，支路二十余条。刻正酌估工料，以待兴修云。”（《远东报》，1911 年 10 月 27 日）

在商业建筑上，通商开埠和民族工商业的发展，尤其是与傅家甸紧邻的中东铁路附属地内大量建造的西式建筑强大的示范效应，使傅家甸地区的中国工商业者开阔了视野，对经营形象、临街店面等的要求也越来越高，因而首先在商业建筑这种类型上开始了向现代转型的尝试。或是自己建造，或是租用房地产开发商开发的出租房，他们都在尽可能地出奇创新，而其中重要的一个方面就是“仿洋”，如道外著名的民族商业企业“同记”在 1912 年重修的店面，“洋门脸”“二层楼洋灰抹面”“中间是洋式玻璃门”，“当时道外的商店，有如此漂亮之外表内容者，并无二处，居然好似洋行”[9]，引得其他商家纷纷效仿。原来是传统中式店面的商家纷纷改修洋门脸，如南头道街62号某商铺（图 1.3），在原有木构架基础上，改立面为西式，加高女儿墙，使立面上看不到大屋顶，

图 1.1　传统形式的当铺

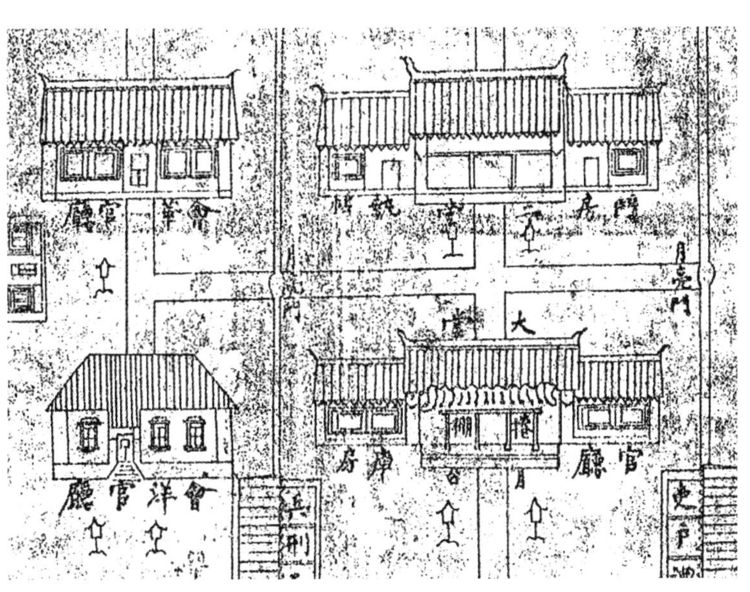

图 1.2　原滨江道署平面（左下角为会洋官厅）

这种做法保留了传统木构架的基本结构体系，只在建筑局部移植了西方形式（如立面和窗），从现代转型的途径上看属于本土演进型。在同一阶段，1915 年建成的南头道街天丰源杂货店则已是彻头彻尾地建成了西洋结构和西洋样式的全新店面，西式的砖墙承重体系，西式的木桁架屋顶，带有极其繁琐附加装饰的仿洋式立面，可谓开创了道外“中华巴洛克”风格的先河，显示出商家雄厚的经济实力（图 1.4，图 1.5）。从现代转型的途径上看，这栋商业建筑已完全抛弃了中国传统的木构架结构体系，走上了外来移植的转型之路。

（3）兴盛期：外来移植。

约 1916 年至 1930 年，尤以 20~30 年代为最。这个时期正是通商开埠后，道外民族工商业飞速发展的时期，随之而来的还有传统建筑的快速转型，这一时期全面的外来移植已成为道外建筑现代转型的主要途径。

1916 年，滨江土地清丈局成立，其主要任务是清丈土地、街基，以便出售土地。由于警察局不再准建草屋，房屋结构发生了变化，以楼房、瓦房、洋铁盖房居多。1917 年，由于东四家子街基出放，购地建房成为热门，建房人数猛增，随之几家股份制房屋建筑公司应运而生：1917 年 1 月，滨江殖滨有限公司成立；4 月，殖业公司成立；5 月，阜成房产股份有限公司成立。此外，个人从事房地产业的以源顺泰经理胡润泽为首，专事经营房屋，拥有楼房和平房 6 000~7 000 间，每月所收房租约 40 万卢布[1]。这一时期的房屋建设均为商贾巨富者承建，因而其拥有较多房产，所建房屋也都作为商号、剧院、饭店、妓院或出租之用，普通百姓或贫民无力购买地基，只能租房或是居住在自建的简陋茅草房屋或木板房子里。

图 1.3　南头道街 62 号某商铺（拆除中）

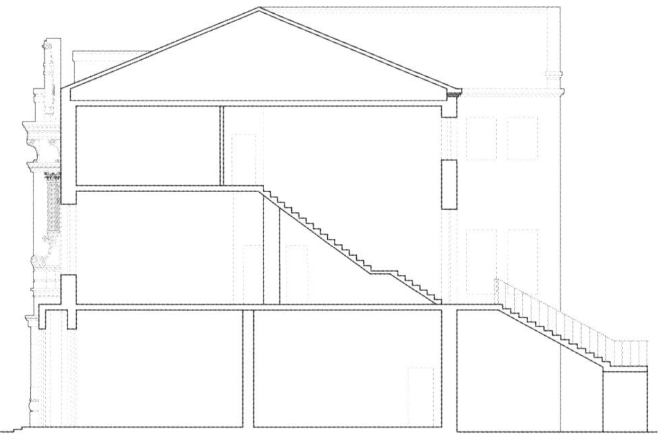

图 1.4　原天丰源杂货店剖面图

图 1.5　原天丰源杂货店

建筑上的新变化表现在，传统的合院式布局与西式临街立面（包括临街转角空间）相结合，西式楼房的构筑技术取代了传统建筑做法，从整体到局部呈现出中西建筑文化交融的局面。这个时期呈现的建筑形态和建筑面貌是多样的，有西式清水砖墙面（青砖或红砖）配以少量装饰的，有西式抹灰立面配以极其繁琐装饰的（即后来所谓的“中华巴洛克”建筑），还有一些介乎两者之间的。具体采用何种样式可能与店主人不同的文化心理以及经济实力等因素有关。

外来移植在这一阶段的主要表征就是一大批所谓“新式楼房”的出现。

1921 年 10 月开业的同记的另一店铺“大罗新环球货店”是一幢四层高的楼房，采用石材饰面，立面上采用西式窗和硕大的巴洛克式曲线屋檐（图 1.6），在当时可谓开创了全新的商业店铺新形象，对这一地区的商业建筑产生了极大影响，商界名流、天丰源号的总经理吴子青曾评价，“傅家甸大街的兴盛与发展，盖由同记发轫”[3]。因此，建筑带有西式特点的所谓“新式楼房”“洋门脸”已成为各商家和房地产商的共同选择。选择西方建筑式样为现代转型的价值目标，这种文化心理不仅在道外，在近代中国的很多城市都是共同的、普遍存在的。近代在对西方文化的态度上，虽然在所谓的精英知识分子中间还存在着所谓的“道器之争”，但在民间，由洋货给普通百姓生活上带来的方便舒适开始，百姓对洋货这种载体所代表的西方物质文明的态度已由最初的排斥到逐渐接受，直至后来的赞赏和羡慕，“崇洋”已成为近代尤其在民间普遍存在的一种心态。“从鸦片战争时期开始，中国人已经有了明显的崇洋心态，特别是在民间。中国的老百姓是最讲求实际的，他们或许不佩服西洋的精神文明，因为他们根本不了解。但他们却惊服‘洋货’之善，并且很快在心理上成为洋货的俘虏。”[11]洋货如此，西洋建筑亦是如此，宏伟壮观，坚固，通风、采光、保温条件好，防火性能佳，这些结构材料等硬件的优越性对国人产生了很强的吸引力，在心理上就已经成为文明、先进、时髦等价值观念的代名词，进而纷纷仿效就是自然而然的了。加之哈尔滨铁路附属地里的大量建筑工程实际是由中国工匠建造完成的，中国工匠在建造西洋建筑的过程中逐渐熟悉和掌握了一些西式建筑的建造技术，包括一些构造和装饰技巧，所以在仿造这些西洋样式建筑的时候已经有了相当的经验和技术基础，不再是不可能的了。

图 1.6　原大罗新环球货店

纵观这些所谓的“新式楼房”，其“新”主要体现在临街的外立面以及整体的砖木混合结构上，虽然在平面布局上依然保存了北方传统民居中的合院式布局，但在外观上已完全脱离中国传统建筑的大屋顶和木构架的立面形式，采用西式的木桁架屋顶、砖墙承重结构和立面轮廓，可以说其主体结构和空间形式已完全移植了西方的建筑技术和成就，在向现代转型的途径上已属于“外来移植”型，不过道外这种外来移植不同于南岗、道里的外来移植建筑，南岗、道里属于铁路附属地的范围，其建筑的设计者多为中东铁路工程局的俄国专业技术人员，像中东铁路管理局办公楼这样的大型建筑更是在圣彼得堡完成设计的，因此铁路附属地里的建筑应属于一种直接的外来移植；而道外一直处于中国政府管辖之下，这些新式楼房从设计到施工都是由来自民间的非专业的中国工匠完成的，他们移植的是中东铁路附属地里的西式建筑，是对外来建筑进行二次加工后的产物，因此可称之为“间接的外来移植”。

（4）衰退期：移植尾声。

大约从 20 世纪 30 年代以后至中华人民共和国成立前。30 年代以后，伪满政权建立，道外最终被划归哈尔滨特别市管辖，而伪满统治者对道外的民族工商业采取的是打击和压制的政策，致使 30 年代后道外的工商业开始逐渐衰退，建筑事业也随之萧条。这一时期与兴盛期相比，红砖大量应用，装饰也开始走向简化。这一时期仍在延续外来移植，但移植的对象是采用西方新建筑语汇的建筑，如具有装饰艺术风格的立面的大量出现（图 1.7）。

图 1.7　南四道街 16 号某工厂

1.2.3　转型的机制——自下而上

道外传统建筑的现代转型，除与修筑铁路、开埠通商等客观因素对它的启动和促发直接有关以外，转型过程中所形成的演进机制、演进特点等恐怕与带动和领导这一转型的核心力量，即主观因素的人（或人群）有着更直接和密切的关系，这也正是道外模式的独特之处所在。与道里、南岗的“直接外来移植”的现代转型不同，道里、南岗的现代转型大多以专业的技术人员为主体，首先在一些重要的官方建筑上体现出来，而道外这种间接外来移植的现代转型，其倡导者往往既非官方机构，亦非专业技术人员，而是非官方、非专业的一些中小工商业者、手工业者和普通市民等，建筑的转型主要体现在与日常生活密切相关的住宅、店铺、客栈、旅店等建筑中。如果前者可视为一种“自上而下”的转型过程，后者则是“自下而上”，由个体而影响到一个群体和整个区域。道外传统建筑在转型的过程中体现的正是后者。

（1）转型主体——民众群体。

民俗学研究中，把民俗文化的负载者称为“民众群体”，指的是负载相同的文化传统的人群。这个群体至少有一个共同点，即必须有一些它确认为属于自己的传统。民众群体看似是无组织的、结构松散的、自发的、不具备社会结构的，但是却依靠一些“约定俗成”的习俗和规则，形成一群具有相同的文化特色的人群。它不同于一般的以社会阶层为划分依据而形成的一些人群，而是以民俗文化、文化传统为划分依据的。“民众群体”这一概念恰好可以用来解释道外近代建筑中的有关“人”的主观因素。在道外传统建筑的现代转型中，带动和领导转型过程的正是这样一个“民众群体”，他们中的大部分人从社会阶层上看是处于社会的中下层，属于城市贫民、中小工商业者等，但也有随着经济地位的提高而改变社会地位的人物，如许多民族资本家，像同记的武百祥由一个摆地摊的小贩发展为后来的商业巨擘，天丰源号总经理吴子青不仅是商界名流，而且还曾当选吉林省议员，但他们从文化传统和文化特色上看却具有大量的一致性：普遍受教育程度较低，武百祥曾经“写信不懂，写帐还满纸写白字”[9]，从事较底层的体力劳动和经营活动者甚众，等等。同时，他们大都来自中国北方各省（山东、河北、山西、河南等地），为谋生而来到哈尔滨，文化传统和习俗的相似性极高，这就证明了这些人无论从事的是何种级别的职业、社会地位如何变化，他们在文化传统的根基上是一致的，包括一些价值观念，所体现的正是“民众群体”的特征。而这一民众群体用他们自己的价值观、审美观、判断力和接受力影响并引导了道外传统建筑的走向，使之从旧有的体系向新的现代体系转型，并形成这一区域独特的风貌。“民众群体”之于道外传统建筑转型的影响力和特点恰在于他们的非官方、非正统性、非专业性，同时也充满了商业化背景下的随意性、世俗性和功利性等。

（2）转型过程——从被动到主动。

如果说中东铁路的修筑和开埠通商使西方文化大量涌入哈尔滨，在道里、南岗这两个区域引起的现代转型的过程完全是被动的话，那么，发生在道外的现代转型在某种程度上却具有一定的主动性。诚然，修筑铁路和开埠通商所带来的西方文化的冲击对整个哈尔滨地区来讲都是无法回避的，对这种冲击的接纳也只能是被动的。但是，在这种被动的大环境下，道外地区“自开商埠”其实已经迈出了主动性的步伐，继而民众群体对西方文化又进行了有选择的吸收，这种吸收和接纳并非全盘的西化，而是取长补短，充分考虑到科学、合理、经济等因素，使中西文化交融互补。因此，道外传统建筑转型中形成的中西交融等特点正是民众群体对西方文化的“主动拿来”、为我所用的结果，是在非官方倡导、非官方控制的前提下，在开放的市场和商业活动中自发形成的。

（3）转型实施——设计施工一体化。

道外传统建筑的现代转型能够很快形成一种区域化的特色，这与当时建造活动的组织方式和施工特点是分不开的。“兴建中东铁路之前，哈尔滨没有大型建筑工程，也没有专业施工队伍，一些简易民房的修筑，皆以戚有之能匠者‘邻里相帮，助而不佣’。”[①]修建铁路以后，一些俄国建筑包工商云集哈尔滨，承揽建筑和市政设施等的施工任务，但他们一般既无账房，亦无把头，都是承包工程后再层层转包给大大小小的中国把头。这时也出现了一些中国的建筑包工商（称为“大柜”），他们从俄国人手里承包工程，再按不同工种层层转包给中国小把头。这就形成了“工程—大柜（大包工商，私人作坊）—大把头—小把头—工匠”这样的施工组织方式。所以哈尔滨铁路附属地内的西式建筑实际上是由中国工匠建造完成的。中国工匠在修建西洋建筑的过程中逐渐熟悉和掌握了一些西式建筑的建造技术，包括一些构造和装饰技巧，为日后模仿这些洋式建筑提供了技术基础。

道外的传统街区和建筑都是在近代商业活动中自发形成的，尤其是傅家甸地

① 哈尔滨市人民政府地方志办公室.哈尔滨市志·建筑业.
http://218.10.232.41:8080/was40/detail?record=133&channelid=27339&back=

区（四家子地区的街道经过一定的规划）。这里大量的建造活动具有很大的随意性，而且绝大多数没有经过专业设计人员的设计，设计者和施工者往往是一体的——都是工匠。建筑工程的雇主有时也可成为设计者，如武百祥设计大罗新，但多半也是和工匠一起设计。因此，建筑工程的随意性大，但可供工匠自由发挥的余地也大。另一方面，道外绝大多数的雇主也好，工匠也罢，都是有着相同或相似的文化特色的民众群体，因此当其中的某些人或某项工程在建筑上有了一些创新、充当了转型的先锋后，这种创新是很容易很迅速地在这个群体中传播开来，进而被纷纷仿效的，皆因这一群体的价值观和审美观等具有高度的相似性甚至一致性。所以，道外近代建筑的这种设计和施工特点也决定了它的区域性特征的形成和现代转型的实施。

1.3 道外近代建筑的文化表征

1.3.1 形成通用模式——外廊式楼院

道外自通商开埠以后，随着民族工商业的快速发展，城市建筑与市政设施的面貌也大为改观，但在道外分布最广、数量最多的各种店铺、旅馆、客栈、饭店、小作坊、妓院等商业营利性机构，还有各类学校、医院等公益设施，却不约而同地采用了几乎完全相同的建筑模式，即带外廊的楼院，使这种模式成为道外近代最具特色、应用最为普遍的一种“通用模式”。究其原因，大体可概括为以下几方面：

中国传统居住民俗与文化心理的影响。考察道外这种通用的楼院模式，可以很清楚地看出它的合院式布局是来自中国传统建筑，尤其是北方传统民居的群体布局模式，比如南二道街 19 号的原“仁和永”商号是四合窄院形式，南二道街 61 号的原“义顺成”“义兴源”商号（后为水利厅招待所）是一个近方形的四合院，靖宇街 39 号的原胡家大院是一个两进深的四合套院，等等。这说明传统的居住民俗是这种大院模式的一个重要源泉。在近代，中东铁路的修筑和开埠通商使得大量的关内移民涌入哈尔滨，以寻找新的谋生机会，这些移民主要来自河北和山东两省，此外还有山西、陕西、河南等地，都属于北方地区，在生活习俗等方面原本就非常接近。这些移民来到哈尔滨后又大多集中聚居在道外的傅家甸等地，从事各种劳作和商业经营活动。他们身上有着深厚的传统文化根基，即使远走他乡，这些根深蒂固的传统文化的烙印也是不可能轻易抹去的，因而在居住建筑的形态选择上自然而然地会遵循传统的居住习俗，即北方地区通用的合院式布局。当然为了适应一些新的需求，在合院式的基础上会做一些适当的调整。同时，很多初到哈尔滨的移民会首先选择寻找同乡，或寻求帮助，或共同创业，而合院式的居住习俗也很符合多户人口的聚族而居、聚同乡而居的要求。

从传统的文化心理上看，中国人崇尚含蓄内敛的内向品格，而对张扬外向则颇多抵触，合院式民居恰好满足了这样的文化心理需求。

房地产开发的要求。道外近代建筑的建造，一些是由房主人自己购地建造自用或出租的，还有相当一部分建筑是由房地产商投资兴建的，如 1917 年成立的哈尔滨第一家中国房地产公司阜成房产股份有限公司，投资兴建了四家子的平康里，然后出租给妓院（即后来的荟芳里）；还有房地产巨商胡润泽，曾出资购买傅家甸南头道街至南五道街的大片土地，建筑楼房后出租。房地产商在建筑房屋的时候必然要首先考虑到投资收益、成本高低等问题，建筑密度越高，施工越简便，收益就越大。因此首先要增加建筑的层数；同时，在楼房高度基本一致的前提下，采用合院式的布局必然会比行列式布局大大提高建筑密度。

大院的形成中，有的大院是按一个完整的大院统一设计建造的，还有很多大院明显地没有进行整体设计考虑，而是见缝插针式地形成的，这说明对房地产商来说，提高密度是最实际的。

自然气候条件的影响。哈尔滨地处北方高寒地区，气候严寒，多风，合院式的布局可以形成一个相对封闭的内院，形成一个局地小气候，有利于抵御冬季寒风的侵袭。

合院式布局本身的优越性。合院式是中国北方传统的群体建筑布局模式，这种布局不仅能满足人们传统的含蓄内敛的文化心理，还因为它的功能适应性很强，可以居住、办公、经商、做娱乐场所等等，所以道外近代建筑即使已是二三层的楼房，也仍然采用合院式，各部分相对独立又可通过外廊紧密联系，往往形成商住一体的模式。这样的可居、可作、可商、可娱的形态很容易成为被普遍接受的一种模式，而且安全感较强。

1.3.2　多层面的中西建筑文化交融

这一特点可说是道外传统建筑向现代转型的一个最显著的结果。整个近代中国建筑文化的一个突出特征就是中西文化的交融，但是在各地区、各城市中的表现是各不相同的，这与文化传播和整合的机制有关。在道外，由民众群体主导的中西建筑文化交融的特征体现在多个层面：

（1）平面空间——中式合院式与西式临街单体建筑融合。

保留北方传统的合院式布局，但结合房地产开发的需求和商业经营活动的特点，将围成院落的单体建筑建成二、三层的楼房，适当地抛弃轴线、正偏等传统等级观念的影响，融合西式临街L形、一字形建筑布局的手法，将倒座的临街立面做成西式立面，临街转角处设店铺的主入口等，使院落更自由、建筑密度更大，适应性更强。

（2）构筑技术——外来移植。

舍弃中国传统建筑的大屋顶和木构架结构，采用西式的砖木混合结构和木桁架屋顶，墙体采用西式的砖砌墙、板夹泥墙等，墙体材料有中国传统的青砖、西式的红砖和水泥抹灰等；部分建筑取暖，由中国匠人结合古老的火炕，将俄式壁炉改为“火墙”。屋面瓦也由东北传统的小青瓦改为可以机制的批量生产的西式洋灰瓦或瓦垄铁、平铁。

可以看出，构筑技术的外来移植是实现旧体系向现代化体系过渡的重要基础，因为传统的木构架体系已经不能适应新的生产力的要求，必须从根本上加以改变，所以这一改变体现了转型过程中科学性、合理性的一面。

（3）立面构成——西式构图为主，加以中式改造。

与西式的结构和材料相适应，在立面上以西式构图为主，包括西式的窗、女儿墙、柱式构图，立面按楼层分成水平的上下两段或三段甚至四段，在有转角入口的建筑中又大量使用由左至右“A+B+A”的三段式构图。但在某些部位也加入了一些中式的改造，比如在正立面入口的上部，留出竖向牌匾的位置；对西式的柱式加以改造，根据实际情况确定柱子的高度比例（而不是完全按照西式的柱式规范），柱头与柱础经常做成中式的或中西交融的，等等。

（4）装饰构成——大量的中国传统纹样为主。

装饰是独立于整体形态和结构之外的部分，可随意发挥的余地很大，所以成为最具自由度的部分；有一定经济实力的商家又往往通过增加大量的附加装饰来装点门面、招徕顾客。加之自清代后期开始，建筑中就流行装饰繁琐化的做法，这些对道外的近代建筑也会留有一定的影响。

为与西式立面相匹配，西式纹样、柱式是必不可少的，但是中国工匠对此并不拿手，只能按照自己的理解来建造，比如柱式多采用中西结合的样式，而中国工匠最拿手的是中国传统建筑的纹样和装饰手法，所以在立面上几乎任何可以装饰的部位都装饰了中国传统的装饰纹样，如连年有余、松鹤延年等吉祥纹样，以及寿、发等字和铜钱等象征发财的图形，任意搭配，无所顾忌，体现了转型过程中非理性的一面。

建筑朝向内院的二层、三层，一般做成带木质外廊的样式，外置木楼梯（个别也有砖混楼梯），传统建筑的木柱、花牙子、雀替与俄罗斯传统木构建筑的挂檐板结合在一起，使内院形成非常精巧雅致的氛围（图 1.8）。

图 1.8　南二道街原仁和永内院外廊细部

1.3.3　强烈的民俗意趣

道外传统建筑在现代转型过程中形成的绝大多数类型是与普通老百姓的日常生活密切相关的商住一体的居住大院，大院的创造者、所有者和居住者正是所谓的“民众群体”，而民众群体是民俗的主要载体，因此这种大院不仅是老百姓日常生活居住的场所，也是传承民俗文化的重要载体。民俗学的研究中，民俗“是被民众所创造、享用和传承的生活文化”，民俗“既是一种历史文化传统，也是民众现实社会生活的一个重要组成部分”[12]。居住建筑习俗是物质民俗的一个重要组成部分，它同时还承载着许多非物质的民俗内容。这就赋予了道外近代建筑以极其丰富的、突出的民俗意趣，而这种民俗意趣大量地通过建筑的装饰语汇来传达。从建筑的整体到局部，大量地体现了民间传统的欣赏习惯与趣味，这种习惯与趣味主要表现在：崇尚装饰，中西交融，吉祥语义。

（1）崇尚装饰。

受清代后期在建筑中大量应用繁琐装饰做法的影响，道外的民间工匠在建筑上极尽所能，在任何可以装饰的部位进行装饰，任意发挥，率性而为，一方面可以显示他们的高超技艺，另一方面也迎合了民众群体普遍的欣赏趣味。

（2）中西交融。

自中东铁路通车后，大量的外国移民和国内移民纷纷涌入哈尔滨，中西文化激烈碰撞的同时，崇洋心理在一定程度上成为较普遍的心态，产生的一个结果就是在衣食住行等各个方面的中西交融已渗透到百姓生活的方方面面，可谓近代哈尔滨的“新民俗”。在建筑文化上追求一种既中且洋的中西交融的形态也就成为近代道外的新的居住民俗，这也可以看作是传统民俗在近代的一种转型。

（3）吉祥语义。

中国传统民俗中有非常多的内容是与人们美好的生活愿望密切相关的，人们把这些愿望用各种吉祥物、吉祥纹样等能够传达吉祥语义的民俗事物表达出来。传统建筑中，带有吉祥纹样的建筑装饰应用就非常广泛，到近代传统建筑发生转型时，这种代表着对美好生活的企盼和祝愿的吉祥语义的装饰仍然保持着相

a 蝙蝠纹样

b 双狮滚绣球

c 草龙纹样

d 丹凤朝阳

图 1.9　装饰纹样

当旺盛的生命力，在道外大量的由民间工匠创作的近代建筑中，传达吉祥语义的装饰、纹样等随处可见，构成了道外近代建筑浓重的民俗意趣。（图 1.9）这些装饰所处的部位几乎包括所有能够装饰的地方，女儿墙、檐下、窗贴脸等。装饰题材有：动物，如蝙蝠（3 个或 1 个）、凤凰（丹凤朝阳）、鹤（松鹤延年）、鲤鱼（连年有余）、狮子（滚绣球）、鹿（禄）、猴、龙（草龙）等；植物，如松、梅、竹、菊、水仙、石榴、葡萄、牡丹、荷花等；器物，如竹筒、绣球、多宝格、暗八仙、铜钱等；文字和图形，如寿字、卐字、发字、盘长、八卦、祥云等。

此外，各种商业店铺的商号名称也大量应用寓意“发财”“买卖兴隆”等吉祥意义的字眼，最常见的如“兴、隆、盛、永、顺、发、和、泰、裕、利、同、天”等，并且形成三字一组的固定格式，如“天丰源”“同发隆”“仁和永”“义顺成”等等，使之也成为道外近代建筑中浓厚的民俗意趣的重要方面。

理髮店

2 道外近代建筑的多重形态

Morphology of Modern Architecture in Daowai

2.1 功能形态——类型齐备

2.1.1 商服类

道外的近代商业兴起于南头道街一带，早在中东铁路修筑之前的1890年左右，就有来自山东的傅氏兄弟在此开设了一个小药铺、一个大车店和一个黄酒馆[3]，逐渐形成了“傅家店”的地名。后来随着中东铁路的修筑，大批筑路工人等聚居于傅家店一带，刺激了这里的商业和服务业的起步。铁路通车后的交通便利和开埠通商带来的无限商机又进一步吸引了关内商家和普通百姓来此经商或谋生，终于使道外的商业和服务业成为最为发达的一大经济支柱。

据1900年《商业名录》记载，傅家店的民族商业有粮业、杂货（含绸缎布匹）、金店、茶庄、当业、五金、书籍、医药、茶食南货、烟草、饮食、旅店、浴池等19个行业，489户。1901年，傅家店商民组成滨江公益会（滨江县商会前身），1904年又成立商务总会（商工公会前身），自行管理道外商业[1]。

1906~1911年松花江沿码头建成后，制粉、织袜、服装、油坊、酱园、兽禽产品、五金等工厂相继开业，道外成为交通便利、产品齐全的商品集散地和重要的产地，商业逐步发达，特别是天丰涌、天德厚、同记、永合成、天丰源、正阳楼、洪盛永、东发合等较大商号的相继开业，标志着道外的民族商业发展到一个新阶段[1]。

道外的商服业包括了杂货、粮食、布匹、五金、陶瓷、客栈、旅馆、饭店、药店、浴池等等众多的门类，可谓门类齐全。而且在行业的分布和布局上，形成了相对集中的专门化的街道或区域，而这种布局完全是在经营活动中自发形成的，譬如正阳街（现靖宇街）是一些著名的大商号相对集中的大商业街，南大街（现南头道街）以经营百货见长，北头道街则是小饭店集中的一条街，南四道街原是银行一条街，南五道街是五金一条街……此外，南勋街、太古街等街道也是自发形成的比较有名的商业街。这种相对集中的专门化布局形成道外商服业布局的一大特色。事实上，道外传统街道两侧的建筑几乎都是作为经商的铺面房使用，因此整个街道的景观实际上就是商服类建筑景观。

另一方面，道外除一些大商号和一些前店后厂的店铺为纯商服功能外，大量的商服类建筑都是下店上居、商住一体的混合功能，在总平面上多为合院式的群体布局，形成道外最富特色的商住一体的大院模式。

图 2.1 原洪盛永货店

正阳大街是道外出现较早的一条商业街，先后有南北 20 条街道与之相接，较早出现的店铺有洪盛永（1906 年，图 2.1）、东发合 (1916 年)、益发合 (1918 年)、新世界 (1920 年)、老鼎丰南货茶食店 (1923 年) 等服务业网点。“据《哈尔滨指南》记载，1921 年正阳街有各类店铺 75 户，其中，经营绸缎布匹 7 户，大小五金 1 户，茶庄、药店 19 户，粮业 11 户，当业 4 户，金店 6 户，杂货业 18 户，烟草糖果 2 户，客寓 2 户，饭店 1 户，茶食南货 4 户”[1]。1927 年同记商场迁至正阳街，标志着正阳街的核心商业街地位的形成。1930 年，商业户发展到 103 户，是正阳街最繁华时期。

图 2.2 大罗新立面图

著名的民族商业企业“同记”，其创始人武百祥从摆地摊开始起家，光绪三十四年（1908 年）创立“同记”商号，后经过 20 多年的发展，“同记”成为拥有大罗新环球货店、同记商场、大同百货店等多处营业场所的大企业，其中，大罗新环球货店位于北头道街，同记商场和大同百货店均位于正阳街上。

1921 年 10 月 10 日开业的大罗新环球货店，堪称道外最新型的大楼，开业后迅速成为全国十大环球货店之一。这是因为大罗新在经营管理和企业形象上全面创新，不仅新修了四层的洋门脸、大玻璃橱窗，还一反常规地立起竖向金字牌匾，店名“大罗新”既没有“财”字也没有“发”字，而且室内设有电梯和商品陈列橱，顾客都赞扬说：“到了哈尔滨，必去大罗新，电梯送上楼，满眼西洋景。”[3] 货店的立面造型非常独特，全部为石材面层，仿洋式立面，显得十分庄严，顶部是巨大的带有破风的弧形山花，具有浓郁的巴洛克韵味。西式的窗和窗贴脸，但是窗间的小柱却做成中国传统的梭柱形象，在西式立面的正中留出巨大的中式竖向牌匾的位置，这些都体现了中西结合的做法（图 2.2，图 2.3），

图 2.3 大罗新的窗

显示出武百祥作为商业带头人勇于创新、出奇制胜的思想。因此，仅开业当天，前来参观购物的人就达到三四万人，成为当时轰动东北的大事。

1927 年，仅用 80 天建成的同记商场（图 2.4）在正阳四道街口开业，据称为武百祥亲自设计，宏伟壮观。门口高悬由上海著名书法家天台山农书写的“同记商场”四个楷书大字，每字高 2.2 m，宽 2 m，端庄厚重，“红地金字匾额，四栓涂有金边，匾额上款题‘丁卯年七月’，下款落笔‘天台山农书’。匾额下两侧镶嵌一副楹联：‘采办环球货物，搜罗国内产品’，与匾额相映生辉”[3]。

武百祥在这个商场建筑中延续了他勇于创新的设计思路，在哈尔滨首创大招牌、大玻璃窗、陈设橱窗广告等。正门两侧的橱窗上镶嵌的是从比利时定制的特大玻璃，高 4.7 m，宽 7.4 m，是当时全国最大的橱窗。为建好商场形象，他“成天的不离建筑场，督工建造，房图是一层卖货，四边均有游廊以便储货。待大架竖起，同人愿意游廊上卖货，以取其市场式”，“故仅将游廊加宽一些（从前四尺，现在一丈）”[9]。在内部形成二层带有跑马廊的商场形式（图 2.5），类似带中庭的商场，这种形式在当时的道外是独一无二的。

在商服类建筑的外观设计上，除“同记”这样以“仿洋、创新”为目的的商号以外，还有很多商服类建筑以花样繁多的复杂装饰为求新求奇的手段，形成正阳街上独有的特色，这类建筑后来为道外赢来了“中华巴洛克”的称呼。如正阳大街上的著名商号原同义庆百货店（图 2.6）、原小世界饭店（图 2.7）、原天丰源货店，整个立面几乎全部为各种繁复的花饰所覆盖，这种热烈的外表除用以招徕顾客外，还成为商家雄厚的经济实力的象征。

图 2.4　原同记商场

图 2.5　原同记商场内景

图 2.6　原同义庆百货店

图 2.7　原小世界饭店

除一些有实力的大商号外，还有遍布整个道外各个角落的中小杂货店、饭店、旅店等，他们的店面形象多采用很质朴的清水砖或有少量装饰的抹灰墙面，不做过分花哨的处理，如原仁和永等。这种比较质朴的店面形象在道外占据相当数量。

2.1.2　行政办公类

道外近代的行政办公类建筑数量不多，主要为中国政府的职能部门，如清末滨江关道的道署建筑（即道台府）、民国时期的滨江县县署，此外，还有各商会、同业公会的办公场所等。从建筑形态上看，有些办公机构采用的就是道外最多的合院式楼房的形式，一般采取租用现成的商业用房，或附于一些商业机构里面的方式，如道外很多同业公会的办公地点就选择在该同业公会领导人所拥有的商铺里面，这一做法反映出合院式布局的多功能的适应性。

原哈尔滨特别市道外商会（位于原道外北五道街 59 号），即是一个合院式的组群（图 2.8）。它以院墙临街，院墙正中是中式传统的“三券三伏”式砌筑的半圆拱形门洞，门洞上方是巨大的横向牌匾，牌匾外围则以西式的檐部、涡卷、短柱等为轮廓，形成十分独特的中西结合式的入口。院内建筑为二层的外廊式楼房（图 2.9），砖墙面上的窗口做的都是西式的窗贴脸，而外廊是道外大量应用的木质外廊，以中式纹样的雀替、挂落、木栏板为装饰特色。整个组群均为清水砖墙，简洁质朴，只在入口牌匾处做了抹灰处理，中西交融的特征十分突出。

原滨江道署是中国传统的衙署组群布局。原设计分中、东、西三路，形成多路多进院（图 2.10）。整个府衙坐北朝南，总体布局前堂后寝，遗存的布

图 2.8　哈尔滨特别市道外商会入口（已毁）

图 2.9　哈尔滨特别市道外商会内院（已毁）

局基本是“横二纵三”的形式，即横向分为中、东两路，以中路为主，据当地老居民回忆：正门和影壁墙设置在中路轴线上。中路由南向北分为三进院落，主体建筑分别为大堂、二堂、三堂，另有耳房、厢房等附属建筑分列左右；东路北侧为监狱，监狱以南还应有两座五开间建筑。这与清朝衙署建筑通常的对称式“横三纵三”的总体布局形制略有不同。《道外区志》记载：“当年道台府气势巍然，座北朝南，四周是灰色砖墙，配有铁丝网，正南门有一大‘影壁’”，门前有牌坊，“分东西前后 4 个大院”[1]。

建筑单体采用许多东北地方做法，如屋架的檩杦组合、仰铺小青瓦等，墙面砖的砌筑用的是西式的满丁满条砌法（图 2.11，图 2.12），显示出当时中国工匠们已熟悉了一些基本的西式构筑技术。

民国以后，行政办公建筑在形态上有进一步西化的倾向。1916 年动工、1917 年竣工的滨江县公署建筑即为一例（图 2.13）。选址时“觅定四家子十四道街地段一块，以为建筑衙署之用。闻已画定图式，极称完备。如监狱、卫队均容纳在内，以便易于管理云”（《远东报》，1916 年 8 月 5 日）。“东四家子新修滨江县之公署，其工程由聂某自去年八月间包妥。开工以来历一年有余，现已告竣。计楼房、瓦房将及百余间之数。需用俄洋十六万。聂某昨已呈请县公署验收。”（《远东报》，1917 年 11 月 7 日）“新建之县署，一切房间极为宽敞，惟会客厅尤为壮观，一切陈设品其价约在万金以上云。”（《远东报》，1917 年 12 月 6 日）建筑为规整的二层楼，立面很简洁，只以分缝的仿石材方壁柱作为主要的竖向划分，二层的拱形窗与一层的矩形窗形成对比。整个建筑用的是单纯的西式古典建筑语言，没有中西交融的装饰，

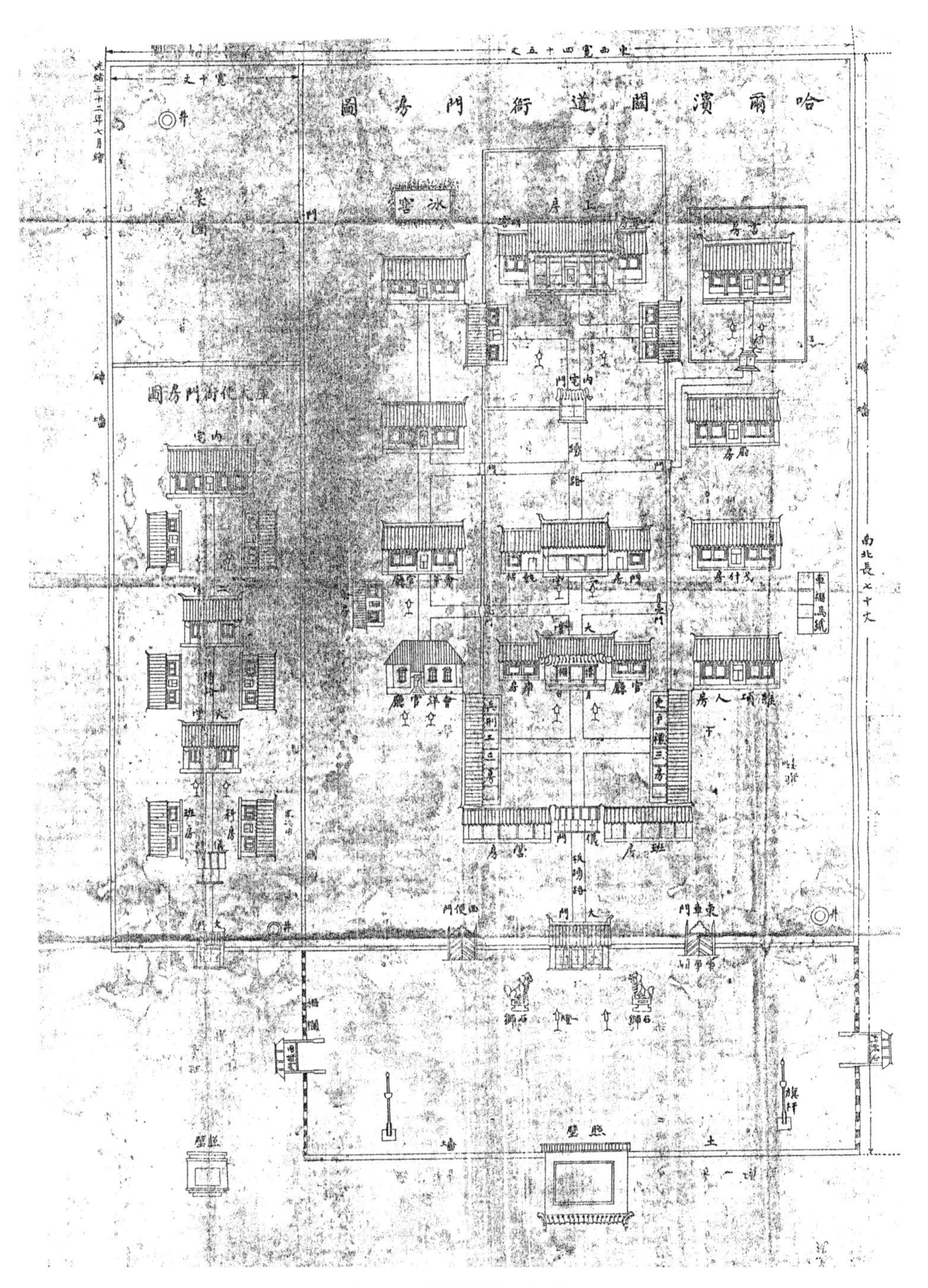

图 2.10　原滨江道署平面图

图 2.11　原滨江道署墙面

图 2.12　屋架的檩杦组合

图 2.13　原滨江县公署

这也从侧面说明，代表官方的衙署建筑已告别传统，公开走向西化。

位于新马路 74 号院内的原吉黑榷运局（图 2.14），建于 1924 年，是主管盐务税捐的管理机构，由于建在八区（粮台），当时归中东铁路附属地管辖，因此建筑形式上采用西式的外观，是道外为数不多的比较纯正的西式建筑。主入口两边的铭文上用中英文写着："监修人：吉黑榷运局局长阎泽溥，吉黑盐务华稽核员杨凤祥，吉黑盐务洋稽核员盖乐，滨江总会会长苏遇春，哈尔滨稽核分处副稽核员陈宁乡，工程师佛莱勃，承修人王兰亭。"平面呈 L 形，主体为一

图 2.14　原吉黑榷运局入口

字形，附设的楼梯间与主体垂直呈 L 形，并可直通楼顶。整个建筑为地上三层，地下一层。立面上入口楼梯间部分采用了显著的新艺术样式的雨篷和窗，门板上也有新艺术样式的曲线线脚。屋顶为略呈曲线的孟莎式屋顶，洋铁皮覆盖，前后立面均有老虎窗。从现存侧面屋顶和烟囱顶的机制瓦来看，原来屋顶应该全部铺设这种机制瓦。这栋建筑最大的特色在于整体上突出的新艺术风格，入口雨篷、窗、门等线脚都是新艺术式的曲线，窗玻璃用的是彩色玻璃，室内的门、楼梯也是新艺术式的。而入口雨篷的上部、屋顶上耸立的高低错落的烟囱的顶部都做成小型庑殿顶的样式，虽然上铺西式的机制瓦，但是烟囱顶下面的规则矩形开间配上小庑殿顶，却明显带有中国古典建筑的韵味（图 2.15）。

2.1.3　金融类

道外近代商业的繁荣也带来了金融业的兴盛，各种银行相继开办，全国各地的银行也纷纷在此设立分支机构，“道外南四道街为殖边、农产两银行及各钱号聚集地点”（《远东报》，1917 年 9 月 26 日）。

据《哈尔滨经济资料文集》统计，道外近代开办的各类银行如表 2.1。

位于北四道街的原交通银行（图 2.16），是道外极少的由专业建筑师设计的建筑作品，设计者是近代著名的庄俊建筑师事务所。始建于 1928 年 6 月 12 日，1930 年竣工，地上四层，地下一层。外形是近代银行建筑多用的新古典主义的造型，正立面以巨柱式的罗马科林斯柱式为主要构图元素（四根圆柱，两根方壁柱），巨柱通高三层，形成高耸的门廊，两侧配以朴素的红砖墙面，色彩、虚实对比丰富。这栋建筑气势雄伟，设计技法娴熟，展现出道外建筑中少有的专业气质。

图 2.15　楼梯栏杆、室内门、屋顶烟囱

表 2.1　道外近代各类银行统计表

银行名称	行址	设立日期	停业日期	总行（号）所在地
一、官办银行				
东三省官银号哈尔滨分号	道外四道街	1909.4	1932.7	沈阳
吉林永衡官银钱号哈尔滨分号	道外二道街	1909.8	1932.7	吉林
黑龙江广信公司哈尔滨分公司	道外正阳街	1909	1932.7	齐齐哈尔
大清银行哈尔滨分号	道外	1910.9	1912.2	北京
交通银行	道外四道街	1913.10	1942.5	北京
东三省银行	道外	1920.1	1924.7	哈尔滨
边业银行	道外	1925.4	1932.7	沈阳
黑龙江省官银号哈尔滨分号	道外四道街	1930.9	1932.7	齐齐哈尔
二、外埠在哈民营银行				
殖边银行	道外正阳街	1914.4	1919	北京
蔚丰商业银行	道外正阳街	1916.12	1917.11	北京
浙江兴业银行	道外四道街	1917.8	1929.3	上海
聚兴城银行	道外四道街	1919.7	1921	重庆
牛庄银行	道外正阳街	1921	—	营口
世合公银行	道外正阳街	1924	1931	沈阳
东北银行	道外	1924	1931.9	沈阳
益发银行	道外五道街	1928.5	1952.9	长春
益通商业银行	道外北头道街	1929.1	1952.11	长春
大中银行	道外三道街	1931.4	1942.5	重庆
济东银行	道外	1934.6	1935.1	海拉尔
功成银行	道外南头道街	1934.6	1951.7	吉林
东盛银行	道外南大街	1934.10	1938	满洲里
奉天商业银行	道外南马路	1934.12	1942.1	沈阳
信成永银行	道外北二道街	1934	1936	沈阳
奉天商工银行	道外正阳八道街	1935.9	1942.1	沈阳
晋昌银行	道外南大街	1935.6	1938	佳木斯
兴茂银行	道外南大街	1936.10	1938	安东
三、本埠民营银行				
滨江公立储蓄会	道外北三道街	1912.2	1927	—
滨江农产银行	道外南四道街	1915.12	1919.9	—
哈尔滨农业银行	道外三道街	1915.12	1920	—
滨江农商银行	道外南大街	1917.11	1920	—
裕国银行	道外三道街	1917.11	1919	—
滨江实业银行	道外北三道街	1918.4	1919.2	—

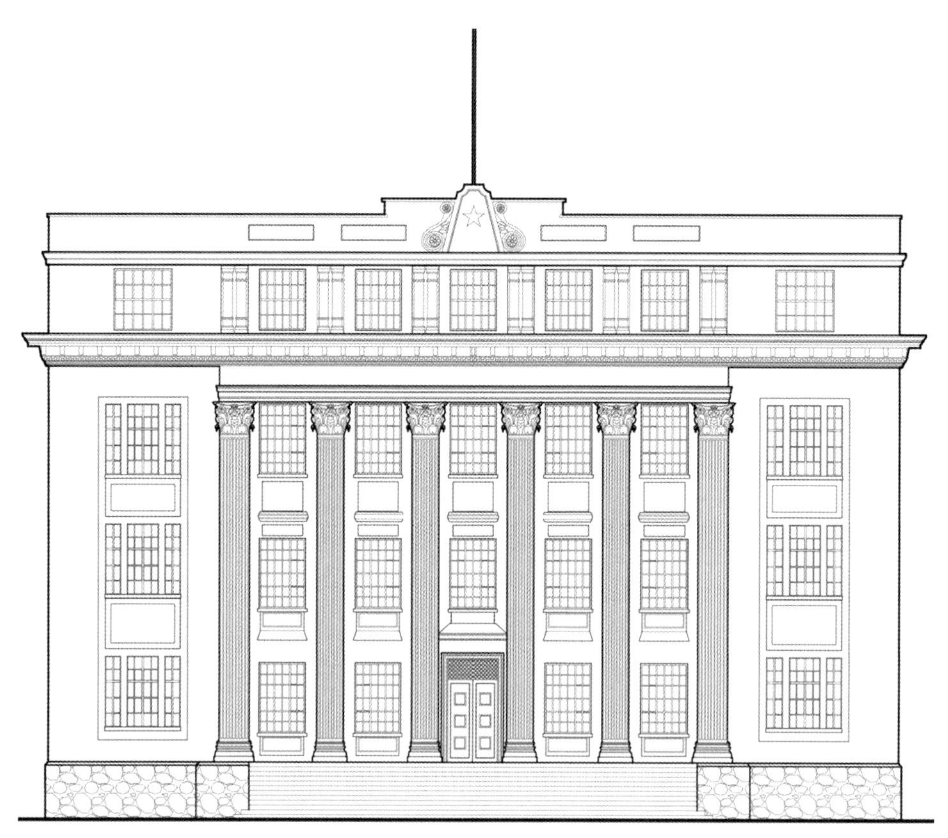

图 2.16　原交通银行立面图

位于正阳街与北三道街街口的原中国银行（原大清银行哈尔滨分号，1912 年改称中国银行，图 2.17），建于 1911 年，两层，临街立面呈 L 形，共分五个段落，转角处呈半圆形向外突出（上方原本有穹顶），方形窗，但窗上楣为砖砌的平券。外立面极其简洁，仅以檐部的几何形线脚为装饰，依稀可见古典的语汇，女儿墙也是仅仅延续立面的轮廓，在道外充斥着繁琐装饰的建筑中可谓独树一帜。

位于南四道街的原殖边银行（图 2.18），是建成于 1917 年 4 月的一座砖木结构的三层建筑。立面的主要构图要素也是贯穿两层的巨柱式的壁柱，但是仿西式的（因为没有纯正的西式柱头），将立面分成横向的六段（而不是西式建筑常见的五段），通过女儿墙和阳台与壁柱的配合，形成竖向的划分，中央一段将女儿墙、阳台和壁柱的形式进一步变化，起到突出视觉中心的作用。墙面线脚

图 2.17 原中国银行

划分非常丰富，各层窗的形状也各不相同。可以看出，这栋建筑是民间工匠模仿西式建筑而创作的，由于对西式的建筑语言掌握有限，因而加入了一些自以为然的成分，但整体上达到了追求宏伟气势的效果。

2.1.4 工业类

道外近代的工业起步很早，在中东铁路通车后，道外就出现了俄国人开办的工厂，如 1903 年在傅家店开办的葛瓦里斯基面粉厂、在八区开办的俄里夫面粉厂。1904 年日俄战争爆发后，哈尔滨成为俄军后方的军需根据地，与军需物资和粮食等配套的各种小工厂、小作坊相继出现。《道外区志》记载，在日俄战争中道外地区创立的工厂有：麦酒酿造厂、石碱工厂、酒精工场、皮革工场、硝子工场、制果厂、家具工场、铁器及机械工场、锻冶工场、裁缝工场、新式机器制粉厂等，其中，制粉业工厂是支柱产业，亦称“火磨”，“为哈埠历史最远、规模最大而又占有最重要地位之工业。民五（1916 年）以前经营者多为俄国人，次日人，华人经营者犹寥寥也”[10]。

1912 年，民族资本的同记工厂在傅家甸创立。之后，又有很多手工家庭作坊先后兴起，有纺织业、制鞋业、印刷业、黑白铁加工业等。1914 年，第一次世界大战在欧洲爆发后，“列国征调侨民归国入伍，华人乃得趁此时机以贱价取得彼侨在华经营之各种实业工厂。哈埠华人经营之火磨，大半于此时购之于俄国人也”。加之“东、西洋各种工业几于全部停顿，日俄两国之食粮完全仰给于我东北三省，一时哈埠火磨事业极形发达，因之遂引起一般资本家之兴致，相率起而投资于斯业”[10]。以制粉业为代表，道外的工业迅猛发展，尤其是民族资本企业。到 1928 年，傅家甸

图 2.18 原殖边银行立面图

民族工业已有 21 个行业，311 家工厂。1930 年傅家甸民族工业已发展到 31 个行业，369 家工厂，但规模仍很小，以各种日用杂品的生产为主，如浴布、棉织物、毛布罗纱织物、袜子、麦粉袋、鞋靴类制造、提包类制造、绒毡制造、酱、味精、酱油、醋酿造、铁匠炉等等。但 1932 年 8 月松花江大水后，只剩下 22 个行业 88 家工厂[1]。

道外近代工业大致可分为两大类，一类是依托地方资源进行农副产品加工的加工工业，如制粉厂（火磨）、制油厂（油坊）、畜产品加工（如鸡鸭公司）等，这些工厂一般规模比较大，采用机器生产，生产设备比较先进，大都位于八站地区（又称粮台，当时被划入中东铁路附属地），紧靠铁路线，原料和成品的运输十分便捷（图 2.19）。另一类是日杂用品的生产企业，如织布厂、织袜厂、铁匠炉、日用五金等，这一类工厂在生产方式上仍未摆脱传统手工作坊的方式，工人数量、用地规模等十分有限，有的小厂占地仅 2~3 平方丈（7~10 m^2）[10]，因此大多位于道外的居住区内部。

第一类工业的厂房建筑一般是所谓的“新式厂房”，内部以大空间为主，结构上一般为砖混结构，个别有砖木结构（木柱、木屋架），外墙砖砌，多以清水砖示人，少量抹灰。

位于新马路 7 号的原东兴火磨楼（原为万福广火磨，后成为东兴火磨的东兴二厂，图 2.20），主体为五层，局部为二层，呈 L 形布置，结构为砖混，外墙砖砌，表面为黄色主体、白色描边的抹灰，建筑面积约 5 775 m^2。五层主体的两个长边每边设两道直通到顶的竖向砖柱，形成墙面主要的竖向划分，窗口做略呈弧形带有券心石的贴脸，并且 2~4 层的窗均由竖向线条联结成竖向的窗组，使整个立面形成垂直向上的视觉效果。山墙上高耸的三角形山花顶端的中央亦加设了一小段水平女儿墙，下部为双联拱

图 2.19　八区的火磨楼

图 2.20　原东兴火磨二厂

窗和少量矩形线脚。整体呈现近代较多见的西式厂房形象。

新马路74号院内的原吉黑盐务仓库，总长近80 m，总跨度达29.1 m，单跨跨度9.7 m，每个木桁架中央有垂直木杆件，两边各有一个金属垂直杆件，其余均为木质斜撑（图2.21）。墙体砖砌，屋顶为连续三跨的三角形木桁架，形成折板形（图2.22）。内部两排柱子均为木柱（个别砖柱为后来砌筑），上置木梁，三角形木桁架就架在木梁和砖墙间。屋顶室内的一面完全由木板钉成落在木桁架上，而不见檩条，推测木板是钉在檩条下部。砖墙、木梁、木柱、木桁架，形成一个较少见到的砖木结构的工业建筑。

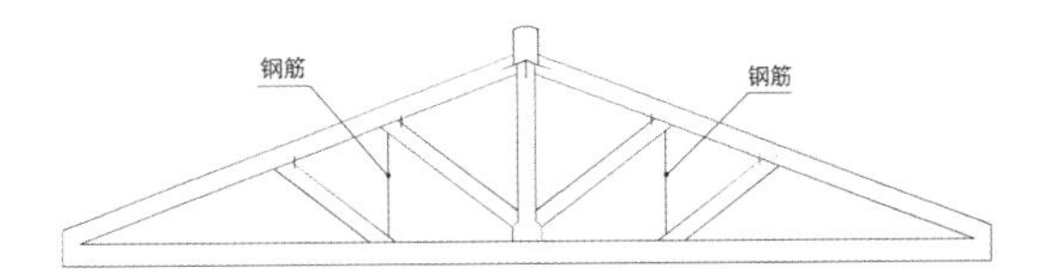

图2.21　原吉黑盐务仓库单跨屋架示意图

图2.22　原吉黑盐务仓库

在工业建筑中采用新材料的也不乏其人，如1928年建于保障街的同记工厂，“（农历）三月里动工，（农历）八月里完成”，“这新厂房的建筑，一部分是把旧有的厂房（原来两层）另接了两层，一部分是贴近旧厂东南隅，造一新房，‘长11丈，宽4丈’3层构造，均是铁骨三合泥（洋灰、石头、砂子），空气光线均经专门工程师设计，全部厂房合计260间”[9]，表明钢筋混凝土在道外的工业建筑上已得到应用。当然，需要同记这样有实力又勇于创新的商家。

第二类工业建筑由于大多是手工、家庭作坊的生产方式，因此多坐落于居民区中间，在建筑形态上与其他的商服，或商住一体的居住大院没有什么差别，都是采用合院式布局，临街做成西式立面，如南头道街20号的原同记工厂（图2.23）。这也是这种合院式布局的多功能适应性的一个重要表现。

图2.23　原同记工厂

2.1.5　文教卫生类

（1）娱乐设施。

道外近代商业手工业十分发达，人口密集，街市繁盛，如果缺乏公共娱乐场所，则“所有各界人士公余之暇成群趋于妓馆，以为游嬉，影响于青年、社会甚大”（《远东报》，1916年9月20日）。因此道外供消遣娱乐的场所和设施非常之多，而且中西兼备，从清末演出戏曲和曲艺的茶园（相当于小规模的剧场）到民国时期的各式舞台，在规模和数量上都相当可观，以至有“独冠关东”之誉。据《哈尔滨市志》《哈尔滨历史编年》和《道外区志》的相关记载，道外近代影响较大的文娱设施主要有下述各项（表 2.2）。

由表中信息可以看出，道外的茶园、舞台等剧场类设施是属于近代的城市戏园、戏院的形式，其最突出的特点在于形成了封闭的内部观演空间，舞台的形式也从传统的“三面敞开式”逐渐借鉴西方的“镜框式”形式，外观上也更多地采用了西式建筑式样。这与同时期的北京、上海等地的近代茶园、戏院的建筑形态是一致的，因为道外的茶园、舞台等建筑并非本地原生的形态，是随着商业的发展和市民文化的兴起而兴盛起来的。由于来自直鲁地区的移民众多，因而上演的戏曲也多是京剧、河北梆子、落子、蹦蹦戏等，所以剧场在形态上完全是移植北京、上海等地近代同类建筑的样式，如东四家子大舞台，就是仿照上海大舞台而建的。

道外茶园、舞台的发展大致经历了前后两个阶段。早期“茶园”多为木结构、二层的中式楼房、中小规模的剧场，可容人数在 200~600 人，设有茶座、包厢，座椅为木板长凳，从内到外都体现中国传统风格。如辅和茶园，是哈尔滨第一座演唱戏曲的剧场，是由“兴南木业公司经营者于为霖出资建造的板木结构、坐南朝北的二层中式楼房，占地面积 800 平方米。内设有茶座、包厢，可容 600 余观众”。“舞台为三面敞开式，面积约 60 平方米”[①]，同样采用中式木结构的剧场还有同乐茶园、庆丰茶园等。

后期的各式“舞台”多为砖木结构、二或三层的大型剧场，观众人数在 1 000 ~ 3 000 人，内部装饰装修多非常考究，仍保持中式传统。如 1929 年由房地产商人胡润泽建成的华乐舞台，其内部的“地面、顶棚、观众座席、立柱围栏、舞台设置均为木结构，雕刻油绘”。剧场正门上方有砖雕“双狮双球”“凤落梧桐”，图案中间刻有“华乐部”三个楷体字（图 2.24）。还有东四家子大舞台，“内部设施基本属中式”[①]，但舞台的形式开始中西结合，如原辅和茶园烧毁后重建的“新舞台”，“舞台采取三面敞开‘伸出式’和‘镜框式’相结合样式”[①]。外部由于采用砖木结构，尤其后来有的剧场已变为钢筋混凝土结构，因而这种大型剧场的外部也已成为“洋楼”，形成中西结合的建筑形态。

新式的电影院则完全是外来移植的产物。位于景阳街上的新闻电影院（原水都电影院图）（2.25），即原平安有声电影院，是哈尔滨第一家上映有声电影的影院，为地上三层、地下一层的砖混结构建筑。平面矩形，立面以主入口为中心中轴对称，主入口呈券柱式构图，券高两层；最为突出的就是对称置于主入口两边屋顶上的两个造型奇特的穹隆，成八瓣形，底部似洋葱头向外鼓起，顶部交汇成一点，上面高耸着锋利的塔尖，直刺苍穹。

---

① 哈尔滨市人民政府地方志办公室．哈尔滨市志•文化．
http://218.10.232.41:8080/was40/detail?record=112&channelid=28186&presearchword=

表 2.2　道外近代主要文娱设施表

类别	名称	地址	相关信息
剧场	辅和茶园	北三道街	始建于 1908 年，为板木结构、坐南朝北的二层中式楼房，后焚毁。1919 年于震霖筹集资金重修，1920 年 7 月 16 日竣工开业，更名为新舞台，二层砖木结构，可容 1 000 人。后又改名为中央舞台，1933 年 2 月 19 日再度重修。中华人民共和国成立后改为松花江剧场
	同乐茶园	靖宇街	建于 1908 年末，仿辅和茶园而建的板木结构二层楼，由阜成房产股份有限公司承建，可容 500 余人。1929 年 3 月 29 日被大火烧毁，后一姓温的富商以 70 万元高价将地皮买去，改建成温泉浴池
	庆丰茶园	南二道街	1909 年建立，俗称“老庆丰”。原为木板结构二层楼，可容 600 余人，舞台面积约 60 m^2。后经砖泥加固，成为哈尔滨第一个使用机关布景和道具改革的地方。1932 年受洪灾后被变卖，改作民房
	畅叙楼	北三道街路西	建于 1916 年 9 月，“公共集资九万元，在北三道街路西组设一最大娱乐场，取名为畅叙楼，中设球台、茶间、旅馆、饭店，极称完备，实开从前未有之先例”（《远东报》
	文明正乐社	升平四道街	建于 1916 年，为三江闽粤同乡会创办，可容 200 余人，主要演出落子等小戏。1928 年 8 月该社同乡会发起东北三省第一个三江闽粤同乐会
	新世界消遣场	升平二道街	建于 1917 年 10 月，由几家商人合资修建的东方式建筑，钢筋水泥二层楼房。1918 年搬迁到十六道街新世界所属游乐场，改为新世界电影院
	中华茶园	十四道街劝业商场院内	建于 1918 年 10 月，可容纳 400 人左右。一度改名为中华大戏院，20 世纪 40 年代初被房主变卖，改为民宅
	天仙第一大舞台	大保定街	1917 年动工修建，1920 年 2 月 4 日竣工，张景南独资建造，砖木结构中式剧场，可容 3 000 余人。1928 年后改为民宅
	大舞台	十六道街荟芳里西面	俗称“东四家子大舞台”，1918 年 6 月 26 日动工，由胡润泽等商绅合股集资，阜成房产股份有限公司承建，1920 年 2 月 14 日竣工，是仿上海大舞台的模式而建，木结构三层楼房。1922 年 5 月 22 日被大火烧毁；1927 年 1 月 27 日重建后再次开演；1939 年 7 月 6 日被焚停业；1941 年 2 月 15 日股东会被迫解散，余产全部变卖
	华乐茶园	南十六道街	1921 年 9 月 10 日落成，1922 年 2 月 22 日改名新乐舞台；1928 年 12 月停演戏剧，改为东北大戏园，上映电影，一年后又改称华乐舞台，由房产商胡润泽建筑。1931 年 5 月 15 日因电线起火化为灰烬，随后重修。中华人民共和国成立后改为哈尔滨市评剧院

续表

类别	名称	地址	相关信息
剧场	中舞台	丰润六道街	建于 1924 年，商人孙质彬建筑的二层砖木结构楼房，设 1 000 席。1938 年失火后停业，1939 年初重建，钢筋混凝土结构，设 2 800 座，改名中央大舞台。中华人民共和国成立后改为哈尔滨市京剧院
	平安茶园	景阳街	原为张学良于 1925 年秋在滨江建的公馆，1928 年改为茶园。1932 年 7 月 12 日改为平安有声电影院
	安乐舞台	太古十六道街街口	1929 年建立，由胡润泽及其子胡少卿创建的中型舞台，一度称安乐茶园，后称安乐剧院。为砖木结构、油纸棚盖、坐南朝北的二层楼房。设木板长凳 100 条，可容观众 1 000 人左右
	永乐茶园	太古十六道街南市场内	建于 1929 年 9 月 6 日，又称胜利茶园，位于房产商胡润泽兴建的“南市场”内，总经理孙质彬。20 世纪 40 年代初因衰落而改为民宅
电影院	老江茶社电影院	—	建于 1916 年 12 月，是道外最早的电影院，现已无存
	新世界电影院	十六道街	1918 年原升平二道街的新世界消遣场迁往十六道街新世界所属游乐场，改称新世界电影院，20 世纪 40 年代称神州电影院
	大同电影院	正阳十一道街	建于 1932 年 1 月，现已无存
	平安有声电影院	景阳街	1932 年 7 月 12 日由平安茶园改建而成，在哈尔滨市最先上映有声电影。1948 年改为水都电影院。1954 年改为新闻电影院，座席 700 个
	东北电影院	升平二道街	建于 1934 年，中华人民共和国成立后改为银行职工宿舍
	大国光电影院	北三道街	建于 1948 年，1954 年改为松光电影院，座席 1 000 个

位于北三道街的原松光电影院（图 2.26）是平面呈“E”和“I”字形组合的二层合院式的楼房，仿西式的立面，檐部上的女儿墙形态较为丰富；内院无外廊，在道外的大院建筑中较少见。

（2）教育设施。

道外的初等教育始于私塾，学校教育则是从 1905 年开始的。1905 年 8 月清政府“停科举以广学校”，同年在傅家店正阳十一道街创办了第一所公办小学（后称滨江县立第一小学校）。至 1910 年（宣统二年），道外共有小学 6 所。而第一所中学始于 1918 年 4 月由邓洁民创办的滨江东华学校，1920 年道外出现了第一

图 2.24　原华乐舞台

图 2.25　原水都电影院

图 2.26　原松光电影院

a 院落

b 半圆拱形门洞

图 2.27　原滨江县立女子高等小学校

所职业学校。至 1932 年道外共有小学 33 所 [1]。

现存的位于北八道街 3 号的原滨江县立女子高等小学校是一组一层的呈“凹”字形布局的院落，总建筑面积 800 多 m^2（图 2.27）。清水砖墙，缓坡屋顶上覆洋铁皮屋面，西式平开窗，院落中有一半圆拱形门洞，上面横书“滨江县立女子高等小学校”的牌匾。外观朴素简洁，除檐部的砖檐线脚外无任何装饰。

（3）卫生机构。

道外近代卫生机构的设置与近代的卫生防疫工作密切相关，如最早的公立医院——滨江医院就是在 1910 年傅家甸第一次爆发鼠疫时创设的。

滨江医院地址在保障街西端路南，由东北防疫处处长伍连德博士兼任院长，医院设有 5 个科室，即总务科、细菌科、病理科、化验室和疫苗制剂室，成为当时东北地区的卫生防疫中心。该院到民国时期曾改名为康生院、滨江医学专门医院，东北沦陷时期改名为哈尔滨国立医院，有病床 25 张 [1]。

原址上现存建筑为相邻的两栋二层小楼。一栋为原哈尔滨鼠疫研究所，建于 1922 年，建筑立面上有“1922”字样，建筑面积为 708.24 m^2，使用面积为 506.29 m^2，砖木结构，地上两层，地下一层 [13]（图 2.28）。其全部为清水红砖表面，非常朴素，但将檐部女儿墙做成高低错落的一个个小段，加上优美的抛物线形窗贴脸，使建筑在质朴中又取得跳跃、丰富的变化。

另一栋呈 L 形平面，建于 1924 年，是原东三省防疫总管理处（1912 年在道外成立），建筑面积为 1 180.88 m^2，使用面积为 912.66 m^2，地上两层，地下一层[13]，也是通体的清水红砖墙，仅檐下部分有规则出挑的砖垛，以及女儿墙上的一排小圆孔，形成装饰（图 2.29）。

1926 年，在这两座建筑旧址及防疫处直属滨江医院的基础上，创办了滨江医学专科学校（1928 年改称哈尔滨医学专门学校），1938 年更名为哈尔滨医科大学[13]。

此外，《道外区志》中记载的民国时期比较正规的医院还有：宏仁医院、红十字医院、善牧医院、北洋医院、庆生医院、慈善医院、吉林军医院、仁寿医院等。

由于近代道外妓院到处可见，造成性病蔓延，因此当时专治花柳病的医院就有 10 多家，连公立医院也专设了花柳病科。这类医院的代表是 1933 年 7 月由哈尔滨特别市公署在道外南勋街设立的傅家甸诊疗所，共有病床 25 张，是专为中国妓女检查和治疗性病的医院（图 2.30）。这座建筑具有非常明显的巴洛克特征，如带破风的弧形山花，立面强调柱式构图等。

图 2.28　原哈尔滨鼠疫研究所

图 2.29　原东三省防疫总管理处

2.1.6　宗教类

道外近代的宗教种类非常丰富，有佛教、道教、天主教、基督教、伊斯兰教等。据《哈尔滨市志・宗教志》《哈尔滨历史编年》和《道外区志》记载，道外近代重要的宗教建筑主要如下表（表 2.3）。

此外，史料记载中还有两处道观：关圣祖师庙和龙王庙，后来改作了佛寺。关圣祖师庙于 1903 年创建，地址在道外南勋十一道街，1921 年，经僧人仁志重新修建，改为佛寺永安寺。龙王庙，是光绪三十二年（1906 年）当地群众募捐在道外北二十道街松花江南岸景兴胡同修建的道观，庙里供奉着龙王、雷公、雨神、风神等

图 2.30　原傅家甸诊疗所

表 2.3　道外近代主要宗教建筑一览表

类别	名称	地址	相关信息
佛教	中央普及佛教会	正阳十六道街	1934 年成立，负责人刘福清。中华人民共和国成立后，中央普及佛教会解散
	净土念佛堂	仁里街	建于 1930 年，负责人周海山。后改为民房
	吉祥庵	大方里	负责人恒性，1936 年创建，二层楼，30 余间房舍，建筑面积 300m^2。
	观音寺	松浦镇	寺庙南北长约 40 m，东西宽约 30 m。观音寺后有一小山，山上另修“送子观音”小庙 1 处。庙貌巍然。现已无存
	镇江寺	北二十道街	原为 1906 年创建的道观龙王庙，1910 年改为佛寺，名镇江寺。有佛殿 3 间，禅堂 3 间厨房 2 间。1932 年和 1934 年曾重修
道教	城隍庙	南十五道街	建于 1918 年，负责人任本荣。占地 1 260 m^2，有正殿 3 间，东西配殿各 3 间。现已无存
	武圣庙	太古街与南十八道街	建于 1919 年，负责人叶从瑞。现仅剩局部
	正阳宫（娘娘庙）	五柳街	1902 年 8 月由道士康山创建。解放后改建为五柳小学校（后水晶小学校）
天主教	南勋街天主教堂	南勋六、七道街	1910 年始建，法国神父哈茨主持建教堂，南侧为钟楼和神职人员宿舍，北侧为教堂附设善普医院，往西是教堂和教堂办公室。横跨南勋街修筑了过街天桥。属于巴黎外方传教会。历届主教十几人。后来南侧神职人员宿舍改为民房，善普医院改为南勋幼儿园，教堂改为道外区少年之家
基督教	基督教浸信会教堂	北大六道街	始建于 1920 年，1936 年重新修建，由美国人马兰丁主持。后由中国牧师主持
伊斯兰教	清真东寺	南十三道街	始建于 1897 年，1935 年重建，总面积为 12 040 m^2，主体建筑物可容纳五六百人做礼拜。第一任教长是张二阿訇
	清真西寺	景阳街	1922 年建，主要建筑物约有 350 m^2，有容纳 400 多人做礼拜的大殿，还有沐浴室、讲堂、教长室和学员室等。1958 年并入清真东寺，房舍改作他用

道家诸神。1910 年寺内有 8 名僧人，并有佛事活动，遂改名为镇江寺。原有佛殿 3 间，禅堂 3 间，厨房 2 间。现存两栋建筑很可能就是佛殿和禅堂，佛殿三开间，硬山屋顶，清水脊，小青瓦合瓦铺砌，檐下梁头仍留有蓝色彩绘，山墙盘头处的戗檐砖底边有海水纹的雕饰，戗檐砖下的枭混从侧面看是青砖磨砖对缝，十分精细，山墙中部有砖雕的腰花。禅堂为五架梁，硬山顶，五架梁和三架梁的断面均为矩形，上部的檩枋是檩枚组合，但枚的断面似为椭圆形。最特别的是堂前有一开间卷棚顶带垂花的门廊，四架梁，梁头前端以柱支撑，后端梁头与禅堂伸出的五架梁联系（图 2.31）。

道教的武圣庙位于太古街与南十八道街相交处，原为两进的院落，如今只残存正殿（武圣殿）和东配殿，均已经过改动（图 2.32）。始建于 1919 年，《哈尔滨市志·宗教志》记载："1919 年，金辉派第十三代弟子叶从瑞道士来哈尔滨市，在道外太古十八道街 42 号，自筹款项买了 600 平方米的地号创建武圣庙。在修建中款项不足，双城吴子清帮助募化，建筑大殿 5 间、东西配殿 5 间；又于 1927 年建设后殿 5 间及土地祠、大仙堂、山门和围墙等。" 武圣殿为五开间，有前廊，1947 年改为小学校后，将前廊用砖墙封闭，前檐柱被包入砖墙内，金柱留在室内，至今在室内仍可见到抱头梁和梁下的穿枋。山墙为青砖砌筑，墀头下碱为条石捆边，盘头和搏缝头处的雕饰仍依稀可见。门前有保留下来的两块对称的云龙纹石雕。

位于北大六道街的基督浸信会教堂为二层建筑（图 2.33），采用的是西方古老的巴西利卡形制，但东西方向短而南北方向距离较长，而且东面临街，按照基督教的规定应是西面入口，因此在临街一面的南部设过街楼，通向内院的西入口。

a 卷棚屋架

b 檐下木物件

图 2.31　原龙王庙内部梁架

图 2.32　原武圣庙

原来楼上为礼拜堂，楼下为福音堂和办公室等，现在一层和二层都是礼拜堂，圣坛的位置也不在东面，而在北面，也是由于南北长而东西短的缘故。临街东立面上以简单的线脚做竖向划分，一层为矩形窗，二层为双圆心的尖券窗，配以同样尖券形的窗贴脸，窗棂带有宗教的六角星形线条，成为简洁的立面上唯一的装饰，因此这座教堂除门窗形式外，宗教特点不明显，且与居民同院，院内原有平房 2 栋，为工作人员住宅。

位于南十三道街的道外清真寺（图 2.34）是原来的清真东寺，1935 年重建，设计人是克拉勃廖夫兄妹，砖木结构。平面接近十字形，西面为次入口，主入口朝东，由四根科林斯柱式的圆柱构成入口门廊。总面积为 426.75 m^2，大殿高为 13 m[①]。最富伊斯兰特色的是屋顶。东立面中央是坐落在六角形鼓座上的洋葱头式大穹顶，两边各配一个半圆形小穹顶；西立面中央是高 21.72 m、逐层缩小的方柱形尖塔（俗称望月楼），两边也是与东立面相同的两个半圆形小穹顶。每个尖塔和穹顶的尖顶上都高举一弯新月，共 6 个，交相辉映，形成浓郁的伊斯兰氛围。

2.1.7　畸形服务类

道外近代商业的发达，也带动了一些畸形经济的发展，会局、赌场、烟馆、妓院等在道外比比皆是。据《道外区志》记载，北市场是道外赌场集中之处，有五花八门的赌摊、宝局；同时，北市场还是哈尔滨最大的“烟区”，“鸦片零售所”“麻药供应所”随处可见。官设烟馆就有 30 多处，半明半暗的私人烟馆多达 90 多处，还有很多暗设的“白面店”和“吗啡店”。1919 年 6 月 22 日《远东报》称，私卖鸦片烟者“只傅家甸与粮台地方约一百余家，每家每日均卖烟至四五十份（四元钱一份）云云，可谓发达之营业矣”。1933 年 8 月，甚至成立了“哈尔滨市鸦片零卖所公会”，臭名昭著的姚锡九就是该会的副会长。

哈尔滨的娼妓业约始于清末民初，在哈尔滨的起始地是道外的桃花巷，第一批妓女是 60 余名天津妓女[14]。之后，随着城市工商业的日益发展和城市的扩大，

---

① 哈尔滨市人民政府地方志办公室.哈尔滨市志·宗教.
http://218.10.232.41:8080/was40/detail?record=41&channelid=44878&back=

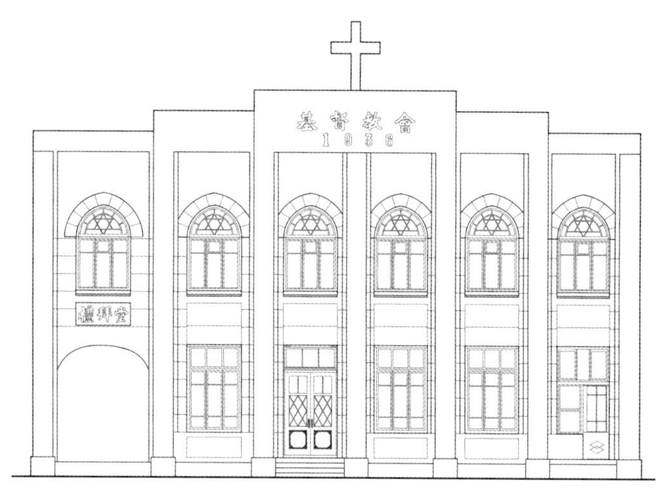

图 2.33　北大六道街基督教堂

图 2.34　道外清真寺

娼妓业也随之发展。当时道外有三大窑区，即 1906 年出现的第一个窑区桃花巷，1914~1915 年出现的第二个窑区道外码头一带，1917 年末出现的第三个窑区荟芳里[14]。至 1917 年 6 月，“道外各妓馆已达二千余家，在东三省中首屈一指”（《远东报》，1917 年 6 月 6 日）。“新造之房屋不计其数，然闻之各房主云，日来询问租房者他项商号无多，大约非妓馆即客栈云。”（《远东报》，1917 年 8 月 8 日）1911 年，当时的滨江厅针对散于各处的妓院曾有过集中管理的设想，“滨江厅林小亭司马，以傅家甸地方娼窑散居各处，良贱杂居于市面，甚不相宜。拟仿照奉天办法，禀请督抚宪拨款，设立平康里。俟批准拨款后，再行勘定地址云”（《远东报》，1911 年 7 月 18 日）。但直到 1916 年道外自开商埠，东四家子出放街基后，才选定东四家子的南十六道街处一块用地，“以备建筑平康里，藉以兴通地面”。通过“召集绅商各界会议建筑方法及预算。拟共建十二所，需费二十余万元”（《远东报》，1916 年 12 月 21 日），“周围面积二百八十丈，一律修盖洋楼”（《远东报》，1917 年 7 月 21 日），工程最终由阜城房产有限公司承包建造。后来平康里更名为“荟芳里”。

荟芳里建成后，原位于桃花巷的二、三等妓院纷纷迁入荟芳里，桃花巷一带的娼妓业逐渐衰落。业主为减纳捐税，不报头等妓院。集于荟芳里的妓院均为二、三等，而四、五等妓院则散设于道外其他地方。荟芳里妓院有南班、北班之别。南班妓院，均属二等，妓馆多称为“班”，均冠有“姑苏”字样；北班妓院二等多称为“下处”或“书馆”。

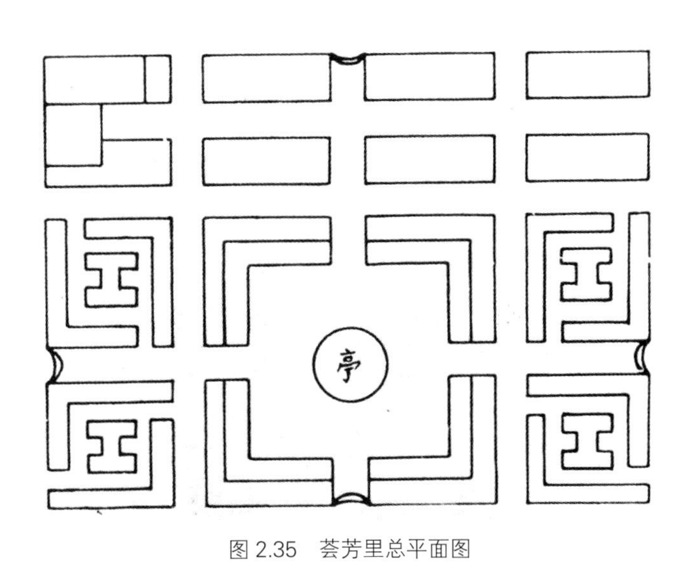

图 2.35　荟芳里总平面图

荟芳里后又被称为“圈楼”“圈里”，皆因它的周边式的总平面布局（图 2.35），其中央有一圆形广场，广场中央有一座二层塔楼，略高于周围建筑，底层是一座能容纳 100 多人的聚会场所，塔楼周围就是二层带外廊的楼房，里面就是一家挨一家的妓院（图 2.36）。建筑为砖木结构，朝向圆形广场一侧设木质外廊，中式的瓶形栏杆、花牙子等配以俄罗斯木构建筑中几何形层叠的挂檐板，中西兼备，是道外近代典型的外廊样式。妓院入口也在朝向广场的一面，多做成中国传统的门楼样式，最常见的是“三间三楼”式。临街一面则做成西式的砖墙样式。整体布局以及建筑单体形态均为道外合院式楼房的通用模式。

a 迎春院

b 中央塔楼

图 2.36 荟芳里

2.2 平面空间形态——传承与演进

道外近代建筑文化的一大特征在于形成了有别于南岗和道里的独特的区域文化景观，这种区域文化景观的构成是多层面的，从最小单位的建筑单体，到建筑单体的组合——院落，再到院落之间的组合——街道和街坊，每一个层面都密切相连，每一个层面又都具有各自的景观特色，与南岗和道里完全不同。文化地理学中对于建筑格局、聚落格局的研究是物质文化景观研究的最重要内容，落实到道外的建筑文化景观上，就涵盖了街道层面、院落层面和单体层面等几方面的内容，是形成完整的道外区域建筑景观的重要因素。

2.2.1 街道空间

道外街道的形成最初与地理环境有关。据记载，道外沿松花江以南一带地势低洼，水泊、沼泽、小河纵横交错，草木繁盛，自乾隆年间起便有人在此捕鱼晒网 [3]。而最早形成的街道（也是哈尔滨地区形成最早的街道）出现在傅家店（原南头道街 1 号）的南端，即 1870 年形成的元宝巷（平原巷，现已消失）、1880 年形成的裤裆街（天一街，今已消失）、1890 年形成的正阳街（靖宇街）[3]，原因就在于裤裆街一带是道外沿江低洼地中的高岗，即使1932年的大洪水也未能淹及此地，足见其地理环境的优越。以后，山东来的傅氏兄弟在这一带开设大车店等店铺，形成商业萌芽。在中东铁路开工修筑后，以傅家店为核心，这里逐渐繁荣起来，纵横的街道也自发地开始形成。

但是，傅家店地区的街道（头道街至十二道街）从一开始就是既无建设及用地管理机构，又无统一的规划，完全在商业活动中自发形成，极不规整，狭窄、弯曲；后来对这一地区的规划管理活动也基本上集中于修整道路、铺设马路及下水管线等市政活动。1907年开埠以后，商业繁荣，地价高涨，傅家甸的建筑密度也随之不断增高。而东四家子一带开埠后的规划是把用地"按宽长十丈为一方，租给华洋商人，修建房屋，开设生意，按年征收租价"（吉林公署文案处档案J 006-05-0090)，因而虽然基本形成较规则的方格路网，但为了获得较高的土地收益，仍采取了小街坊、高建筑密度的布局，即每两条街道间距百米左右，与傅家甸一带基本一致。

道外街道的整体结构大体呈鱼骨状，正阳街即鱼骨主干，是一条最重要的主干街道，宽度为9~11 m，是商业性与交通性兼顾的道路；与正阳街垂直、自西向东近于平行的20条街道是鱼骨的分支，宽度大体都在7~9 m；而联系这些分支街道的就是狭窄弯曲的胡同，宽度大都在3~5 m（表2.4）。从整体上来看，街道的交通流向呈"主街－辅街－胡同－院落"或"主街－辅街－院落"的结构，街道之间的联系较为清晰。

然而，道外这种基本在自发状态下形成的小街坊的街道空间却是极其独特的，至今仍然基本保持着浓郁的区域特色。这种区域的街道特色主要体现在以下几方面：

亲切宜人的空间尺度。沿街道两侧的建筑一般为二至三层，少有四层。建筑举架较现代住宅高，一般为4 m左右，因此沿街建筑总高度基本为9~13 m，个别四层建筑高约17 m；而主要街道的宽度多在7~9 m，建筑与街道的高宽比基本在1:1~1.5:1，即使以现代的观点来看，依然是非常舒适宜人的尺度。1933年滨江市政筹备处颁布了《滨江改建计划大纲》，其中的《暂行建筑条例》中明确规定了街道的尺度："凡房屋高度须与该路之宽度为1与1.5之比，即屋之高度不得超过该路宽度之倍半，逾此规定者应将上层仍依比例逐次退缩，但在住宅区域内之高度若超过二十公尺或在他区域内超过三十五公尺时，须经本处查考其邻近情形堪为可能者方准起造。"

表 2.4 原傅家甸主要街道宽度一览[1]

街道名称	现状宽度 /m	形成年代	街道名称	现状宽度 /m	形成年代
正阳街	9~11	1890	纯化街	5	—
北头道街	8.5	—	南头道街	9	1880
北二道街	6.5	1880	南二道街	7	1890
北三道街	7	1890	南三道街	7.5	—
北四道街	8	1890	南四道街	7.5	—
北五道街	8.5	1900	南五道街	8	—
北小六道街	6	1900	南小六道街	6.5~7	1890
北大六道街	8	—	南大六道街	7.5	1890
北七道街	7.5	1900	南七道街	7.5	—
北八道街	8.5	1910	南八道街	8	1905
北九道街	8	1910	南九道街	8	1910
北十道街	7	1913	南十道街	8	—
张包铺胡同	3	1913	同发头道街	5	1916
新市巷	4	1890	鱼市胡同	4	1900
仁义巷	6	1905	染坊胡同	4~6	1900

连续协调的街道立面。为获取高额的地价收益而形成的高密度建筑在街道两边紧密连接，形成连续的街道“墙”，也进一步强化了街道空间的围合感。同时，建筑材料上大致相同（清水砖或砖抹灰墙面等），色彩上基本一致（正阳街以浅黄色为主，两侧辅街以灰色调为主），体量与装饰手法统一，凡此种种都大大提高了街道立面的连续性和协调性。

丰富多变的空间层次。辅街与主街（正阳街）基本垂直，在连续的主街道空间中不仅呈现方向的纵横变化，而且使主街具有了相对稳定的节奏感。

① 哈尔滨市城市 规划局，哈尔滨工业大学城市设计研究所编制 . 哈尔滨市道外传统商高明风貌保护区规划与设计 . 2000.

进入辅街后，狭窄蜿蜒的胡同、各种拱券形的过街门洞又开启了下一层次的空间——院落，而院落中间，有的是两进院落，中间还有门洞或天桥，又进一步增添了群体空间的层次感。

商居混杂的生活气息。商业、服务业的发达使得主街与辅街上的绝大多数建筑成为商用的铺面房，各式各样的商业招牌、广告、牌匾，以及建筑表面的各类花饰等，配上吆喝叫卖声和川流不息的人流，形成热闹喧嚣的商业氛围。胡同，是在两条辅街之间自然形成的，狭窄而曲折蜿蜒，是通往人们的生活空间——院落的重要路径，但有时也是一些与日常生活密切相关的小型商业活动、摊点的集中经营场所，有些胡同的名称就是以商业活动来命名的，如鱼市胡同、染坊胡同等。人们或经过胡同走到街面上，或通过大院的过街门洞直接来到街面，也将自己的生活融入街道的商业氛围中。尤其在辅街上，街边玩耍的孩童、闲聊的妇女、晒太阳的老人，与店铺的招牌、幌子、搬运货物的工人等等混杂在一起，形成道外特有的、浓郁的、商居混杂的生活气息。

2.2.2 院落空间

构成道外传统街坊的基本单位就是大量的合院式院落。在近代的道外，无论是分布最广、数量最多的各种店铺、旅馆、客栈、饭店、小作坊、妓院等商业营利性机构，还是各类学校、医院等公益设施，都不约而同地采用了几乎相同的院落模式，即带外廊的合院式布局，并以此构成了道外建筑群体平面空间的一种通用模式。

（1）构成要素。

道外合院式院落空间的基本构成要素包括了一层或二、三层的带外廊的建筑单体、外楼梯，以及院内的污水窖、公共厕所等。

单体建筑。建筑单体多为二、三层，有个别为一层、四层。单体建筑朝向院落一侧的二层以上多设木质外廊。单体与单体之间大多呈毗连型布局，如北三道街 8 号（原王丹实宅）、靖宇街 322 号（南七道街至南八道街之间）。也有的呈离散型布置，在相互垂直的两个单体之间的空隙处布置外楼梯。但是很多离散型的单体通过外廊连成一体，如北九道街 15 号、北大六道街 43 号。单体临街的一间辟为过街门洞，以联系院落和街道空间。有的单体建筑兼有内外楼梯和外廊，如南头道街原天丰源货店（二层以上通过外楼梯转入内楼梯），有的建筑有内楼梯无外楼梯，但有外廊，如北九道街 16 号大院，还有的只有内楼梯，无外廊和外楼梯。

外楼梯。主要为内部居住者使用。多数为木质外楼梯，但也有一些为钢筋混凝土外楼梯，如南勋街325号原“天合泰”布店，外部钢筋混凝土楼梯，配以金属栏杆。外楼梯的位置较随意，有些布置在院落的转角处，较隐蔽，可有效保持院落空间的完整性；有的则位于院落中央，单跑（可90度转弯）或先合后分，如原仁和永院内的两部单跑外楼梯与院落中央的小天桥结合在一起，是比较特殊的一例；有的外楼梯紧贴着外廊布置，单跑，连到二层甚至直达三层，如北九道街9号（原银京照相馆）。有些二层和三层的外楼梯完全不对位，可见其布置的随意性之大。

污水窖、公共厕所。多布置在大院门洞入口处附近。

（2）基本形态。

从院落围合的方式来看，主要有二合院、三合院、四合院、多进院（多为两进院）、组合形院等（表2.5）。从院落形状和空间尺度来看，有的院落近于方形且较宽敞，如南四道街原恒聚银行；有的近于方形但较小，如南二道街原义顺成货店；有的呈长方形但非常狭长，如南二道街原仁和永；等等。

二合院落多由呈L形的建筑形成，而并非传统的“二”字形院，空间封闭感不是很强。

三合院落多呈“凹”字形，毗连型布局居多，空间尺度上有三合长方大院、三合大方院、三合小方院、三合窄院等（表2.5）。

四合院落从四个方向围合，封闭感最强，有离散型布局，也有毗连型布局，形状和尺度上可分为四合窄院、四合大方院、四合小方院、梯形四合院、四合套院（即两进院）等等。

组合形院落是将前几种合院形式加以组合形成的，呈“E”字、“日”字形，或更复杂的图形。

道外院落的形态非常多样，院落的入口位置也十分随意，而极少有传统院落对于入口方向和方位的限制，大多通过临街的过街门洞进入院内而非传统院落的屋宇门。

（3）典型实例。

① 三合小方院：北三道街8号，原王丹实宅（图2.37）。

老住户介绍说，这个院落曾是道外近代有名的商人王丹实的房产。王丹实，宝隆峻钱粮业的所有者，曾任吉林滨江县商会会董（1927年12月）、吉林滨江县商会常务委员（1931年12月）、哈尔滨特别市道外商会会董（1932年12月、1934年12月当选）[8]。他的产业除粮栈、钱庄外，还有当铺等。

院落周边建筑沿西、北、东三面布置，呈毗连型，东面二层临街，底层东

表 2.5　道外常见院落形态示意表

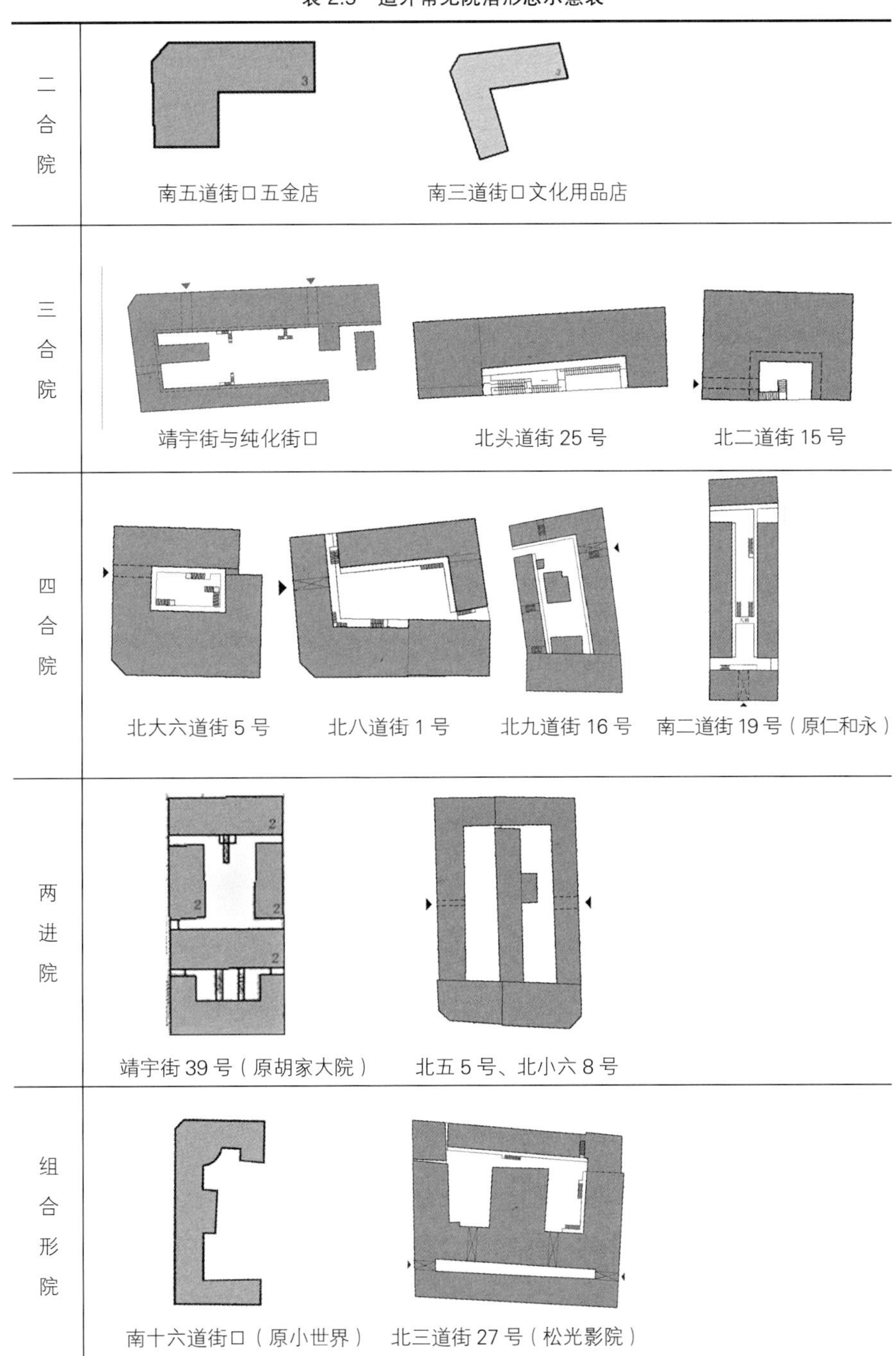

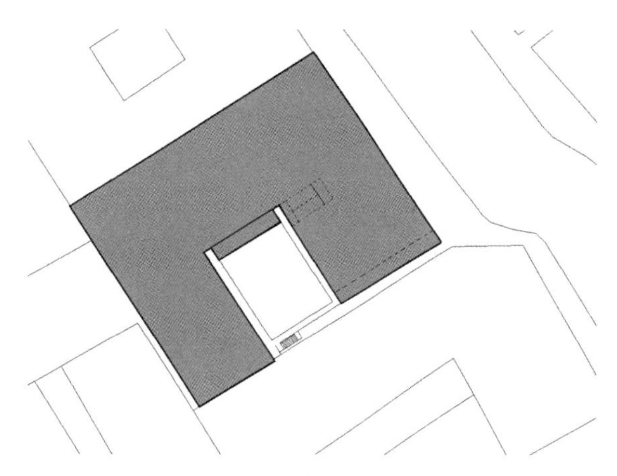

图 2.37　院落总平面图

图 2.38　内楼梯栏杆

南角为过街门洞，据老住户介绍，门洞里原来可停放汽车; 西、北两面都是三层。三面建筑的二层以上都有木质外廊，木质外楼梯设于入口门洞对面。院落东北角的一间设内楼梯，因为楼梯旁边的二层房间是客厅，为的是方便来客。内楼梯为钢筋混凝土结构，有精美的铁质栏杆（图 2.38）。院落西北角的底层有通道通往毗邻的另一个院落。整个院落近似方形，长宽分别为 9.1 m、6.4 m，尺度宜人。最为特别的地方是院落里朝南的一边，在二层和三层设置了两间俄式的阳光房（图 2.39）。

据介绍是王家少爷、小姐读书的地方，全木制，顶部呈三角形，上下边缘处都有俄罗斯木构建筑中常见的层叠的几何形齿状装饰。这种阳光房与传统院落相结合的形式在道外的大院里是唯一的一例，院落的中西交融的特色非常突出。

②四合窄院：南二道街 19 号，原仁和永丝绸庄（图 2.40）。

19 号大院共有 4 栋砖木结构建筑，其中 3 栋建于 1915 年，1 栋建于 1922 年，总建筑面积为 1 396.63 m^2。据记载，这座大院在 1931 年是烟台一家丝绸庄在哈尔滨的分号，名

图 2.39　院内两层的阳光房

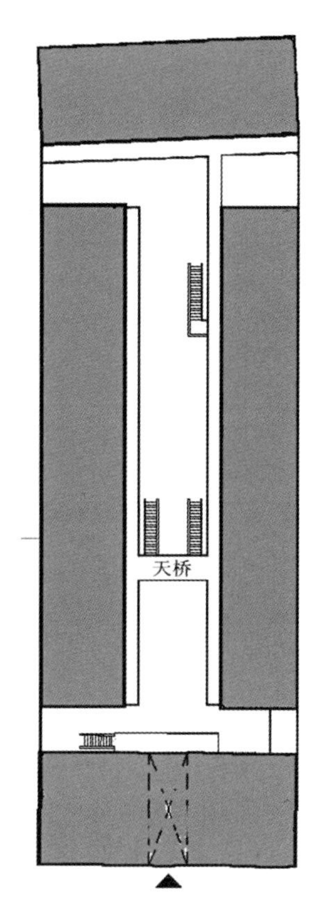

图 2.40　原仁和永平面图

叫“仁和永”。商号的大掌柜叫许尧庭。商号主要经营布匹丝绸，兼做西装向外地批发。当时的大院，沿南二道街的房屋，南半部分租给了鞋铺，北半部租给了帽子铺。沿南三道街的房屋，一层为仁和永的营业厅，二层为仓库。大院南侧房屋，一层中间部分为粮库，其余部分为店里伙计居住。二层一部分为店里伙计居住，一部分为仓库。大院北侧房屋，一层楼梯旁的房间为二、三掌柜居住，中间为食堂、厨房， 二层西头房间为大掌柜许尧庭居住，其余房间为往来经商的老客户居住。

大院是完整的四合窄院，整体呈离散型布局。院落长 43.8 m，而宽只有 7 m，长宽比近 6:1，非常狭长。中间有一道小天桥，通过两道单跑楼梯连到地面，使过于狭长的院落空间稍稍得到调整。院落虽由四个建筑单体围合而成，但已脱离了传统的四合院对于朝向、方位、正偏等的制约，院落入口在东西两侧，东西长而南北极短，仅在掌柜们仍居住在坐北朝南的北面一栋房里（并不是居中的房间而是偏西，即并非传统意义上的正位）这一点上，还依稀保有伦理等级的痕迹（图 2.41）。

③四合小方院：南二道街 61 号，原义顺成、义兴源商号，后为黑龙江省水利厅招待所。

原为“义顺成”商号，建于 1922 年，二层砖木结构，是道外保存非常完好的四合院，毗连的、近方形的院落构成，院落长宽约为 10.2 m、6.2 m，尺度非常亲切宜人（图 2.42，图 2.43，图 2.44）。内院的外廊非常精美，而临街立面又是非常典型的中华巴洛克风格，外表抹灰，然后以灰塑手法做出大量繁复

a 立面

b 内院外廊

图 2.41　原仁和永立面与内院

图 2.42　原义顺成内院

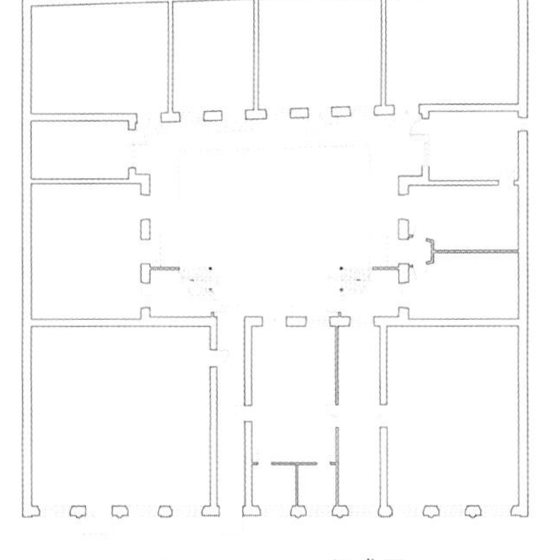
图 2.43　原义顺成平面

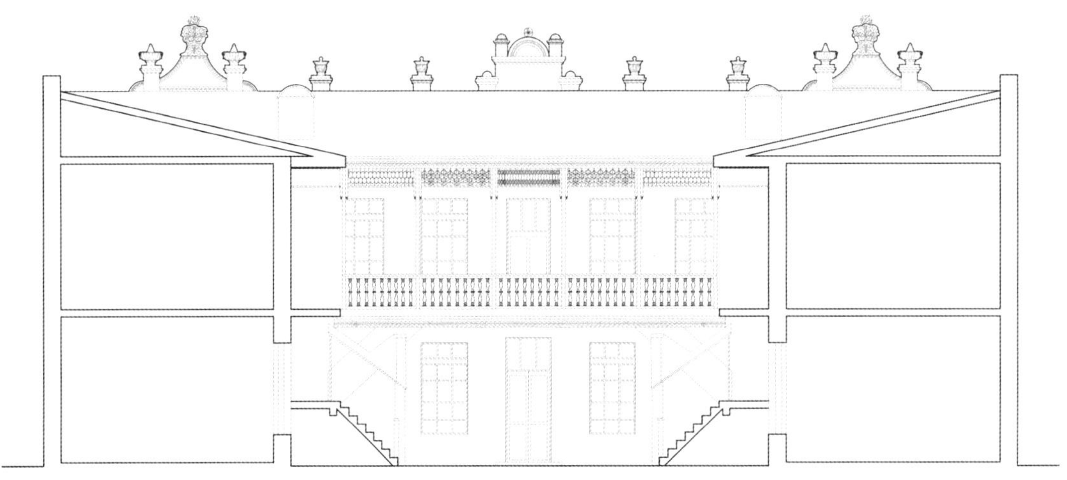
图 2.44　原义顺成内院剖面图

的附加装饰，都是传统的吉祥主题。

④四合大方院：南四道街 16-22 号，原恒聚银行（图 2.45）。

这座院落建造年代等不详，曾经作为中共道外区委所在地，现为工厂。整个院落为毗连型构成的四合院，临街以过街门洞为入口，西北角有通道通往另一个院落。院落长宽约为 29.4 m、21.2 m，十分宽敞，院内二层的外廊有保存完好的精美的栏杆和花牙子（图 2.46）。建筑为砖混结构，二层，建筑面积约为 2 626 m^2。建筑的临街立面具有装饰艺术风格的竖向划分，十分简洁，没有任何西方古典建筑语言的痕迹，从这一点来看这组院落的建造时间应在伪满统治时期，即20世纪30~40年代。

⑤两进院：靖宇街39号，原胡家大院。

这座大院是道外著名的房地产商人胡润泽（《哈尔滨房产志》《道外区志》中记为“胡润泽”，《哈尔滨市志·文化志》中记为“胡仁泽”，应为同一人，人称“胡二爷”，系辽宁省八面城人）的房产，据说是胡的四姨太居住的地方，是一座非常完整的二层高的两进深四合套院。这座院落基本呈坐北朝南的正方位，完全中轴对称，主入口设在临街倒座的一层中轴线上，过街门洞形式。整体布局隐约带有东北传统的“一正四厢”的格局，但已进行了调整，临街倒座与左右两厢连成一体；整体基本呈离散型的院落格局，四座厢房中央原来设过厅的地方做成带过街门洞的二层楼房，将院落分隔成前后两进院落。前院是仆人用房和客房，呈横置的矩形，尺度比较局促，面宽与进深的比例接近2:1，设两部外楼梯；后院是主人的起居空间，呈纵深向的矩形，面宽与进深的比例接近1:1.7，尺度宽阔，空间开敞；后院正房11间，厢房7间，前院过厅处11间，厢房3间。单体平面上依然可见“一明两暗”的格局，中间为明间，也称堂屋，但并不做居室用，而是做灶间兼杂物间，因为两边居室是采用火炕取暖，这种布局正是东北民居（受满族民居影响）的典型做法（图2.47）。

这座大院虽然在外立面上呈西式的样式，尤其檐部的女儿墙做成仿新艺术建筑的曲线形式，墙体样式和做法也借鉴了西式，但是整个院落的布局和单体建筑的格局依然保持了非常明显的中国传统的、尤其是东北地区的地方做法，传统合院式院落所蕴含的伦理等级观念也鲜明地保持着，体现出道外这种合院式的群体布局在现代转型过程中的一个阶段性特征（图2.48）。

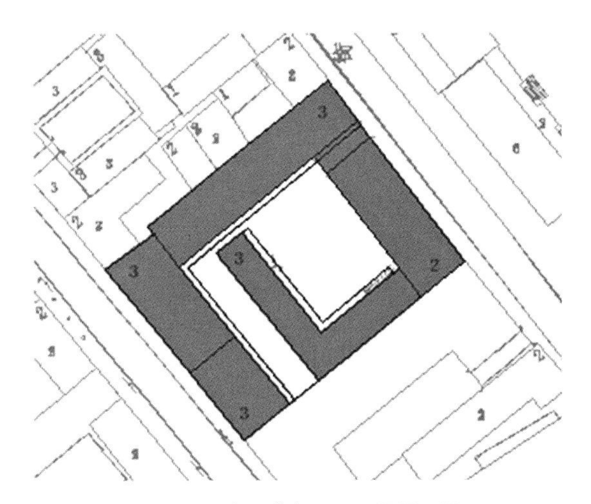
图2.45　南四道街16–22号平面图

图2.46　南四道街16–22号内院

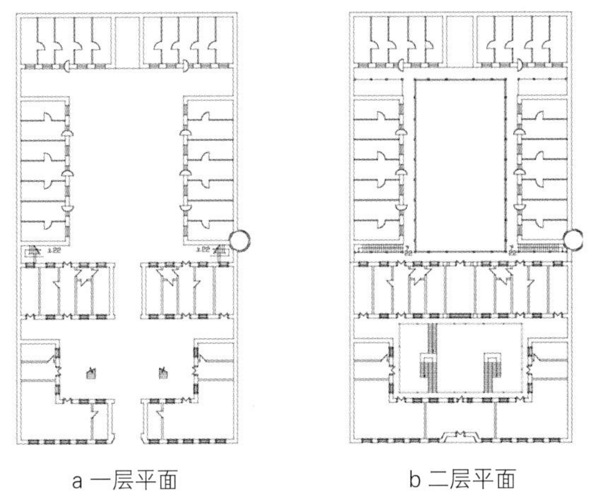
a 一层平面　　b 二层平面

图2.47　原胡家大院平面图

（4）演进特点。

从上述院落形态与实例的分析来看，道外近代大院是以中国北方的合院式布局为基础、结合西方近代临街多层店面的特点而形成的多层楼院。它既保留了合院式院落的内向型空间、多功能的适应性，又获得了当时新潮的西式立面、坚固耐久的优越性能和较高的建筑密度，堪称中西合璧、取长补短。另一方面，大院的形态丰富而多变，是在传统的基础上为适应新的生存条件以及近代城市化过程中的高密度需求而进行的新的调整、扩充和变异的结果，主要表现在以下几点：

逐渐淡化的传统观念。传统的合院式布局，尤其是北方的合院强调轴线、朝向、正偏、主次等等要件，实际上是以这些要件来传达长幼、尊卑、亲疏、内外等伦理观念和等级观念，进而体现一种社会秩序。但道外从形成伊始就是一个移民的区域，人们头脑中绝少有本地与外来的区分；加之近代移民大多是北方各省的小业主、贫苦农民或失业者，来到道外都是白手起家，在经营活动中大多依靠联合协作而不仅仅是传统的家族纽带，因此传统的等级秩序、等级观念在这里逐渐失去了赖以维系的根基。

不拘一格的空间形态。从前述分析可以看出，虽然合院式的布局方式被保留了下来，但随着与之相关的传统观念的淡化，围合院落的建筑的位置变得更加灵活，院落的空间形态也更加丰富多样，尺度、形状不拘一格，三合小方院、三合大方院、三合窄院、四合大方院、四合小方院、四合窄院、两

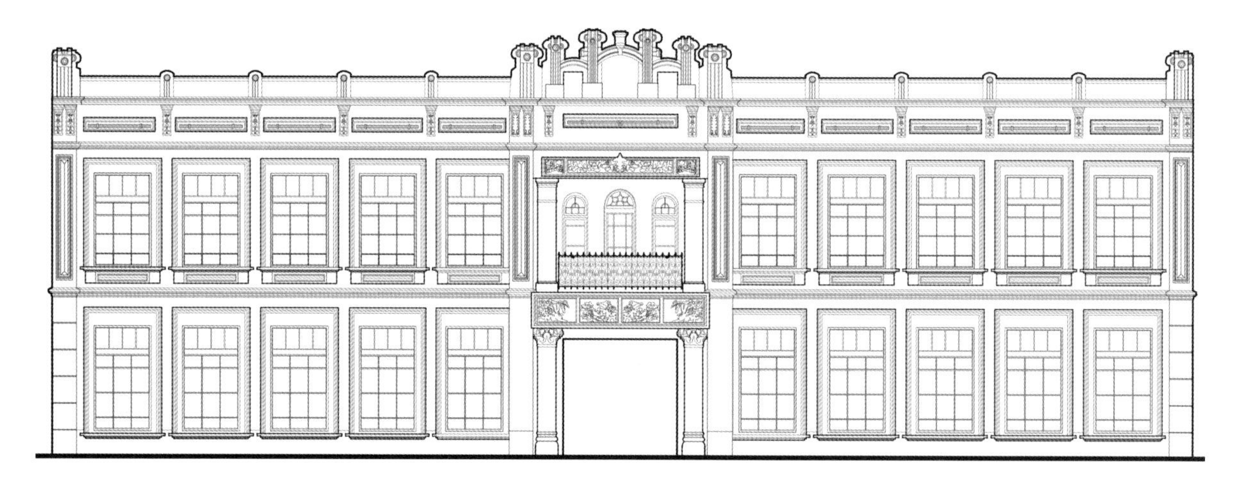

图 2.48　原胡家大院立面图

进院……院落空间更加灵活多变：宽敞、幽闭、狭长、亲切，给人以不同的空间感受。

复杂多变的组合方式。北方传统合院式的院落如四合院，一般是由四栋呈一字形的单体建筑从四面围合而成，三合院是三栋一字形的单体建筑从三面围合而成，而在道外近代的大院里，围合院落的单体不再仅仅是一字式的矩形平面，而是L形、凹字形、E字形等，由这些形状的单体再进行组合，可以产生更加复杂多变的组合方式，如一字形与L形的组合、一字形与E字形的组合、L形与凹字形的组合等等（图2.49）。

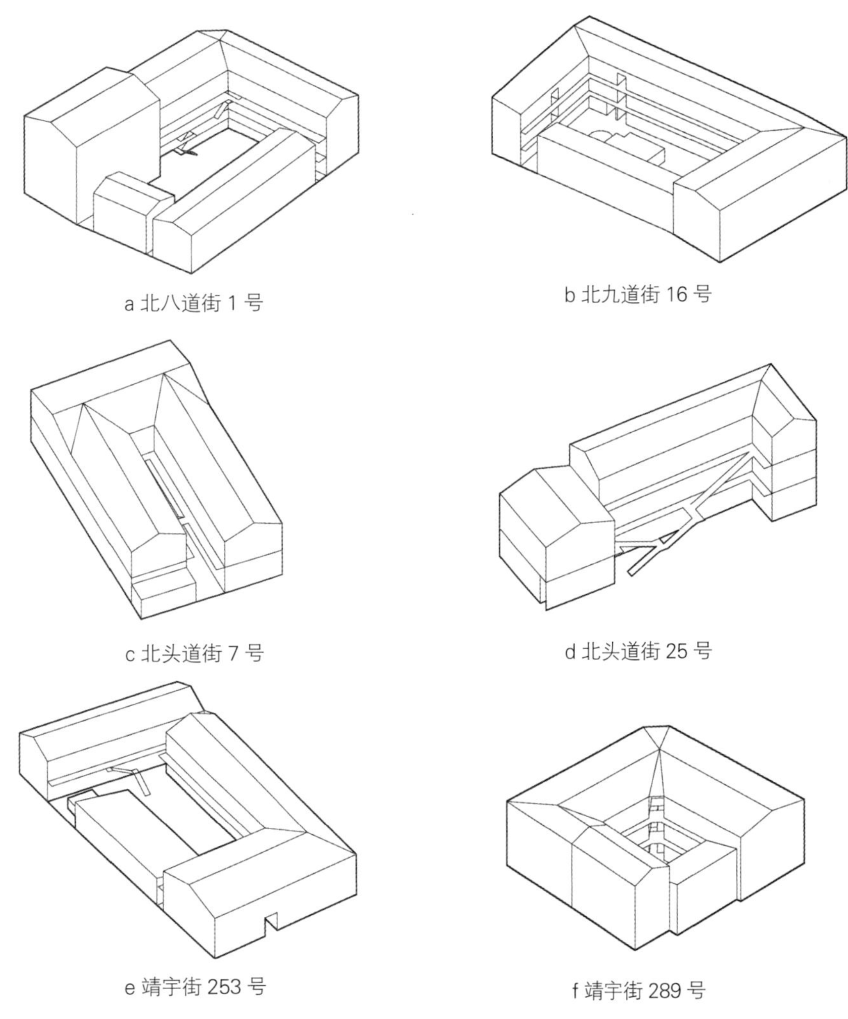

图 2.49　典型院落空间形态示意图

2.2.3 单体建筑

道外近代建筑从单体形态上可大致分为两类，一类是相对独立的单体，即几乎不与其他单体构成组群，相对独立存在，在形态上以自己的特殊功能需要为前提，如现代厂房、银行、影剧院、教堂、清真寺等等，而这些形态类型又多是以西方近代出现的同类建筑新类型为样板，采用相似或一致的材料、技术和平立面处理进行设计建造。实例如北大六道街的基督教堂、北四道街的原交通银行、靖宇街的原中国银行、景阳街上的原水都电影院等。

另一类单体形态是构成道外近代最大量、最普遍存在的商住一体的大院的单体要素，它们在平面空间形态上具有高度的相似性，形成通用模式，即普遍采用外廊式，因此不妨称之为普遍类单体。这种通用模式正是形成道外近代建筑特色的重要方面。

从单体平面来看，以形成临街的铺面房为主要出发点，建筑普遍采用西式砖木混合结构的临街单体形态，即一字形（图 2.50）和 L 形两种平面形式（图 2.51），临街一面设有临街店面入口、通往内院的过街门洞，而朝向内院的一面在二层以上设外廊户外木楼梯，以方便进入各户。而从街道空间进入内院则一般由位于临街某处的过街门洞进入，这种方式非常好地满足了经商活动与居住活动的不同要求，一层临街的商业店铺可直接进入临街的店铺入口，而二层以上的居住者通过门洞进入内院，再通过内院的外廊直接进入各自的居室，各行其道，各得其便，互不相扰。

早期的单体建筑平面，虽采用了外廊，但房间的平面布局还保留有中国

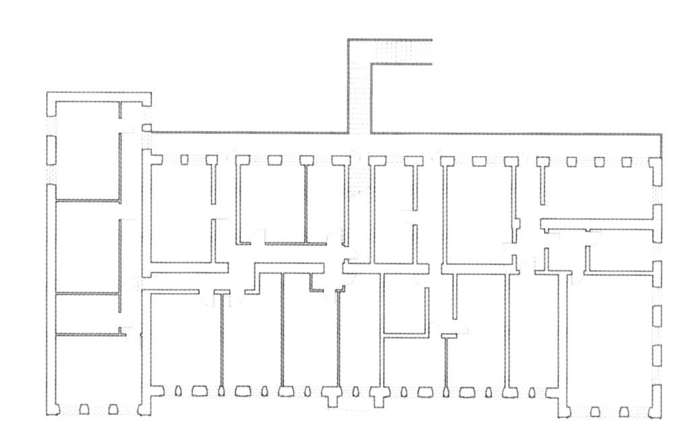
图 2.50　原天丰源货店一字形平面图

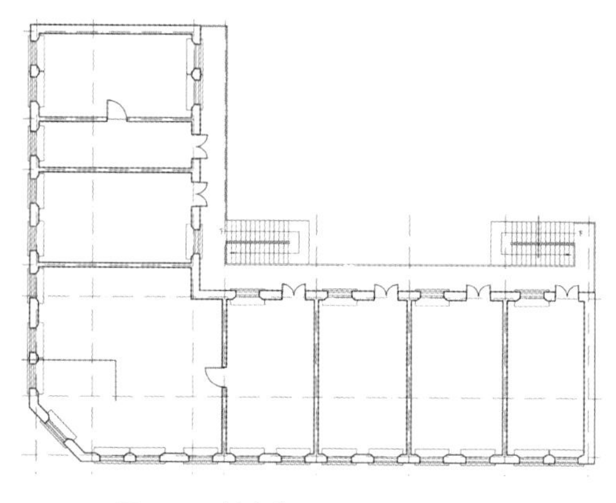
图 2.51　靖宇街 359 号平面图

传统建筑的“一明两暗”模式，如胡家大院（图2.47）；随着商业活动的兴盛，人口的日渐增多，传统的一明两暗模式也逐渐被打破，房间的分隔越来越灵活，直至完全视使用功能和商业活动的需要而定。目前所见的单体建筑，房间平面几乎都经过中华人民共和国成立后因人口增多而进行的改造，所以绝大多数难以见到真实的原貌。

单体建筑多采用外廊式，外廊则通过外楼梯通到地面。外廊与外楼梯绝大多数是木制的，有少数采用钢筋混凝土材料（如北九道街16号院的外廊）。由于不与内部结构发生直接的关联，所以外楼梯的平面位置比较随意、灵活，一般有平行于外廊和垂直于外廊两种主要的布置方式。此外，先垂直、后平行于外廊的外楼梯，以及分流、合流相结合的外楼梯形式在道外也比较常见。

2.3 立面形态——仿洋与创新

2.3.1 立面的形态类型

（1）划分依据暨“中华巴洛克”辨析。

道外近代建筑在外观形态上给人的第一印象往往是洋味十足，因为它的立面从结构技术到构图形式都采用西方样式。但是仔细研究可以看出，在西式的构图中有中国传统的细部，在材料上有中国传统的青砖和西式的红砖、水泥抹灰，在装饰上有简洁的，也有极端繁琐的，各具特色，各不相同，因此很难用单一的一种所谓“风格”来概括。而近年来但凡提起道外的近代建筑，人们都会将其与“中华巴洛克”这一称谓联系起来，“中华巴洛克”俨然已成为哈尔滨道外近代建筑的代名词，更进而成为这一地区对外宣传的一块金字招牌。然而若从专业术语的角度来考察的话，“中华巴洛克”这一提法在概念上还存在许多模糊之处，有必要首先加以辨析，以便为道外建筑立面形态类型的划分提供依据。

“中华巴洛克”一词最早出自日本学者西泽泰彦的《哈尔滨近代建筑的特色》一文：“在哈尔滨近代建筑中，中国系样式包括两类：一是符合中国古代建筑样式规范的，可称为‘中国样式’；一是基于中国工匠对西洋古典建筑样式的理解而造就出来的，可称之为‘中华巴洛克’……在曾称为‘傅家甸’的现道外区，现存的有过分装饰的建筑物则属‘中华巴洛克’之例。这类建筑的外观构思基于西洋巴洛克式，但附加的装饰则是在属于古典系的巴洛克式建筑中不曾见到的。虽然这类古典系建筑也可以归到巴洛克样式中，但由于仅见于哈尔滨、沈阳等中国城市，因此，仍归之于中国系。”[15] 这里对“中华巴洛克”的界定强调了这类建筑的“过分装饰”“外观构思基于西洋巴洛克式”“附加装饰是巴洛克建筑中不曾见到的”。

后来的一些中国学者对这方面的研究，在概念上也基本延续了西泽泰彦的说法，如“这种风格的建筑由于体现出很浓郁的17世纪欧洲巴洛克建筑的构思原则，又有很强的展现中国传统装饰文化的特征，故将其称为‘中华巴洛克’建筑”[16]。这里强调的是“欧洲巴洛克的构思”和“中国传统装饰”；又如“‘中华巴洛克’是一种过度装饰的风格，……归根结底，‘中华巴洛克’是基于中国传统建筑、欧洲巴洛克以及‘新艺术’之上的近代折主义建筑类型。”[17]这一提法在“过度装饰”“中国传统建筑”“欧洲巴洛克”之外又进一步提出了它的“折中主义”特色。

综合上述观点，对于“中华巴洛克”这一概念的界定集中于以下几方面：过度装饰、欧洲巴洛克构思、中国传统装饰。因此，所谓“中华巴洛克”建筑，其核心思想不外乎两个基本点：一是“中西交融”，二是“过度装饰”。

“中西交融”这一点是显而易见的，所有这方面的研究在谈到中华巴洛克建筑的特征时，都指出了诸如中国传统的院落式布局、西式的砖木结构和立面构图、西式建筑的一些构件（如山花、柱式、窗、圆券、牛腿等）以及大量的中国传统装饰图案等；但另一方面，道外近代建筑绝大部分都具有中西交融的特点，是否都属于所谓“中华巴洛克”建筑呢？按上述定义的话就应该取决于第二个基本点，即是否“过度装饰”。

何为“过度装饰”？这个“度”该如何把握？前述的这些研究都没有提及。这就不难理解为什么在实践当中许多人会把“中华巴洛克”一词推而广之地应用到道外的大部分近代建筑上。我们不妨暂且将“过度”的问题放在一边，先从建筑装饰的分类来探寻究竟。以装饰与建筑本体的关系为出发点，可将建筑装饰分为“本体性装饰”（Noumenal Ornament）和“附加性装饰”(Applied Ornament)两类。前者指对建筑本体（结构、构造等）进行修饰的装饰，与功能和材料有关；后者指附加于建筑本体之外、为了增加美感或者传达意义的装饰，没有实用的功能。两者相比，本体性装饰在不影响结构和功能的前提下侧重对建筑的功能性构件加以美化和润色，而附加性装饰则具有相对独立于建筑结构和功能之外的纯欣赏性的因素；前者具有经济上的简朴性、不易受到时尚的影响，而后者则容易受到时尚和浪费的冲击[18]。

由此不难看出，由于和建筑的功能性构件密切相关以及它在经济上的简朴性，本体性装饰一般较少出现“过度装饰”的现象，而附加性装饰则恰恰相反，由于脱离了建筑结构和功能的制约，很容易受到时尚和浪费的影响，也容易被不恰当地运用，因此“过度装饰”的情况大多发生于附加性装饰中。

有鉴于此，对所谓“中华巴洛克”建筑的“过度装饰”的界定就应着眼于它的附加性装饰，比如以灰塑的手法做出的附着在女儿墙、外墙表面的装饰图案，它们与建筑的结构或构造构件之间没有直接的关系，除了增加美感和传达一些文化意义外，没有实用的功能。在道外，这些附加性装饰大多出现在外墙抹灰的建筑上，从装饰的部位上看有女儿墙表面、檐口下、窗贴脸、入口上、山墙转角处等，分布面很大，甚至像是装饰平铺于整个墙面。采用这样的装饰方法的建筑主要集中在靖宇街（原正阳街）两侧，这些建筑是符合“过度装饰”的特性的。

除抹灰墙面外，道外近代建筑中还有大量的清水砖墙面（包括红砖和青砖）。清水砖墙面的建筑的立面大多也做成西式，采用西式的窗洞口、门洞（拱形或圆角方额），整个墙面的装饰以青砖或红砖砌筑出来的线脚效果为主，而不是额外附加的，因此这种装饰应属于本体性装饰中的结构装饰化的做法[18]。至于这些清水砖建筑的女儿墙部分，则大多采用中国传统民居中的花砖顶或花瓦顶，有较强的美化效果；但这些花砖顶或花瓦顶本身就是女儿墙体的组成部分，起着一定的围护作用，因此它们同样属于结构装饰化的做法，而非附加性装饰。

从内院的装饰特色来看，大都采用中国传统的一些元素，如木楼梯、木栏杆、木柱、雀替、挂落和楣子等，一些檐下的挂檐板则是俄罗斯木构建筑上常见的细密层叠的几何形齿状装饰，体现出中西交融的特点。这些都是对建筑的一些结构和功能性构件进行的修饰，是与建筑本体相联系、不能脱离的，也应属于本体性装饰中的结构装饰化的做法[18]。

至于巴洛克的构思，众所周知，“巴洛克”作为一种风格或形式起始于16世纪末、17世纪初教皇统治的罗马，其影响遍及欧洲和拉丁美洲的大部分地区。它出现时并没有一个明确的定义，只是作为一种倾向、一种时尚，“巴洛克”这个词本身也是18世纪的批评家首先用来评价17世纪的艺术的，因为在绝大多数欧洲语言中，“巴洛克”一词最终归结为过分、变形、反常、怪异、荒诞以及不规则的同义语[19]。19世纪下半叶，瑞士批评家亨利希·沃尔夫林（Heinrich Wölfflin）抛开从前的种种偏见，给了“巴洛克”艺术一个较为客观的定义，“把具有以下鲜明特点的艺术作品称为巴洛克艺术：运用动势——不管是实际的（如波形的墙面，喷射形状不断变化的喷泉），还是含蓄的（描绘成充满活力的动作或动作趋势的人物）；力图表现或暗示无穷感（伸向地平线的道路，展现无际天空幻觉的壁画，运用变换透视效果使其变得扑朔迷离的镜面手法）；强调光在艺术作品构思中的效果及其造成的最终影响；追求戏剧性、夸张、透视效果；不拘泥于各种不同艺术形式之间的界限，将建筑、绘画、雕塑等艺术形式融为一体。”[19]

这些特点在巴洛克的建筑中表现得尤为鲜明突出，特别是巴洛克建筑中的动势、体积感、光影，以及戏剧性和夸张的效果，已成为巴洛克建筑表现的核心内容。从精神实质上说，巴洛克建筑是对文艺复兴建筑所代表的理性、平衡、适中、庄重的传统的反叛，充满了离经叛道的意味。因此，巴洛克建筑中大量应用曲线以塑造波动状的墙面、螺旋形的柱子、柔和的大涡卷，还有很深的线脚、深壁龛、具有跳跃的节奏的柱式组合，其目的就是为了创造一种动态、新奇、不定、夸张的非理性的效果。不仅仅是意大利的巴洛克教堂如此，在法国、奥地利、德国、西班牙甚至墨西哥的巴洛克建筑也大都是以此为核心的，只不过在法国多了些堂皇和庄严，在中欧倾向于融合各种艺术形式，在西班牙和墨西哥则热衷于装饰。

说到装饰，这当然也是巴洛克建筑的一个显著特点，在欧洲国家的巴洛克建筑中，有很多大量使用豪华的装饰。巴洛克装饰的豪华，多体现于内部装饰材料的昂贵，如黄金和各色的大理石，以及众多的圣徒和天使的雕像，正如罗马的圣彼得大教堂内部的装饰一样，这与巴洛克最初就是作为教会的工具有关，因为教堂是献给上帝的，是教会权力和地位的体现；在建筑的外部则多用圆雕形式的人物雕像，或具有很强立体感的盾形徽记做装饰。内部和外部的这些装饰除了凸显教会的权威以外，还有一个很重要的作用，就是增强了建筑的动感、体积感和光影效果，而这才是建筑表现的核心。即使是西班牙那样的所谓“超级巴洛克”，像银匠雕刻银器首饰那样将建筑表面布满装饰，堪称豪华，也还是要通过高耸的尖塔来保持向上的动势，而表面这些繁缛的雕饰则在整体的动态上增加了更多的光影变化和向各个方向冲突的塑性。

因而，大量的附加性装饰有理由作为“中华巴洛克”一词成立的一个必要条件。另一方面，道外近代建筑是否具有前述所说的“巴洛克构思”呢？答案是否定的。主要原因在于：

①外观形态上。

不能否认，道外一些具有大量附加装饰的建筑的确取得了与真正巴洛克建筑异曲同工的效果，如南头道街的原天丰源商号，以很深的檐口线和繁琐的、极具立体感的装饰获得了较强的体积和光影变化，一定程度上具备了巴洛克建筑的效果；但是，道外还有大量的装饰比较过度的建筑，如原泰来仁鞋帽店（图 2.52），在整体形态上是静态的，缺少大的体积和光影变化，因而并不具备巴洛克建筑的动态和对冲突变化的追求。平面是规整的，墙面基本是平直的且没有大的凹凸进退，开

图 2.52　原泰来仁鞋帽店立面

间是整齐的，窗口是划一的，稍大一些的变化仅体现在转角处的壁柱和檐口线上，这对整体形态的影响是极其有限的。至于布满外立面的灰塑花饰，与其说增加了些许的立体感，不如说是均匀铺撒的浅浅的一层而已，难以造成很大的体积变化。同样的外观形态处理在道外这类抹灰立面的建筑中非常多见且占绝大多数。因此，这些建筑在外观的整体形态上显得相对平静和克制，而巴洛克建筑“是一种骄傲及力量的艺术；它以宏伟和华丽为目的。虽然它本身常常允许大量富于幻想的装饰，但其主要特点则是雄浑”[20]。

②西式元素的构成上。

不难发现，在道外这些过度装饰的、中西交融的建筑构图或组合中，不论是山花还是柱子等西式建筑要素，都没有形成巴洛克建筑的一些典型的构成，譬如山花套叠、柱子组合的节奏变化等；同时，从西式的装饰要素看，则往往不仅有类似巴洛克的曲线，还有当时在哈尔滨比较时髦的新艺术建筑的一些典型的符号，以及俄罗斯木构建筑的一些细部处理，从这个意义上讲这些建筑与其说是巴洛克的，倒不如说是集仿的。

③借鉴的原型上。

近代傅家甸地区（即道外的核心区）处于中东铁路附属地以外，没有受到中东铁路管理局的直接管辖，其近代建筑的形成和发展并非通过西方权力的强行控制，而是聚居在此地的中国民间工匠出于商业的或是追求时尚的心理，借鉴道里和南岗的西式建筑版本，同时加入中国传统建筑的一些细部和装饰做法而创造出来的。而同一时期出现在道里和南岗的西式建筑，除教堂以外，绝大部分都以折中主义建筑的面目出现。这就决定了无论是巴洛克、古典主义、新艺术还是其他的西方建筑形式都是这种整体上呈折中形态的建筑的局部特色而已，中国工匠所能够借鉴的西式建筑的原型就是这种“西－西”折中的产物；而后中国工匠又将这种原型进行了二次折中，即“中－西”折中，才形成我们今天看到的道外中西交融的建筑，它与真正的比较典型的巴洛克建筑的构思已经相去甚远了。从另一方面来讲，建造这些建筑的中国民间工匠从未受过专业的西式建筑教育，在他们头脑中根深蒂固的是中国建筑的传统思维，而不可能深入理解西式建筑的构思，因此对其形态只能是凭自己的理解进行模仿或改造。

因此，所谓的“巴洛克构思”在道外近代建筑上的表现其实极其有限，即使存在，也只不过是这种中西交融的建筑形态中众多折中要素中的一种，既不突出，更不能代表道外建筑中的西式元素的全部。

综上所述，“中华巴洛克”一词尚存在很多模糊和不准确的地方，更不能涵盖道外所有的近代建筑。如果沿用这一称谓的话，那么对“中华巴洛克”建筑的界定至少应定位于两点：其一，中西交融；其二，过度的附加装饰。具有这两个方面特征的建筑以靖宇街沿街的建筑为主，是道外近代建筑中的一部分，而考察整个道外近代建筑的立面形态，会发现建筑语汇（中或西）、建筑材料、有无附加装饰，以及装饰是否适当或过度，都是影响立面形态的重要方面。

（2）主要形态类型及分布。

依据前述有关平面空间的分类，与之相适应的立面形态也可分为特殊类和普遍类。特殊类如行政办公、厂房、影剧院、银行、宗教建筑等等，其立面形态与其特殊的功能相适应，相对独立，此处不进行更具体的分析。普遍类的建筑平面空间指的是可作为多种用途的商住一体的大院形态，这种大院在道外近代建筑中占有极大的比重，使用最为普遍，而且临街的建筑立面基本上是由这种大院建筑构成的，成为形成道外区域建筑文化的最主要方面。

大院的立面从结构技术到构图形式大都采用西洋形式。在所采用的建筑语言上可分为古典类（包括西式古典和中式古典）和现代类两大类，在材料上有中国传统的青砖和西式的红砖、水泥抹灰，在装饰上有简洁的，也有极端繁琐的，各具特色，各不相同。本书从立面材料、立面装饰特点的角度，参照前述有关附加装饰的内容，将道外近代建筑划分为四种形态类型：

A 型：西式清水砖立面 + 较少附加装饰（图 2.53）

这种形态以南二道街的原仁和永等为代表，特点是墙面为中式的青砖或红砖，立面构图是西式构图，西式窗、女儿墙，但女儿墙的构筑多用中式的花砖或花瓦，立面有少量的西式装饰纹样。

B 型：西式抹灰立面 + 大量附加装饰（图 2.54）

这里将这种形态的建筑界定为所谓“中华巴洛克”的一类，其特点是以红砖构筑，外表面抹灰，立面上设大量的附加装饰，包括女儿墙、檐口及檐下、主体墙面等，有西式纹样，但更大量的是中国传统吉祥纹样，复杂繁琐，体现出求新求奇、标新立异的心理，渲染和烘托出喧嚣热烈的商业气息。多数建于 20 世纪 20~30 年代道外民族工商业发展的极盛时期。

C 型：西式抹灰立面 + 较少附加装饰 （图 2.55）

这种形态的建筑数量是比较大的，同样以红砖构筑，外表面抹灰，但立面装饰较有节制，不过分，仅在女儿墙或檐下等部位有一些附加装饰。

D 型：无附加装饰的现代西式立面 （图 2.56）

这种形态的建筑已经完全抛弃了西式的古典建筑语汇，或是采用现代主义的毫无装饰的光洁墙面，或是有装饰艺术倾向的竖向构图，或是模仿新艺术建筑（如南三道街），外立面上没有任何的西式或中式的传统装饰语言，实例如靖宇街上的原第四百货商店、南四道街 16–22 号等。但朝向内院的部分（包括外廊）还有中式的或西式的少量装饰。多建于 20 世纪的 30~40 年代。

以下列举四种典型立面形态的代表建筑（图 2.57，图 2.58，图 2.59，图 2.60，图 2.61，图 2.62，图 2.63）。

四种立面形态类型的统计见表 2.6。

B 型立面的建筑，即所谓“中华巴洛克”建筑的概况见表 2.7。

图 2.53　A 型立面

图 2.54　B 型立面

图 2.55　C 型立面

图 2.56　D 型立面

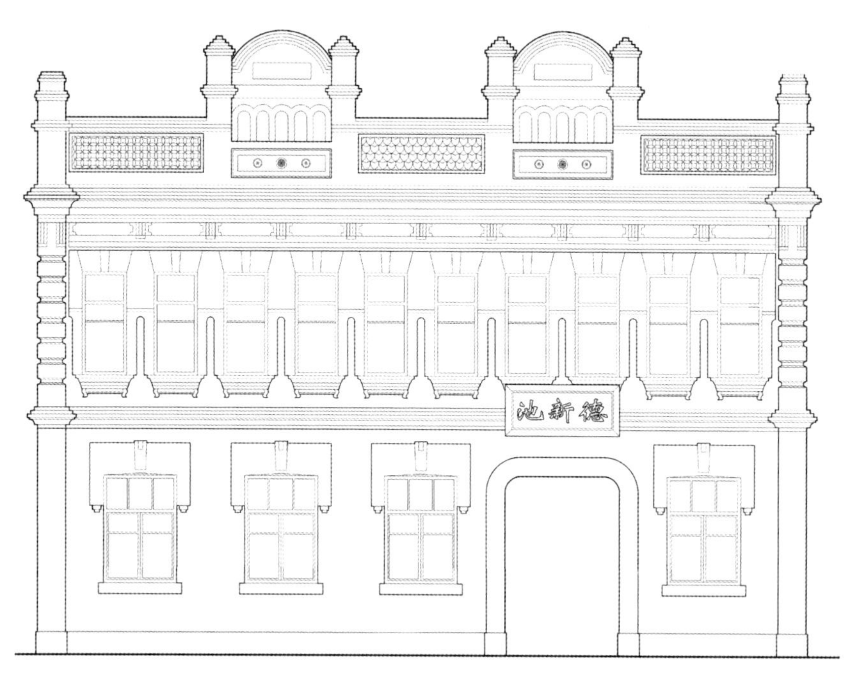

图 2.57　A 型立面：南二道街 26 号

图 2.59　C 型立面：南二道街 91 号

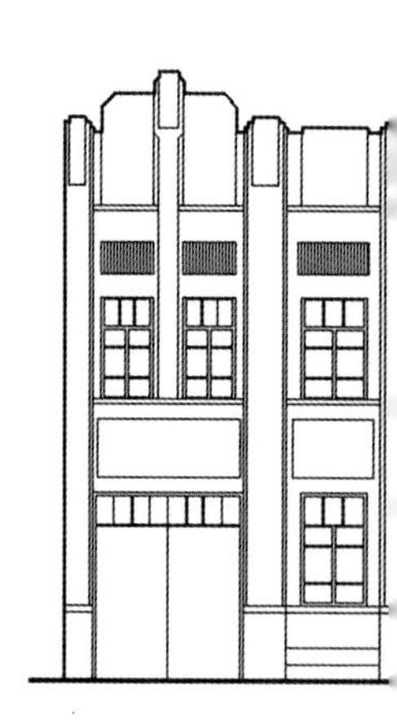

图 2.58　A 型立面：原仁和永

图 2.60　D 型立面：南四道街 16–22 号

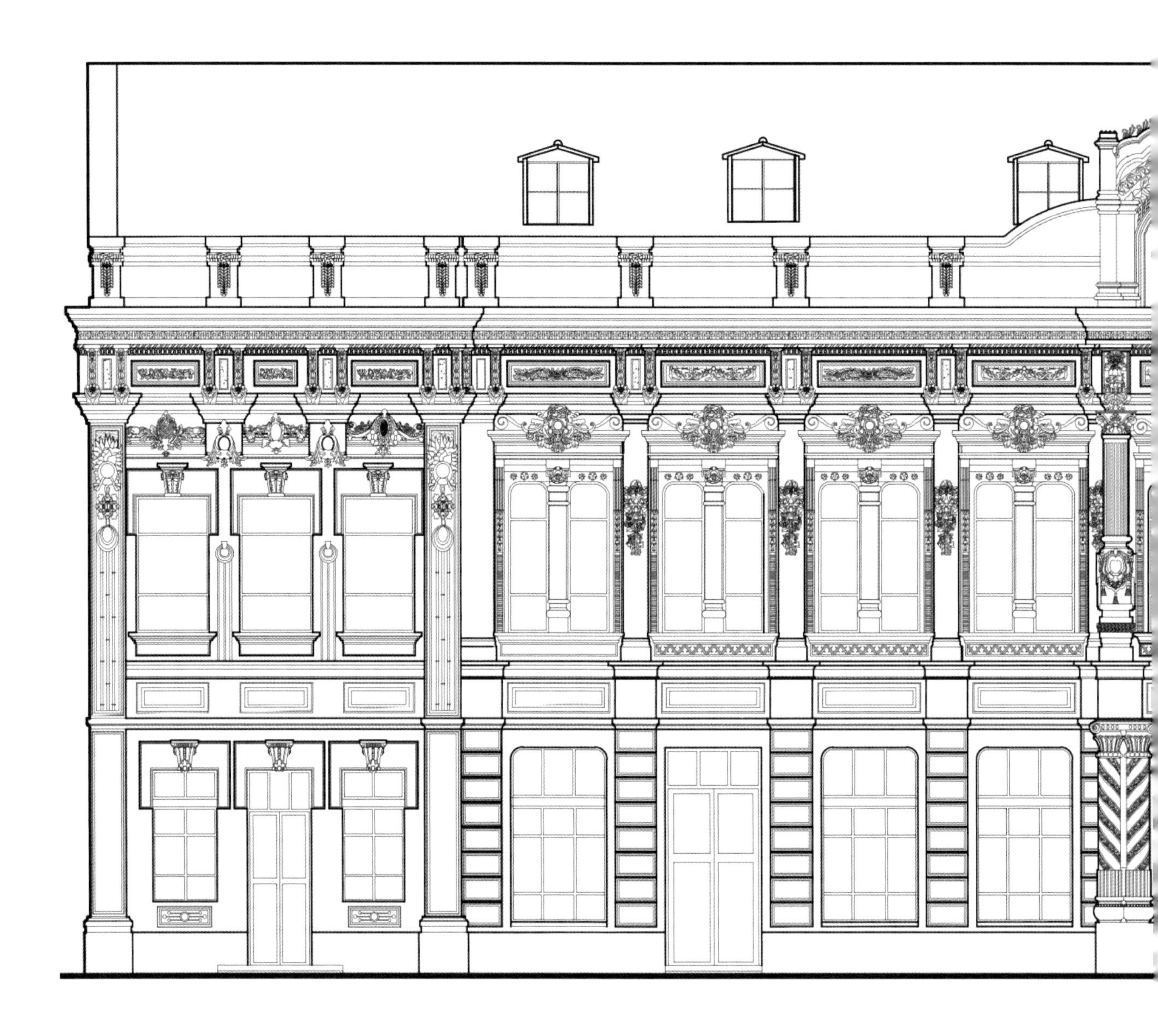

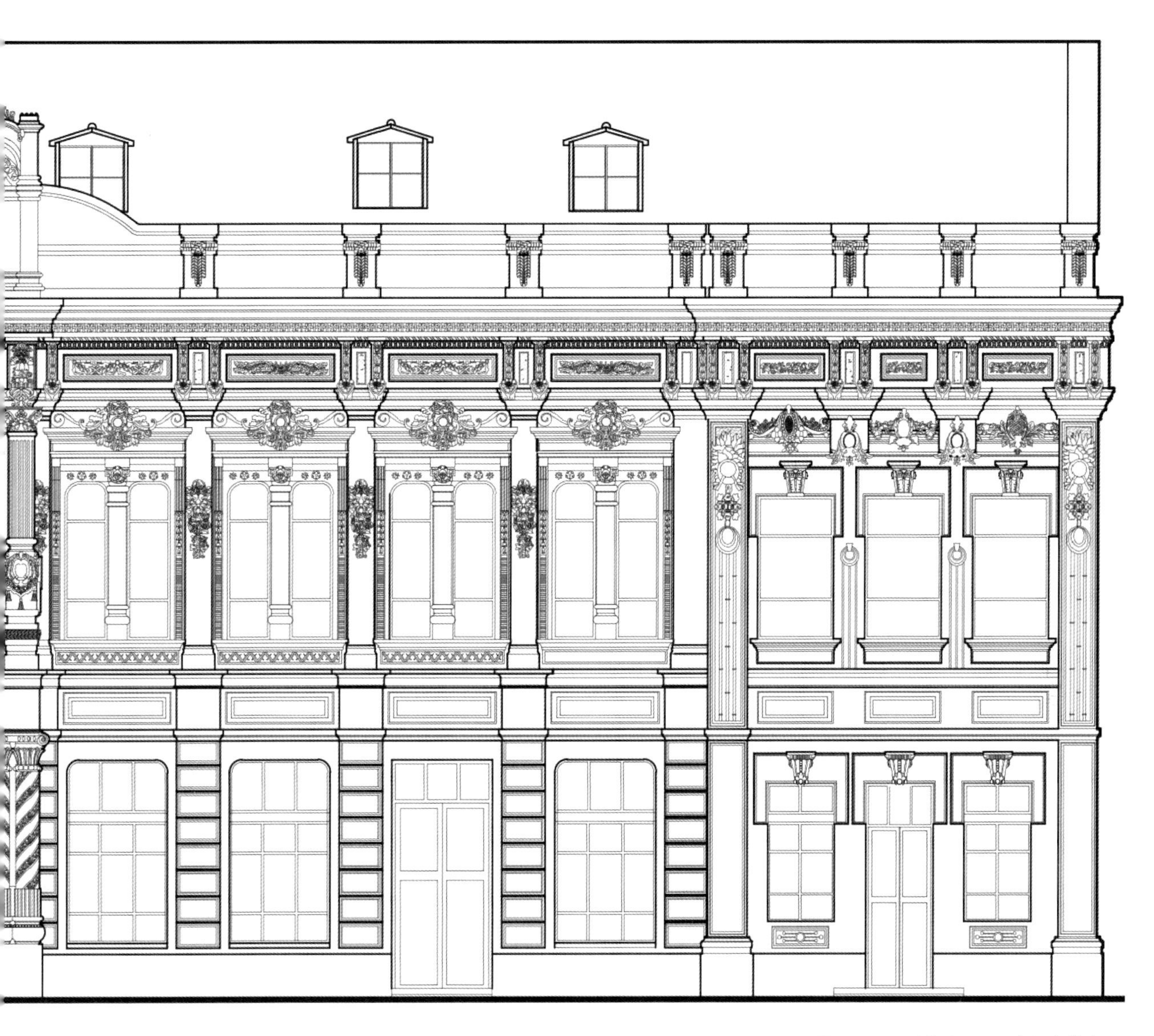

图 2.61　B 型立面：原天丰源杂货店

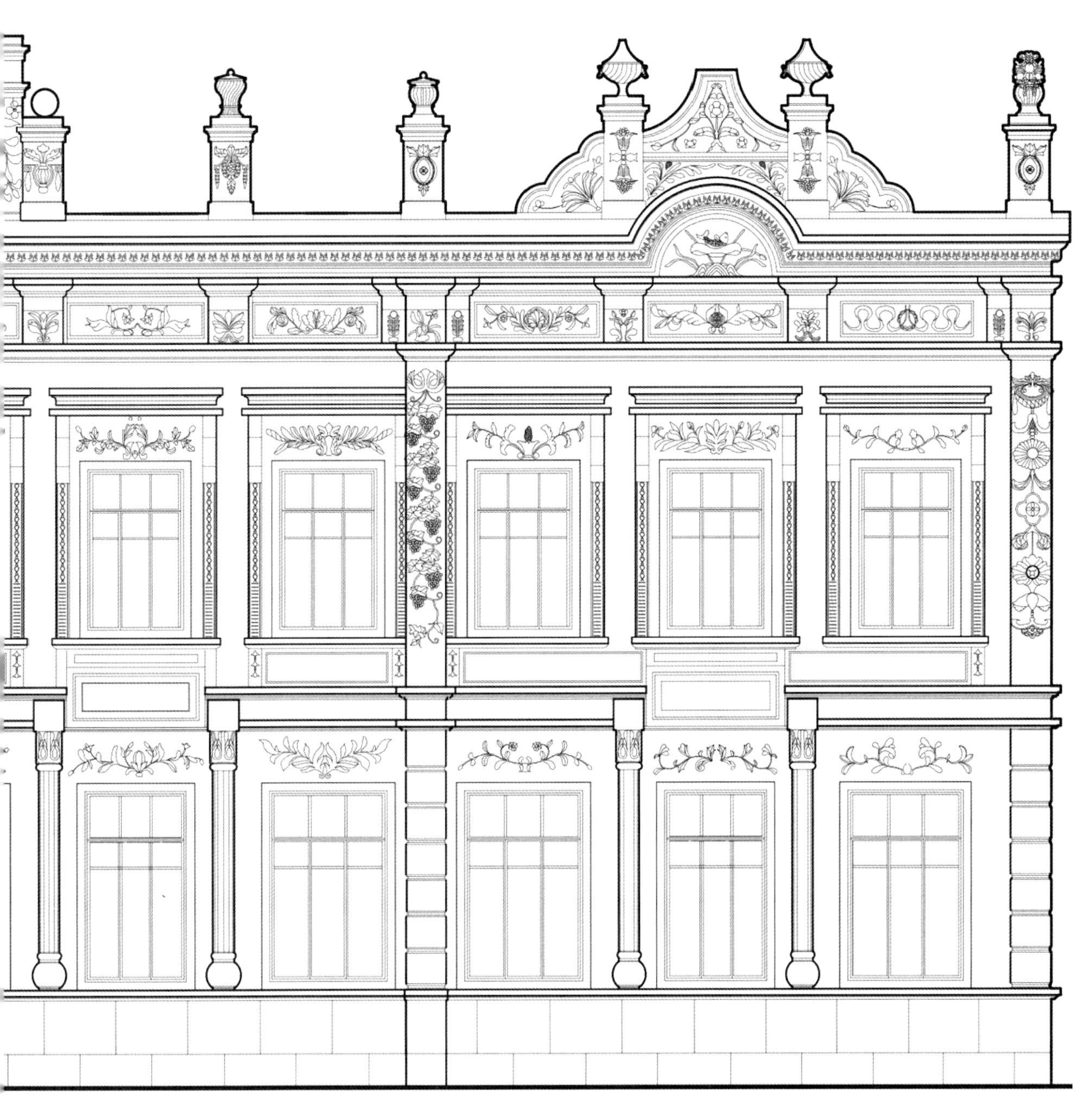

图 2.62　B 型立面：原义顺成杂货店

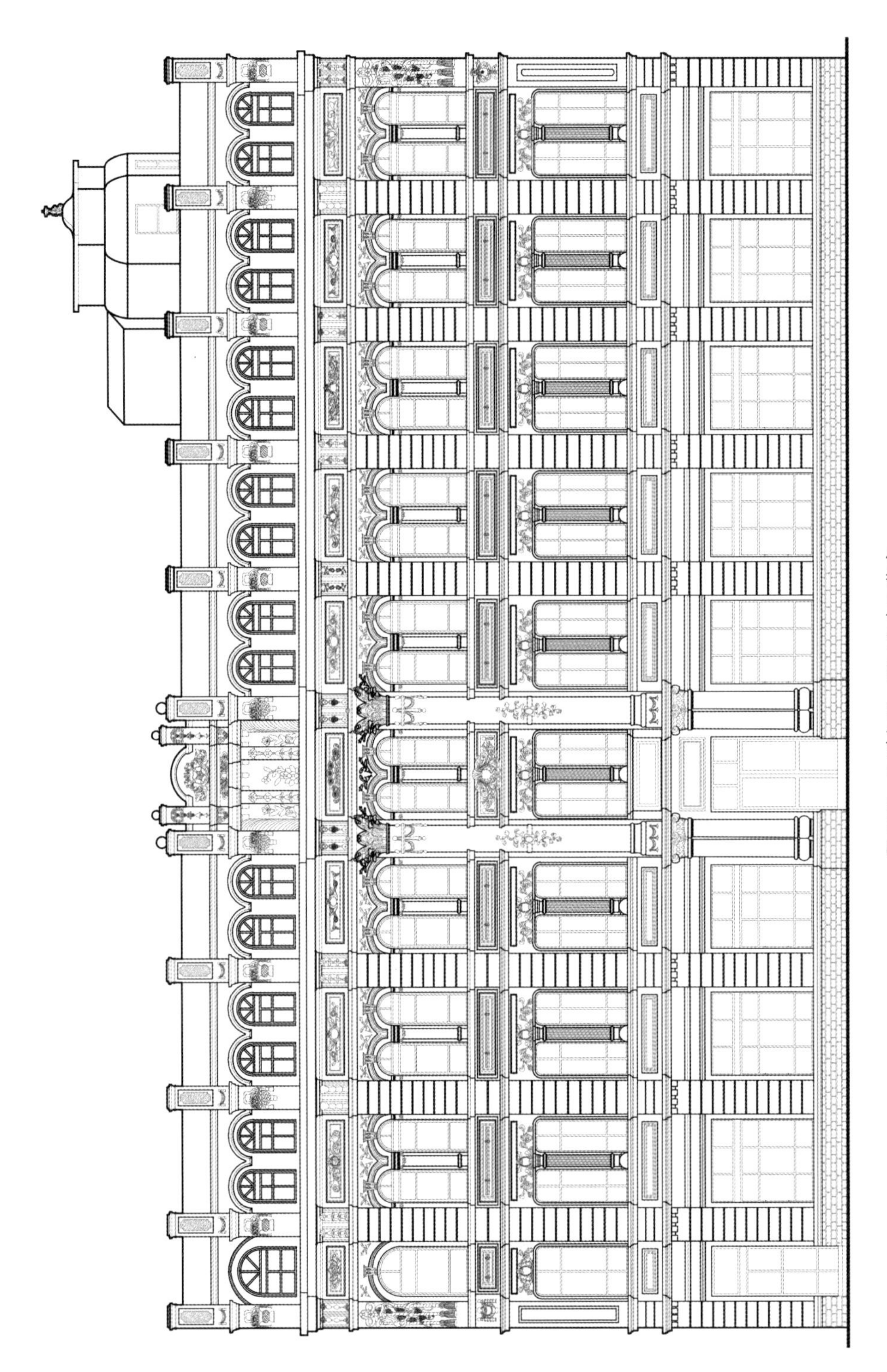

图 2.63　B 型立面：原同义庆百货店

表 2.6　立面形态类型统计表（截至 2005 年底）　单位：个

	A 型	B 型	C 型	D 型
靖宇街	10	5	26	0
头道街	1	5	14	0
二道街	11	1	11	2
三道街	17	1	14	2
四道街	6	0	4	0
五道街	3	0	3	1
六道街	3	0	2	1
七道街	2	0	2	2
八道街	2	0	2	0
九道街	2	0	3	0
南勋街	1	1	1	0
十五道街	4	0	0	0
十六道街	1	0	1	0
十八道街	1	0	0	0
仁里街	5	0	0	0
合计	69	13	83	8

表 2.7　“中华巴洛克”建筑详表

地点	原名	现名	建造时间	层数
南头道街 113 号	同义庆百货商店	纯化医院	1917 年	4
南头道街 97 号	不详	古董邮币市场	不详	3
南头道街 99 号	不详	商住楼	不详	3
南头道街 25–31 号	天丰源杂货店	范记永饭店	1915 年	3
南头道街 23 号	老天利刀剪店	已拆除（2005.7）	不详	2
靖宇街 408 号	四合堂	中亚金行	1921 年	3
南二道街 61 号	义顺成、义顺源货店	游客中心	1922 年	2
南勋街 333–337 号	成义公、义成兴货店	某建材商店	1917 年	2
靖宇街 383 号	泰来仁鞋帽店	正阳楼	1927 年	3
靖宇街 265 号	银京照相馆	商住楼	1931 年	3
南三道街 63–71 号	不详	商住楼	不详	2
北头道街 8 号	不详	三八旅社	不详	2
靖宇街 170 号	小世界饭店	玛克威商厦	1920 年	2

2.3.2 立面的形态构成

（1）构成模式。

从建筑物临街立面的形态构成来看，其与建筑的平面形式密切相关，可分为L形转角式构成和一字式构成两个主要类别。一般单面临街的建筑其立面形态即为一字式（包括平面呈凹字形但只一个立面临街的），两面临街的建筑多位于街道交叉口的转角处，平面呈L形，但在转角的尖端会做抹角处理，称之为L形转角式（包括平面呈凹字形但有三个立面都临街的，相当于两个L形转角式的组合）。

①L形转角式立面。

在立面的纵向构图上，转角式呈纵向三段的构图模式，即自上而下分为檐部（女儿墙）、主体墙面（均匀分布窗口，一层或两层窗，较少做三层窗）、底层入口层三段（图2.64）。

在立面的横向构图上，由于平面上的转角部分多做抹角处理，抹角处做临街店面的主入口，因此L形转角式立面在横向上往往形成以抹角立面为中心的“ABA”或“ABA'”的三段式构图，即抹角立面两边的立面做相同或相似的处理，突出抹角立面的中心地位，即主入口立面（图2.65）。

抹角入口处是整个立面的视觉中心，其处理独立于两边的立面。一般底层为入口，入口两边以西式的柱子作为边界（单柱或双柱一组）；二层以上至檐下一般作为一个整体来处理，两边同样也以西式柱子作为结束，柱子中间的空隙处一般有两种处理手法，一种是做成一个特别形式的窗，窗下有或无阳台；另一种是将这部分空隙做成中国传统的竖向牌匾的形式，内填招牌文字，形成非常特别的中西交融的入口立面形式。

抹角入口立面的檐部以上的女儿墙也是整个立面女儿墙的中心，多做成山头式，称之为转角山头，它进一步突出和强化了这一入口立面（图2.66）。

图2.64 L形转角式立面

图2.65 抹角的入口立面

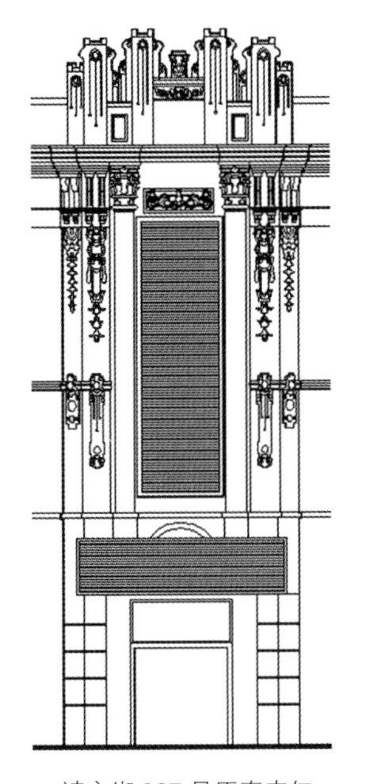

a 靖宇街 387 号原泰来仁

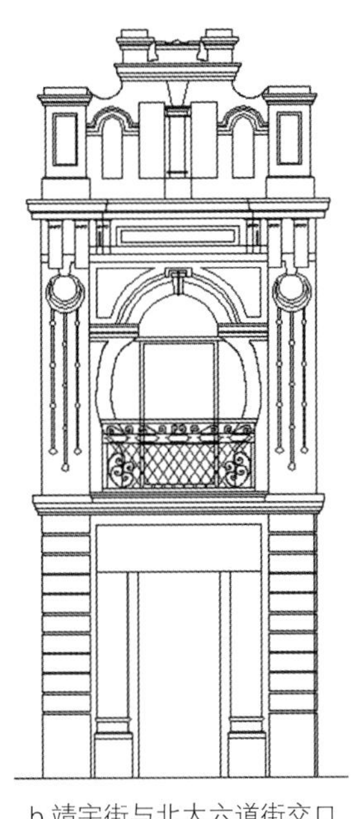

b 靖宇街与北大六道街交口

c 靖宇街 245 号

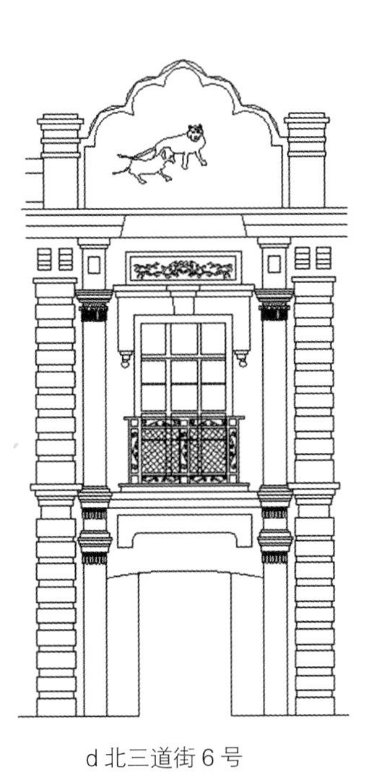

d 北三道街 6 号

e 南二道街原四合堂

f 南头道街原同义庆

图 2.66　抹角入口立面形态

②一字式立面。

一字式立面在纵向构图上和转角式立面大致相同，即自上而下分为檐部（女儿墙）、墙面、底层入口层三段。其中只有一例是立面正中有竖向牌匾位置的，即原老天利刀剪店（图 2.67）。

一字式立面在横向上也可形成三段或五段，以入口为中心，主入口上部可通过横向牌匾、突出的二层阳台，或者檐口上部的较高的女儿墙山头来达到强调和突出主入口的目的。

（2）柱式形态。

柱式是西式立面构成中的一个重要因素，往往起着划分立面段落、突出重点部位的作用，应用柱式的主要部位是入口处、入口上部、小窗口间；有些则以西式薄壁柱的形式在立面上做段落划分。

道外建筑中柱式的形态多是中西交融的，整体为西式，有柱头、柱身和柱础三段；但整体的比例并非严格的西式比例，而是较为随意，收分和卷杀多数不明显。柱头以西式的科林斯柱头、爱奥尼柱头为基调，但绝不纯正，是以中国工匠理解的形式来表达的；柱身有带西式凹槽的、有带植物纹样的螺旋线的，还有不带任何线脚的光滑表面的；柱础则大量应用中式的鼓形柱础，形成中西柱式的奇特结合（图 2.68）。

道外建筑中柱式的应用还有一个突出的特征，即用于窗间的小柱。这种小

a 立面

b 窗口装饰

图 2.67 原老天利刀剪店（已拆除）

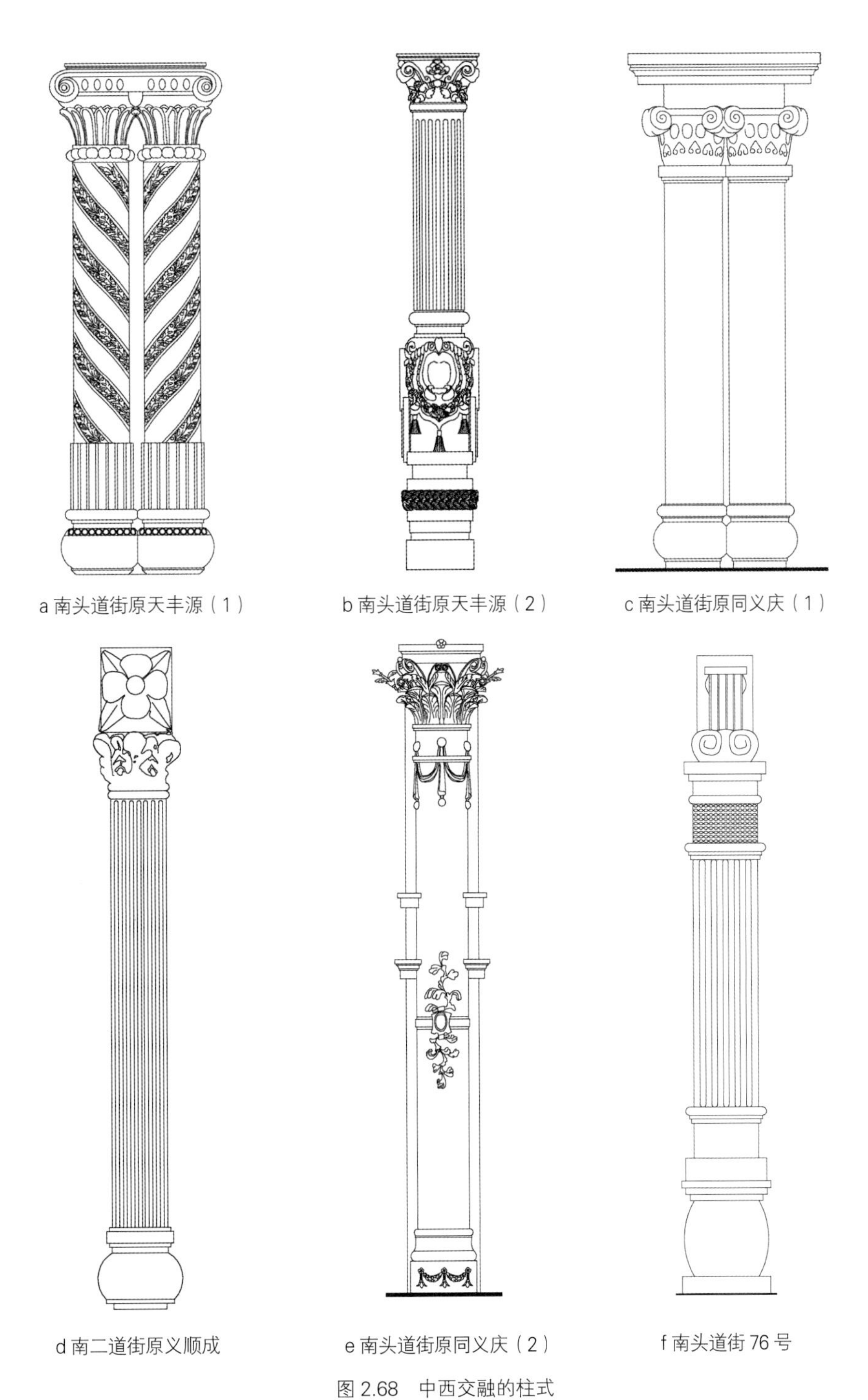

a 南头道街原天丰源（1）　b 南头道街原天丰源（2）　c 南头道街原同义庆（1）

d 南二道街原义顺成　e 南头道街原同义庆（2）　f 南头道街 76 号

图 2.68　中西交融的柱式

柱完全是出于装饰目的，多为突出的小壁柱，形式上更加随意，没有丝毫比例的限制，中西结合的特点依然鲜明。

（3）窗的组合。

窗在立面上一般均匀排列，窗本身的形态是西式的平开窗。窗的构成形态主要可分为独立式和双联式两大类（表 2.8）。

独立式窗应用较广，每个窗有自己独立的窗套（窗贴脸）和窗台，宽高比一般在 2:3，窗口上楣可为水平、拱形、圆角方额等多种形式（图 2.69）。

双联式窗是指一个完整的双扇平开窗被分成两个窄长的部分，每个窄长小窗口相当于原来的一个窗扇，两窗扇之间在立面上或为窄墙，或是做成一个小壁柱（窗间柱），两小窗共用一个窗台和窗套；小窗的上端呈水平或是半圆拱形；每个小窗自身的宽高比一般在 1:3（图 2.70）。

表 2.8　窗的形态统计表

单位：个

	独立式窗	双联式窗
靖宇街	27	16
头道街	13	8
二道街	21	2
三道街	33	1
四道街	7	4
五道街	5	1
六道街	5	0
七道街	5	0
八道街	5	1
九道街	4	1
十五道街	4	0
十六道街	0	2
十八道街	1	0
南勋街	2	1
仁里街	4	2
合计	136	39

位于北头道街的原大罗新商场立面的窗采用双联式窗的形式，但是每个窗都是一个独立式的双扇窗，而不是常见的两个窄长的窗扇。

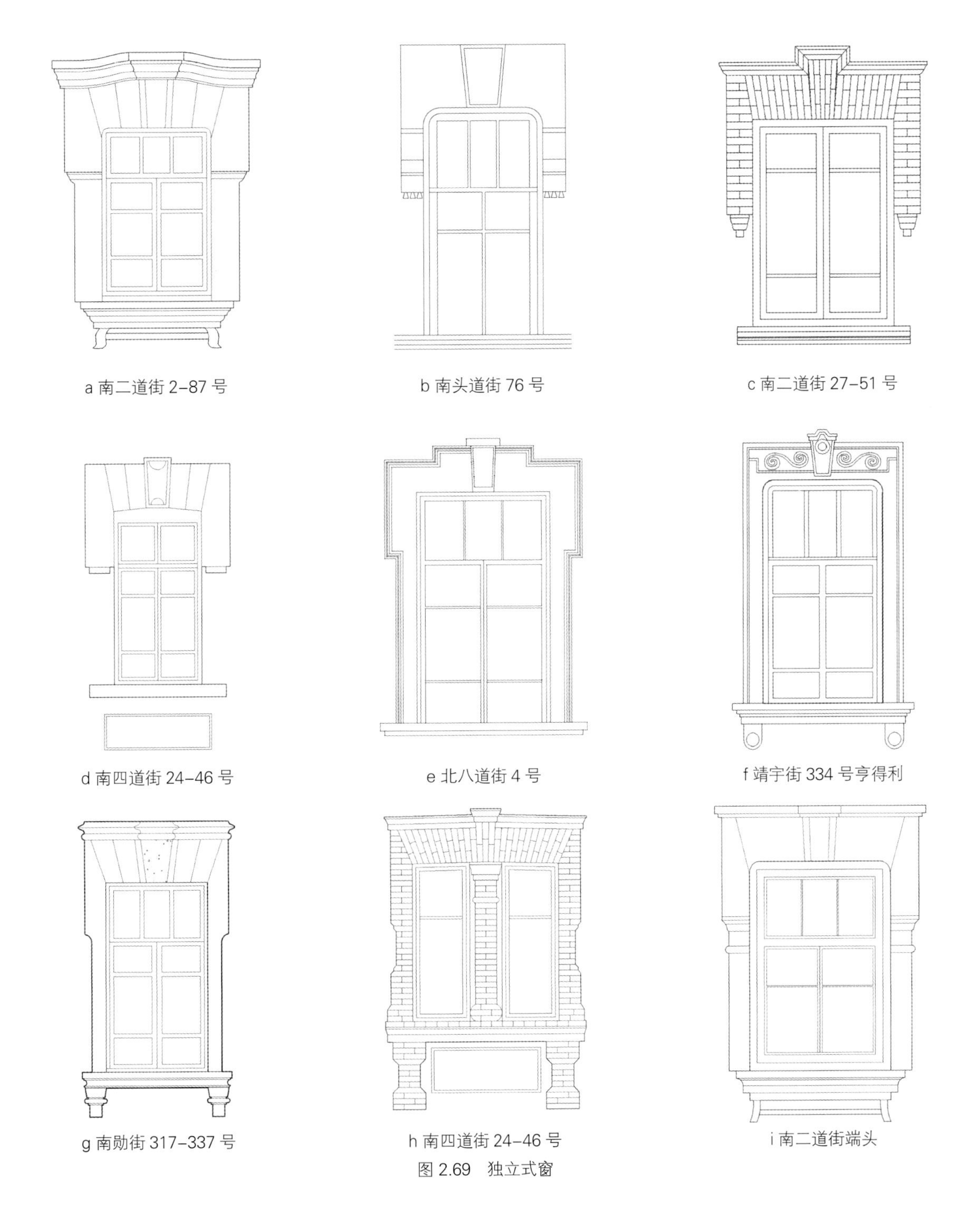

a 南二道街 2–87 号
b 南头道街 76 号
c 南二道街 27–51 号
d 南四道街 24–46 号
e 北八道街 4 号
f 靖宇街 334 号亨得利
g 南勋街 317–337 号
h 南四道街 24–46 号
i 南二道街端头

图 2.69　独立式窗

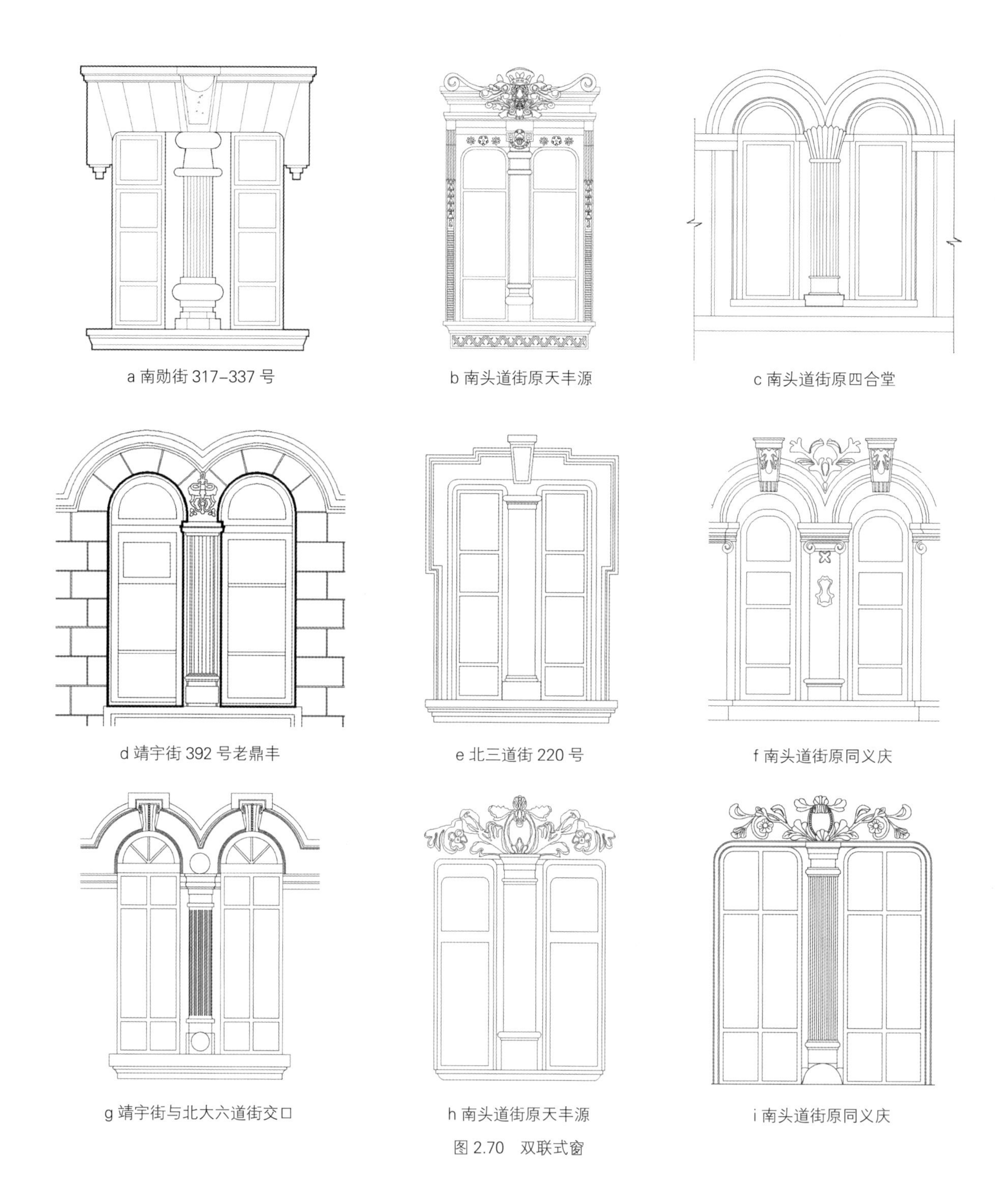
a 南勋街 317–337 号
b 南头道街原天丰源
c 南头道街原四合堂
d 靖宇街 392 号老鼎丰
e 北三道街 220 号
f 南头道街原同义庆
g 靖宇街与北大六道街交口
h 南头道街原天丰源
i 南头道街原同义庆

图 2.70 双联式窗

（4）女儿墙形态。

女儿墙是立面形态构成中变化最丰富的部分。

女儿墙的构成要素主要有望柱、矮墙、栏杆、山头等部分，几个要素之间可以进行多种组合，形成丰富的变化。

从构成材料上看可分为砖瓦砌表面和抹灰表面两大类。

砖瓦砌表面的女儿墙，构成要素中一般没有栏杆，最常见形态为“望柱＋矮墙”“望柱＋矮墙＋山头”（中央山头或多个山头）（图 2.71）。矮墙多以砖或瓦砌成花砖或花瓦顶（图 2.72），体现出质朴的气质，而山头处则多是附加装饰较集中的部位。

抹灰女儿墙形态较丰富，其构成要素中增加了栏杆，最主要最常见的形态类型有图 2.73、图 2.74、图 2.75、图 2.76 四种。

山头的形态最为醒目，位置最为重要，一般位于临街建筑转角入口处的檐口上部（称为转角山头），或是位于临街建筑一字立面的檐部中心上部（称为中央山头），或是在檐口上有多个山头，分别对应立面构图的重点部位。

山头本身的构成形态也是丰富多彩的，有西式的短柱、西式的山花（三角形或弧形）、中式的如意云曲线形等，总体呈现半圆形、三角形或葱头形（图 2.77）。总之，山头本身的构成和造型是以模仿西式建筑的外观为基调，以达到突显西化、突出入口等目的。

望柱的形态多为西式造型，望柱顶端的形态最富于变化，有矩形、三角山花形、带有新艺术风格的曲线形等等。栏杆一般做成西式的瓶形栏杆，或金属栏杆。

2.4　装饰形态——传统与杂糅

2.4.1　女儿墙装饰

女儿墙是立面装饰的重点之一，尤其是带有“山头”的女儿墙，在山头部位常做大量的附加装饰，图案多为中国传统吉祥纹样（图 2.78）；此外，在一字矮墙型的女儿墙中，矮墙部分也是装饰重点，分抹灰附加装饰、花砖、花瓦等形式，抹灰的矮墙表面一般做一些带中国传统纹样的附加装饰，花砖、花瓦则采用的是中国传统砌筑方法。

在带有望柱的女儿墙中，望柱部分也常有装饰，尤其是在位于尽端的望柱立面上。山头部分的装饰最为丰富，通常包括动物、植物、绣球、文字（如“状元”）等各种吉祥纹样。

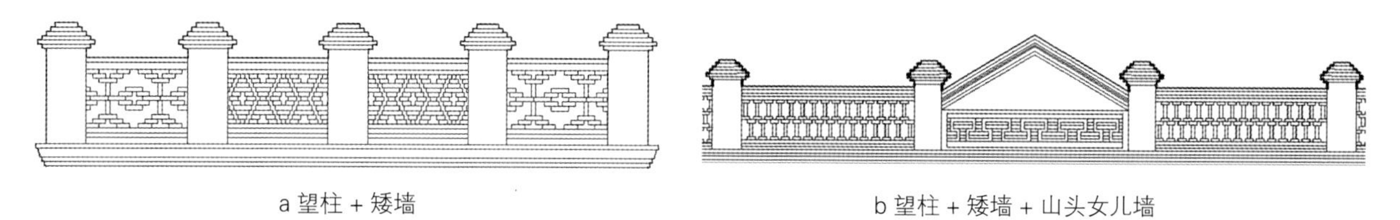

a 望柱 + 矮墙　　b 望柱 + 矮墙 + 山头女儿墙

图 2.71　南二道街原仁和永女儿墙

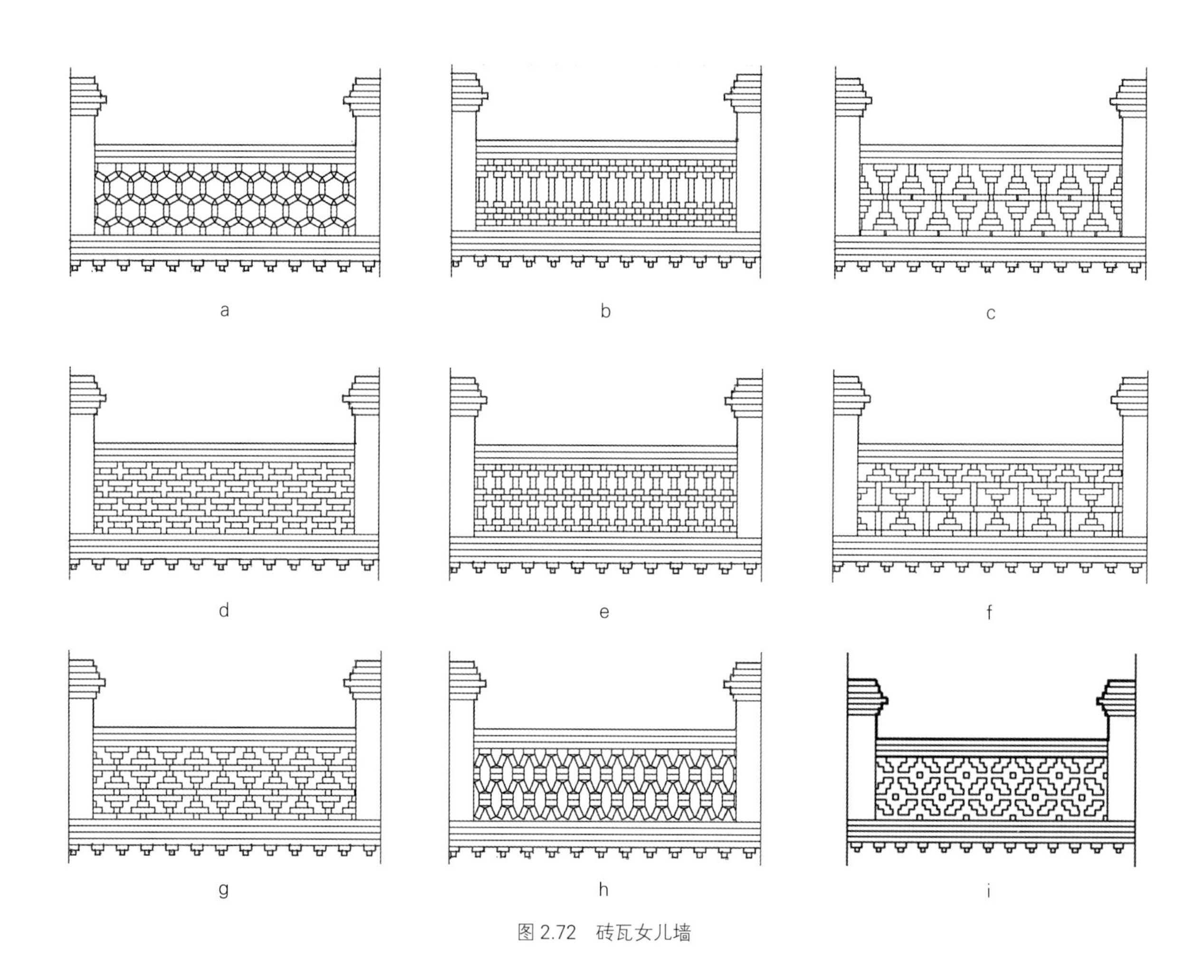

a　b　c　d　e　f　g　h　i

图 2.72　砖瓦女儿墙

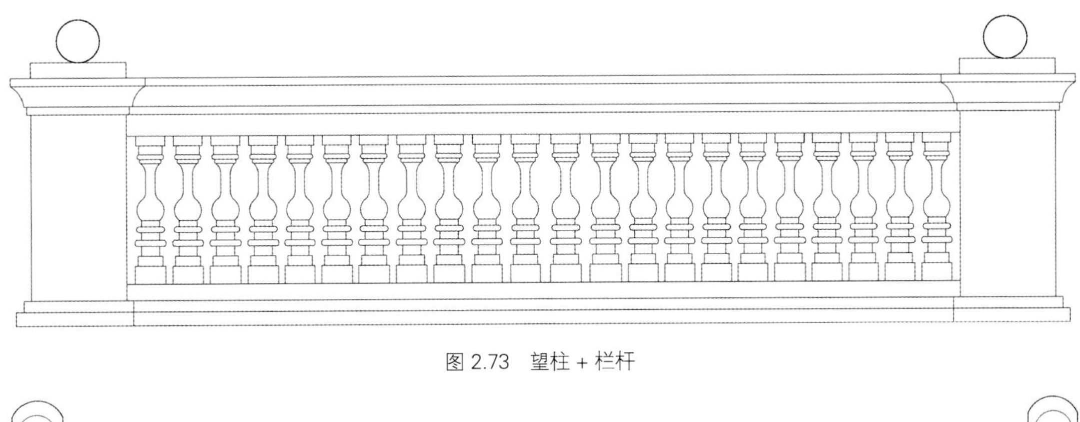

图 2.73 望柱 + 栏杆

图 2.74 望柱 + 山头

图 2.75 望柱 + 栏杆 + 山头

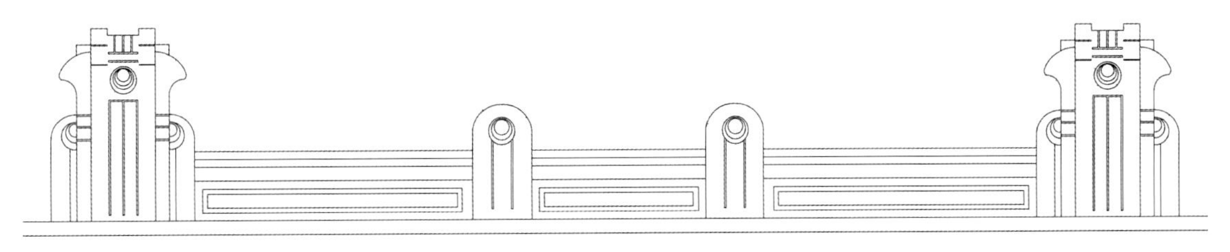

图 2.76 望柱 + 矮墙

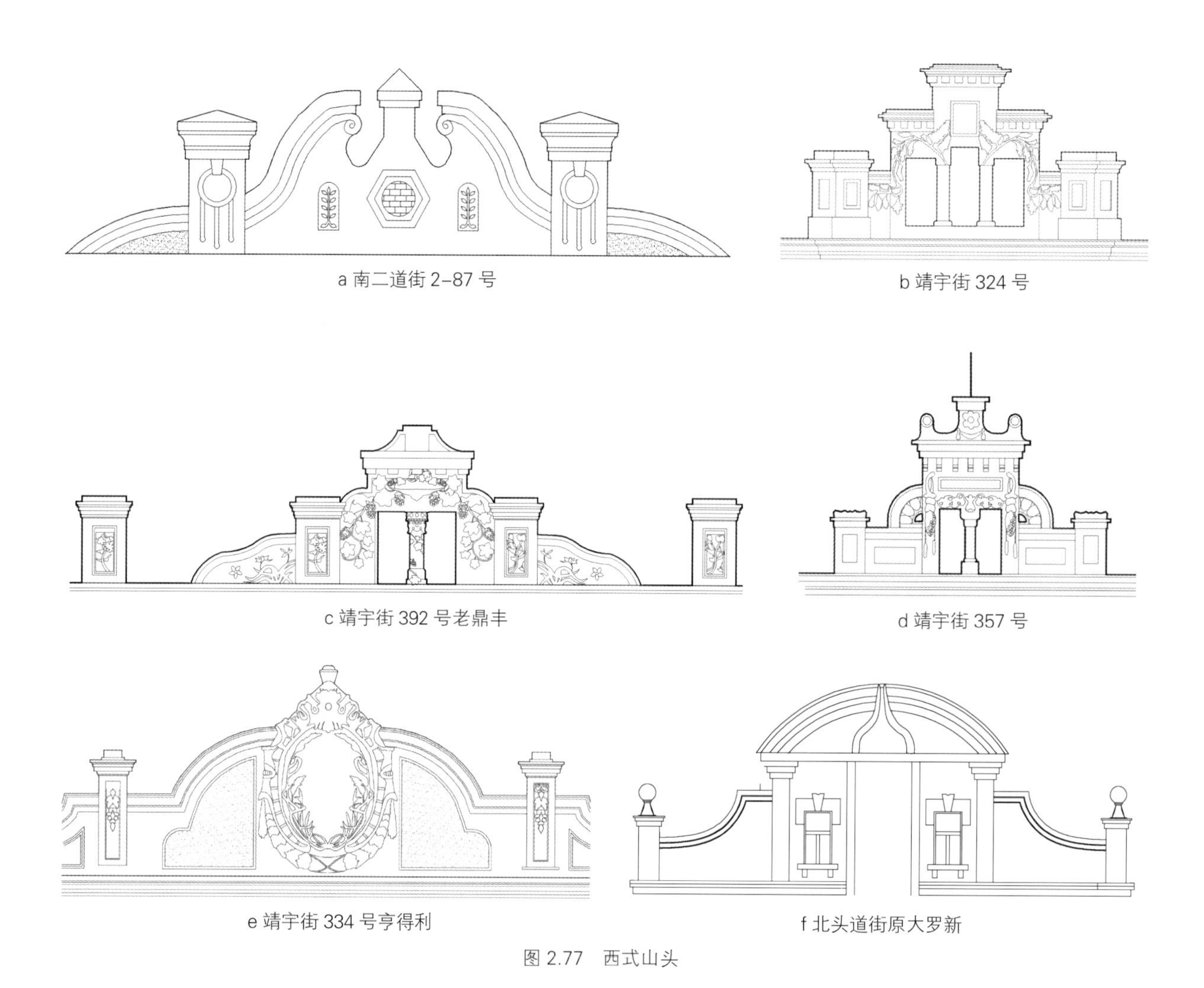

图 2.77 西式山头

2.4.2 檐口及檐下装饰

檐口部分多以西式样式为主，一般做成很深的西式挑檐，下面以托檐石（即牛腿）相承。清水砖墙的檐口下一般不做牛腿，而是以砖砌出曲尺形的线脚。

抹灰的西式挑檐上经常有各种装饰纹样，装饰纹样和装饰题材则以中式传统纹样为主，包括中式的回纹、万字纹、如意纹（图 2.79），甚至蝴蝶纹样。

檐下的牛腿一般成对出现，牛腿上常带有各种中式的或西式的植物纹样（图 2.80）。

牛腿之间的墙面空隙也是装饰的重点，一般是一个个扁长方形的装饰单元，每个装饰单元里面的图案一般各不相同，如铜钱、寿字、植物、动物、人、双狮绣球、丹凤朝阳等吉祥图案（图 2.81）。

a 南二道街原义顺成（1）

b 靖宇街与北大六道街交口

c 南二道街 1–26 号

d 南二道街原义顺成（2）

e 南头道街原同义庆（1）

f 南头道街原同义庆（2）

图 2.78　山头装饰

图 2.79　檐口的如意纹

a 北七道街 1 号（1）

b 北七道街 1 号（2）

c 南二道街原四合堂（1）

d 南二道街原四合堂（2）

图 2.80　牛腿上的装饰

a 北七道街 1 号（1）

b 北七道街 1 号（2）

c 南二道街原四合堂（1）

d 南二道街原四合堂（2）

e 南勋街 333–337 号（1）

f 南勋街 333–337 号（2）

图 2.81　檐下墙面装饰

2.4.3 窗装饰

窗自身的形态是西式的平开窗，窗的装饰主要由窗上部的窗贴脸、窗间柱、窗台等共同构成。

独立式的窗多做成带有西式的窗贴脸形式，也有不带贴脸的，窗上楣以清水砖砌成平拱、弧形拱等，砌筑方式多是中式的“狗子咬”（图 2.82）。

西式的窗贴脸多以砖或抹灰做出贴脸的轮廓和线脚，有的还带有西式的拱心石。贴脸的轮廓和线脚形式非常多样，形成立面上非常丰富的变化。

有的西式窗不做西式贴脸的线脚，而做成细致的装饰纹样。有做中国传统装饰纹样的，如蝙蝠、草龙；有做西式的植物纹样的，如西式的卷草纹样（图 2.83）。

组合窗中，双联窗多以窗间柱配合窗贴脸、窗台等构成较为丰富的变化，窗贴脸多将两个分立的小窗上部合拢在一起处理，而窗间的小柱则通过柱头、柱身、柱础的形式变化获得丰富的效果。

2.4.4 外廊装饰

道外近代建筑的单体普遍采用外廊，但外廊并不临街，而是朝向内院。在由多个单体建筑构成的合院式组群中，外廊充当了把各个单体建筑联系成一个整体的重要角色，使组群中的各个单体既相对独立，彼此间又保持着方便的联系。同时，外廊也构成了合院式组群的院落空间内部最醒目的、最重要的景观要素，其重要地位也使得它的装饰得到了工匠们的重视。

外廊装饰从构成上看是以中国传统的廊的形态为主体，在纤细的木柱间设中国传统的挂落、花牙子、雀替等，下部的栏杆或做成传统的瓶形栏杆，或做成俄罗斯木构建筑的镂空栏板的样式，檐下也是俄式的挂檐板，层叠的几何形齿状装饰，或加入中国传统的如意纹样，体现出鲜明的中西交融的特色（图 2.84，图 2.85，图 2.86）。

a 南三道街 97 号

b 南四道街 70 号

图 2.82　清水砖窗饰

a 南头道街原天丰源

b 南勋街 333-337 号

图 2.83　西式纹样窗饰

a 原义顺成货店（1）

b 原义顺成货店（2）

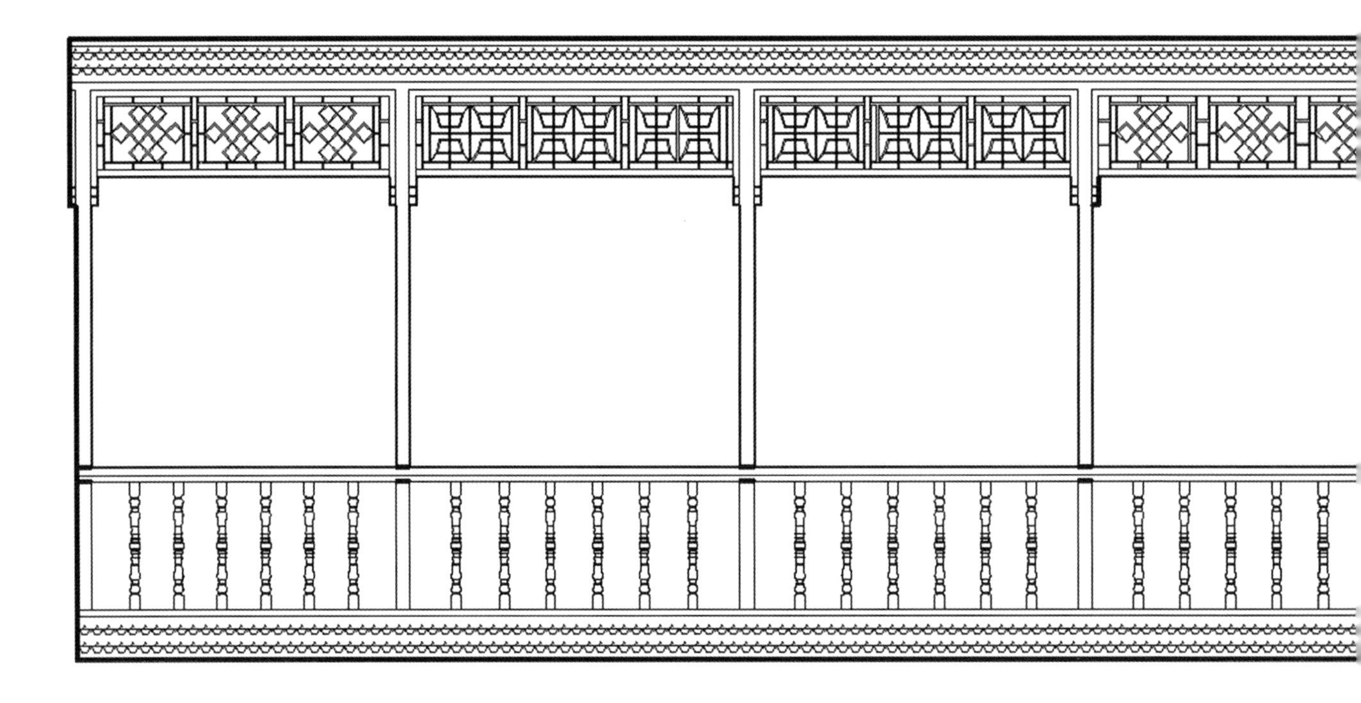

c 原义顺成货店（3）

d 原义顺成货店（4）

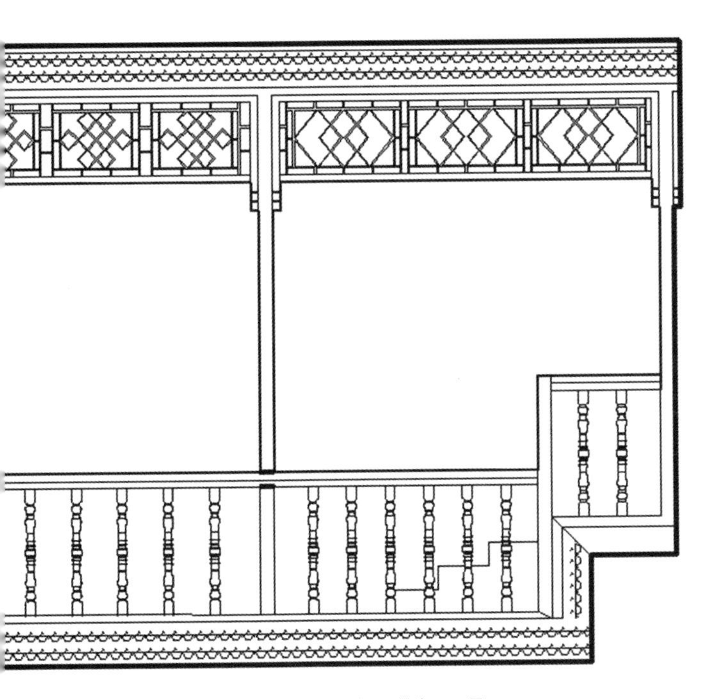
e 南二道街 36 号

图 2.84　外廊装饰细部

a 南二道街原义顺成

b 南二道街某建筑

c 靖宇街 325 号

d 靖宇街 265 号

e 南九道街 164-174 号（1）

f 南九道街 164-174 号（2）

g 北大六道街 5 号

h 南四道街 16-22 号

i 靖宇街原胡家大院（1）

图 2.85　外廊装饰

a 靖宇街原胡家大院（2）

b 靖宇街 279 号

c 南二道街某建筑

图 2.86　外廊栏板

外廊本身在交通上虽具有很大的优越性，但其完全开敞的特性并不适合北方严寒的气候特点，这说明传统文化中的很多涉及人的心理层面的文化要素具有极强的惰性，并不随人的生活环境的变化而被遗忘，在文化发生冲突时也很难加以改变。中原地区传统建筑中多设前檐廊，可提供风雨无阻的一种流通和交往的空间；中原移民来到近代的道外以后，即使很多建筑的层数已由单层转为多层，人们在内院进行方便交流的这种传统也很难被改变，因此，在二层以上设置外廊、将各个单体连成一体从而实现方便的交往，就成为一种既保持传统又适应建筑层数增高要求的有效的折中手段。当然，为了适应严寒的气候，有的建筑在外廊里加设了木板墙壁，做成封闭式外廊的形式，如原东兴顺旅馆内院外廊（图 2.87，现已拆除），可以看出是对严酷的气候条件做出的适应性调整。

2.4.5 装饰题材及其语义

装饰可以说是道外近代建筑中非常突出的一个特征，也是建筑立面形态构成的重要组成部分。从装饰的部位来看，从正立面的女儿墙、檐部、窗、墙面、入口到内院的外廊等等，无处不在，随处可见。从装饰题材来看则具有中西结合的明显特征，包括了中式传统题材和西式题材两大类，而这其中中式传统题材又占有极大的比重，这也构成了道外近代建筑的独特之处。

（1）西式题材。

西式的装饰题材以俄罗斯传统木构建筑中的几何形装饰及新艺术建筑中风格化的曲线和装饰符号应用最为广泛。究其缘由，不外乎如下两点：

其一，俄罗斯传统木构建筑的几何形装饰大量应用在院落中的外廊部分，应用部位是挂檐板，有的外廊栏板也做成俄式木构建筑的栏板样式，这是因为外廊是木制的，选择同样是木制的俄罗斯木构建筑装饰是最便利的，既制作简单，又能达到“洋化”的目的。

其二，新艺术建筑是 20 世纪初欧洲最新潮的新建筑样式，在哈尔滨铁路附属地内也大量采用新艺术建筑形态，或将其作为折中主义建筑的手法之一，使这种建筑风格成为当时哈尔滨最流行的新建筑风尚。作为新潮、时尚的代名词，新艺术建筑的风格化的曲线装饰和符号装饰成为最简便易学、最易流行的部分。道外虽地处铁路附属地以外，但崇洋心理和追随时尚的脚步却丝毫不甘落后，仿洋式建筑自然也要仿其最流行的一面，因而在道外建筑的墙面、阳台栏杆、女儿墙等部位最常见到的就是新艺术的曲线和符号（图 2.88，图 2.89）。

图 2.87　原东兴顺旅馆内院外廊

（2）中式题材。

中式传统题材包括动物、植物、文字、器物、图形等儿大类。动物类中应用较多的是龙、蝙蝠、凤、狮子、鹿、鹤、鱼、猴等（图 2.90），植物类有荷、兰、菊、水仙、牡丹等（图 2.91），文字、器物和图形类主要有“寿”字、盘长、回纹等（图 2.92）。

传统文化中，各类各式的装饰题材都有自己的象征寓意，可视为一种传统语义，而这些语义又大多表达的是吉祥如意的意愿，少量表示的是驱邪等意义。有些语义不是通过单一题材表现的，而是将两种或两种以上的装饰题材组合到一起来传达意义。道外近代建筑装饰的题材及其语义信息见表 2.9、表 2.10 和表 2.11。

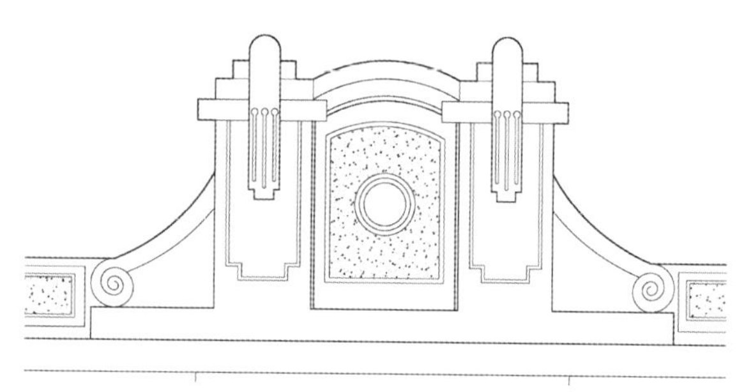

a 南四道街 69–75 号

b 靖宇街 387 号原泰来仁鞋帽店

图 2.88　具有新艺术特点的女儿墙

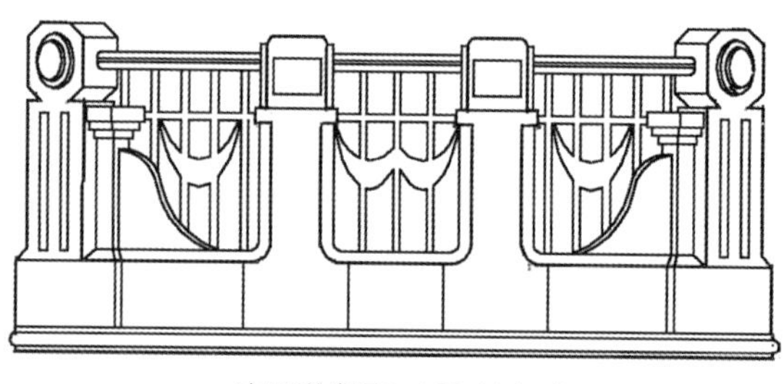

a 南四道街 76–100 号（1）

b 南四道街 76–100 号（2）

图 2.89　具有新艺术特点的阳台

a 北八道街 4 号（1）

b 北八道街 4 号（2）

c 靖宇街 387 号原泰来仁

d 南头道街原同义庆

e 北头道街 19 号

图 2.90　动物装饰图案

a 南勋街 333–337 号

b 南二道街原义顺成（1）

c 北七道街 1 号

d 南二道街原义顺成（2）

图 2.91　植物装饰图案

a 南勋街 333–337 号

b 南头道街 23 号原老天利

c 北八道街 1 号

图 2.92　器物、图形、文字装饰图案

表 2.9　动物主题装饰及其语义信息 [21][22][23]

类型	题材	装饰语义	实例
神兽	龙	四灵之首，具有神奇的力量，具有吉祥、威严等寓意	南勋街 333 号
	狮子	凶猛威严，民间多用以驱邪避祸；而狮子滚绣球的纹样多用来表示喜庆或象征人类的生殖仪式	北七道街 1 号
禽	凤凰	百鸟之王，是祥瑞的象征；“丹凤朝阳”图案中，则以丹凤比喻贤才，朝阳比喻明时，寓意“贤才逢明时”	北七道街 1 号
	鹤	在民间被誉为长寿千年的灵禽，又因其体态高雅脱俗而被视为神仙的坐骑，象征高贵、长寿、充满灵气	北头道街 19 号
兽	猴	机敏灵巧，也取“辈辈封侯”之意	北八道街 4 号
	鹿	与“禄”谐音，象征吉祥、富裕、帝位、长寿，常与鹤、松组合	北头道街 19 号
	羊	以“三阳开泰”表示大吉大利	原泰来仁
	蝙蝠	“蝠”与“福”同音，蝙蝠就成为好运气与幸福的吉祥象征物，表示祝福的主题与祥云组合，称“万福流云”	北七道街 1 号、原同义庆
鱼	鲤鱼	“鲤”与“利”谐音，象征生意中受益或赢利，“鲤鱼跳龙门”图案寓意仕途高升或官场得意	原义顺成
昆虫	蝴蝶	恋花的蝴蝶比喻爱情和婚姻美满，与猫、牡丹一起寓意长寿富贵	北八道街 4 号

表 2.10　植物主题装饰及其语义信息 [21][22][23]

题材	装饰语义	实例
松	因其四季常青，象征长寿	北头道街 19 号
梅	花中四君子之一，象征中国文人的人格最高理想	原四合堂
菊	花中四君子之一，是质洁、凌霜和不俗的知识分子高尚品格的象征	原四合堂
水仙	民间认为水仙有避邪除秽的神奇力量，又有吉利、长寿的象征	原义顺成
兰草	花中四君子之一，象征幽静高雅的品性	老鼎丰
荷花	为君子之花，以莲之高洁比喻品格高正	原义顺成
牡丹	常为蔓卷枝条的牡丹花，牡丹象征富贵，“蔓”通“万”，蔓又俗称为“带”，与“代”谐音，所以寓意“富贵万代”	原同义庆
石榴	是多子多育的象征	原义顺成
葡萄	葡萄果实累累、枝叶蔓延，是富贵、丰收和长寿的象征	南头道街 97 号
蔓草	即蔓生的草，由于其蔓蔓不断，所以寓意茂盛、长久	原四合堂
万年青	用来祝福健康长寿	原义顺成
葫芦	葫芦藤蔓绵延，结果累累，籽粒繁多，被视为祈求子孙万代的吉祥物，同时还是道士的随身之宝	原三友照相馆

表 2.11　器物、图形、文字主题装饰及其语义信息[21][22][23]

类型	题材	装饰语义	实例
器物	多宝格	亦称博古，经常配以古瓶、盆景等，古色古香，象征优雅高贵	原成义公
	绣球	喜庆时的助兴之物，表示欢乐吉祥	原义顺成
	穗状物	“穗”音同“岁”，有“百岁”之意	原同义庆
	铜钱	象征发财，财源广进	原同义庆
图形	盘长	是佛家“八宝”之一，造型盘曲连接，无头无尾，显示出绵延不断的连续感，因而寓意世代绵延、福禄承袭、寿康永续、财富源源不断	原老天利
	方胜	由两个菱形压角相叠组成，一方面有优美、优胜的吉祥寓意，另一方面以压角相叠象征“同心”	原鸿兴大
	套圆连环	象征财源滚滚、富贵不断	原鸿兴大
	八卦	相传为伏羲氏所作，象征天、地、雷、山、火、水、泽、风八种自然现象和多种社会现象，道教以太极和八卦组合，意为神通广大、镇邪避恶	原老天利
	如意纹	象征吉祥如意	原四合堂
文字	寿字	象征长寿、长命百岁	原银京照相馆
	发字	象征发财	原老天利

2.5　构筑技术形态——从传统到现代

2.5.1　传统构筑技术

如前所述，道外近代建筑的起始点是中国的传统建筑文化，因而其构筑技术也是以中国传统的木结构技术为基础的，同时还融合了东北地区的一些简易民间住居的构筑技术，如窝棚、地窨子、泥土房等，据《道外区志》记载，在道外近代建筑发展的第一个阶段，即 1910 年（清宣统二年）前，即使是中东铁路已通车、哈尔滨已通商开埠数年，道外的房屋建设仍是“无人管理，可任意选址修筑，以土坯房、草棚房居多”。[1] 这指的是大量的民间住居，尤其是贫民居住的房屋。土、草房的构筑技术，因实物现已无存，只能从史料记载中得悉一二，如《吉林新志》中记载，“房顶除都市及乡下大地主多用瓦或洋瓦（马口铁）苫盖外，余皆用草（俗称苫房草，沿水低地多生之）苫盖。每苫一次可用二三十年之久，且暖而不漏”。“瓦房多用砖石，草房则皆用土坯（以乱草混泥为之，形同砖）。坯墙之暖且胜于砖"[24]，黑龙江的地方史资料中记载了两种民间墙体的构筑技术，即"拉核墙"与"垡甃"。"拉核墙，核犹言骨也。木为骨而拉泥而成，故名。立木为柱，五尺为间，层施横木，相去尺许，以殓草络泥，挂而排之，岁加涂焉。厚尺许者，坚甚于甃。"[25]《黑龙江志稿》中记载的土坯墙垡甃之法："墙用土坯或垡子，低湿草根盘结之土用锹切块起出为垡子，再以麻穰麦秸和土为泥墁之。"而关于草房，《黑龙江志稿》中记载，"草房建筑较砖瓦房费省而暖，内外式样与砖瓦房略同，惟上苫草，厚尺许，十余年修理一次。""土平房建筑简易，工料甚廉，室内隔壁多用拉哈，满语也，以草合泥束於壁间，两面抹细泥，贫寒者多操此建筑也。"

除此类民间住居以外，在这一时期还有如1907年建成的滨江关道衙门这样的政府行政机构①，其构筑技术采用的是木构架体系中的抬梁式技术，具体来说是东北地方的满族住宅的梁架做法，如三堂的木构架形制为"六檩四枚带前廊式"，即官式建筑所称的五间六架前檐廊式（图2.93），外观呈卷棚硬山屋顶，屋面曲线很小，略近于平直，但其坡度很大。屋顶沿面阔方向平直，无起翘出翘做法。屋架的檩为组合檩，由檩和枚紧贴在一起，枚是满族做法中特有的构件，相当于汉族做法中的枋，但枋断面为方形，上面还有垫板与檩相连接，而枚的断面为圆形或椭圆形，直接置于檩下，与檩构成组合承重构件，可达到以小材代替大材的目的。三堂的枚的断面为椭圆形，用原木做成，长度、位置和檩相同，直径比檩小，高宽尺寸为230 mm×165 mm或145 mm×110 mm不等。檩和枚由瓜柱和脊瓜柱支撑。脊瓜柱落在三架梁（东北地方称之为二柁，实测长3 m，断面高340 mm，宽250 mm）上，而三架梁由两端的瓜柱支撑，落在最下方的五架梁（东北地方称之为大柁，实测长5.56 m，高380 mm，宽250 mm），五架梁前端伸出抱头梁（地方称呼为接柁，实测高340 mm，宽250 mm）上，拉住金柱和前端的檐柱。檩上铺椽，三堂椽子断面均采用方形，经实测知其尺寸为80 mm×80 mm。整个构架体系仍属于中国传统木构架体系做法，"墙倒屋不塌"，两山和后檐墙以青砖砌筑，但只起围护作用而非

图2.93　原有三堂屋架

① 此建筑群残存部分已于2005年全部拆除，于原址重建现状之组群，已非原貌，故本书以拆除之前残存情况较好的三堂等建筑为论述依据，具体数据来源于陈莉等研究生的实测报告。

承重作用。

青砖的尺寸为 230 mm × 110 mm × 52.5 mm，砌筑方法为磨砖勾缝。哈尔滨处于严寒地区，出于保温的要求，墙体很厚，实测外墙厚度为 600 mm，内墙厚度为 400 mm。屋面为双坡，坡度很大，利于排雪。屋面铺瓦也是具有满族特色的小青瓦仰面铺砌的仰瓦形式（图 2.94），瓦面纵横整齐，仅在坡面靠近山墙的两端做三垅合瓦压边。

另一实例是位于南头道街 62 号的某商铺，单层，建筑时间等细节不详。笔者于 2007 年 4 月再次踏勘现场时，该建筑正在拆除中，所幸的是得见整体构架（图 2.95）。这栋建筑临街的正立面是西式的，有西式的窗脸、西式的女儿墙，女儿墙上依稀可见中国传统的装饰纹样斜万字锦和铜钱，但女儿墙后面的屋架采用的是中国传统的抬梁式，也是具有满族特点的东北民间地方做法，“七檩七杦、中柱、接柁”，有大柁、三柁，没有二柁，支撑三柁的两根上金瓜柱直接落在大柁上；二柁的位置上，在上金瓜柱和下金瓜柱之间联系着两段接柁；大柁后端落在后檐柱上，前端落在中柱上，中柱与前檐柱之间架一段接柁。整个梁架的各个构件加工都比较粗糙，檩、杦、柁（梁）的断面接近圆形 。从现场残存的墙壁来看，前檐柱、檐檩（杦）都已被包裹在临街的外墙里，在正立面上根本看不到；每缝梁架下都有隔墙，将空间分为一个个间，中柱也陷在隔墙里，隔墙为板夹泥墙；沿大柁的下皮设吊顶。山墙内包裹木构架，似乎是与相邻建筑共用一堵山墙。

这栋建筑最值得注意的就是它的中式木构架体系与西式立面的结合。产生这种现象的可能有两种，一是建造伊始就采用了中国传统的木构架和西式的立

图 2.94 屋面仰铺小青瓦

图 2.95 南头道街某商铺屋架（拆除中）

面，另一种可能就是，木构架是原来建造的，而西式立面是后来某时进行过立面改造，从中式改成西式的。不论是哪种可能，其产生的结果都是一样的，就是以传统木构架为基本结构体系、只在建筑局部移植西方形式（如立面和窗），证明在道外传统建筑向现代转型的过程中存在“本土演进”的转型阶段。

从建筑材料看，梁架为木，多为松，墙体为砖。据《哈尔滨市志·建材工业志》记载，清道光十三年(1833年)，河北省迁安县人沈万财、沈万宝兄弟合办的“沈家窑”建成开业（窑址在现太平区太平桥附近），为哈尔滨市建材工业的开端。早期哈尔滨生产的砖有青砖、红砖两种。青砖有大砖、小砖两种。大砖规格为长360 mm，宽165 mm，厚180 mm；小砖为长267 mm，宽125 mm，厚60 mm。有的小块青砖规格为长280 mm，宽140 mm，厚50 mm。清代规定，青砖用于平民百姓家，红砖用于修建官衙、官邸与寺院庙宇。但自民国开始，废止了民间不能使用红砖的规定，开始青、红两砖并烧。

2.5.2 西式结构技术

1910年以后，道外近代建筑开始进入发展的第二个阶段，随着开埠通商以后工商业的逐步发展，建筑数量不断增加，建筑质量也开始不断提高，更出于防火等安全考虑，滨江管理机构明确禁止再建筑泥草房，如1916年4月4日的《远东报》载：“道外各街巷屡有火警，皆因草屋所致，故每日派警士多人按街传谕，凡建屋之家不得再用草秸，如有不遵，即盖成亦须拆毁云。”后来随着地价飞涨，越来越多的商家开始建筑二、三层的“新式楼房”，促使道外建筑的构筑技术也进入了一个新的发展阶段，全面移植铁路附属地内建筑的西式构筑技术，即以砖墙承重为主体的砖木和砖混混合结构技术。

（1）砖墙承重技术。

道外（甚至整个哈尔滨地区）原有的传统木构架结构体系中，也使用砖墙，但砖墙并不承重，只是起围护作用。自中东铁路开始修筑以后，俄国人在铁路附属地内建造的建筑几乎都采用以砖墙为主的承重墙体系，不仅安全性能、保温性能等优于传统的木结构建筑，而且带来了全新的建筑外观，气魄宏伟，成为当时先进、时髦等概念的象征。因此，当道外的商家迫于地价的压力等因素想要增加建筑层数时，自然会想起仅一路之隔的铁路附属地内的西式建筑，全面移植和效仿也就顺理成章了。

当时附属地内的俄式建筑多为二、三层，外墙为砖墙承重，砖全部为红砖，墙体厚度一般为600~700 mm，内部局部使用木楼板或木地板。隔墙一般采用板夹泥墙形式，室内则砌筑俄式壁炉，哈尔滨人称“壁里达”（或译“别力大”“别契卡”）。

道外的“新式楼房”便是以这种俄式建筑为样板建筑起来的，到 1933 年，按照《滨江市改建计划大纲》中的“暂行建筑条例”的规定：“房屋一切外墙须用砖石建造及少须厚〇点三〇公尺，并不得用泥造或木造之。”外墙必须是砖墙承重，墙体厚度也达到 300~600 mm，如原胡家大院承重墙的厚度为 600 mm，内墙不承重，厚度为 300 mm[26]。但外墙砖开始多是中国传统的青砖，因为民国以前规定平民百姓不得使用红砖，民国以后才开始烧制红砖并用于普通民房。

据《哈尔滨市志·建材工业志》记载，1916 年，在哈尔滨太平桥至三棵树一带和道里区顾乡附近，砖瓦窑（场）多达几十家。其中，较有影响的有沈家窑、刘家窑、宋家窑等。窑体多为“马蹄窑”，制砖以手工操作、枝柴焙烧，产品多为青砖青瓦。

1917 年，开始出现以原煤为燃料、采用轮窑焙烧的红砖。当时，河北人张金山、张亚起二人合办的“复兴窑业公司”（地址在现太平三棵树附近），可日产黏土烧结红砖 3 万～ 7 万块，雇用生产工人 500 余人。

1929 年，由“东盛窑”经理翟肇东等人发起，第一次组织成立了半官方行业组织“东省特别区哈尔滨市砖窑同业公会”。计有在册同业砖窑（有字号的）82 座。其中，王兰亭的“同兴窑”、杨美声的“义和机器窑”、洪宝华的“大东窑”3 家窑业已属半机械化制坯生产，每窑平均日产红砖 5 万块左右。哈尔滨的砖瓦窑业有了较快发展，产量大增，青红砖年产量超过 3 000 万块，瓦年产量近百万片。产品绝大部分在市内销售，少量销往附近村屯。

1931 年《中东半月刊》第二卷第十二号刊载了一篇署名醒华的《哈尔滨市砖窑之最近状况》的文章：“年来哈埠建筑工程日多，砖瓦之需要亦日广，故经营窑业者，先后继起，栉比林立，大有蒸蒸日上之势。查其设立之地址，几全数在本埠附近之顾乡屯与河家沟。”

图 2.96　过街门洞处的板夹泥墙

在道外，工匠们除学习了俄式的砖墙承重技术外，也在局部使用木材，如室内的木地板，而在外墙外面则架设木外廊和木楼梯，形成了道外独有的建筑特色。

道外近代建筑也全面学习了俄式的板夹泥墙、板夹锯末墙等技术，有的外墙表面、过街门洞处都可见板夹泥墙的痕迹（图 2.96）。此外，新式楼房的室内采暖因不再宜用火炕，因此道外人结合俄式的壁炉创造出了“火墙”，即将房间内的隔墙砌筑成中空，中间走灶间的热烟，隔墙成为采暖用的火墙。“傅家甸，因地价上涨，住宅建成二三层楼房，出现了火墙（在房间隔墙上建采暖用火墙）或冬季架设火炉采暖。”[1]

初始采用青砖时，外墙全部为清水砖，青砖磨砖勾缝处理，后期大量使用红砖后，既有清水墙面，也出现了大量的抹灰墙，并用灰浆做出大量的附加装饰。灰浆的主要成分是石灰或洋灰（水泥，主要成分也是石灰），据《建材工业志》记载，哈尔滨石灰的生产早在光绪二十六年（1900 年）就开始了，沙俄在哈尔滨大兴土木建设，开始在二层甸子（现阿城区玉泉镇）筹办石灰场。至光绪二十八年（1902 年），共有 5 座直焰窑建成投产。洋灰的生产开始于 1935 年 11 月，日本人角田正乔在哈尔滨丌办的“哈尔滨洋灰股份有限公司”（民众称“洋灰窑”，即哈尔滨水泥厂前身）建成投产，为哈尔滨第一家生产水泥的企业。

1933 年滨江市政筹备处颁布了《滨江市改建计划大纲》，其中的《暂行建筑条例》对墙体的材料、技术有较详细的规定，关于墙身的内容如下：

第六二条　凡墙身用砖石砌造者须以白灰浆（白灰一份、砂二份）或黄沙洋灰浆实砌到顶，其灰缝不得过〇点〇〇八公尺，如用洋灰三合土（洋灰一份、黄砂二份、碎石四份），筑造者须加铁筋辅助之。

第六三条　墙身高度由墙脚面至正面墙身之顶为准。

第六四条　墙身长度以左墙角至右墙角为准，但中间有〇点二五公尺厚之分间墙者，一端至分间墙中心为准。

第六五条　普通房屋之墙身厚度不得少于下列之规定：

建筑	墙身高度	墙身高度	第一层（公分）	第二层（公分）	第三层（公分）	第四层（公分）	第五层（公分）
二层高	7.5 公尺以下	11 公尺以下	25	25			
		11~18 公尺	18	25			
		18 公尺以上	38	38			
三层高	7.5~12 公尺	11 公尺以下	38	38	25		
		11~18 公尺	50	38	25		
		18 公尺以上	50	38	38		
四层高	12~15 公尺	11 公尺以下	50	38	38	25	
		11~14 公尺	50	50	38	38	
		14 公尺以上	63	50	38	38	
五层高	15~18 公尺	14 公尺以下	50	50	38	38	38
		14 公尺以上	63	50	50	38	38

① 哈尔滨市人民政府地方志办公室．哈尔滨市志·城市规划．http://218.10.232.41:8080/was40/detail?record=29&channelid=34213&presearchword=

第六六条　公众建筑物或厂栈墙身厚度不得少于下列之规定：

建筑	墙身高度	墙身高度	第一层（公分）	第二层（公分）	第三层（公分）	第四层（公分）	第五层（公分）
二层高	7.5 公尺以下	11 公尺以下 11 公尺以上	38 38	25 38			
三层高	7.5~12 公尺	11 公尺以下 11~14 公尺 14 公尺以上	38 50 63	38 50 50	38 38 38		
四层高	12~15 公尺	11 公尺以下 11~14 公尺 14 公尺以上	50 63 76	50 50 63	38 50 50	38 38 38	
五层高	15~18 公尺	14 公尺以下 14 公尺以上	63 76	63 63	50 50	50 50	38 38

第六七条　墙身厚度依第六十五条规定不及楼高十六分之一者，或第六十六条规定不及楼高十四分之一者均应加厚。

第六八条　两层以下房屋之分间墙至少须厚〇点三公尺，惟此项墙身长度或高度如过三点五公尺者应有适当梁柱以扶持之。

两层以上房屋之分间墙至少须厚〇点二五公尺并不得少于第六十五条或第六十六条规定厚度三分之二。

第六九条　房屋一切外墙须用砖石建造及少须厚〇点三〇公尺并不得用泥造或木造之。

第七〇条　凡在左右邻间起建者，其左右砖墙须自行建造并不得搭借他人墙壁。

第七一条　墙身砌出地面时概须铺油毛毡、洋灰或铅片等一层以防湿气上升。

第七二条　露天墙顶须加覆盖以防雨水下渗。

关于防火墙：

第七三条　房屋左右两端及与贴邻分界之墙身俱应建设防火墙。

第七四条　凡长形建筑物每隔二十公尺远至少须建防火墙一座。

第七五条　防火墙应较附近房屋高出〇点五公尺，如系厂栈及公众建筑物至少须高出屋顶一公尺。

第七六条　砖造之防火墙至少须厚〇点二五公尺，并须两面涂抹洋灰，如系铁筋洋灰三合土筑造者须厚〇点二五公尺以上。

第七七条　防火墙上除下列规定外不准开辟任何门窗：

一、墙外永远留有空地三公尺以上者；

二、装置铁质窗格并配置〇点〇〇六公尺厚之铅丝玻璃者；

三、所装之门面积须在五平方公尺以下，并须耐火构造，遇警能自行关闭者；

四、有特殊情形经本处特许者。

（2）钢筋混凝土技术。

有日本学者认为，“钢筋混凝土结构从30年代开始在哈尔滨出现”，“哈尔滨基本没有全部为钢筋混凝土结构的建筑物”[15]。实际上，钢筋混凝土作为全框架结构的案例可能很少，但作为局部的材料或混合结构的局部，其在哈尔滨的应用则很早就开始了。“在采用砖结构的建筑中，地面（楼板）做法亦有采用木料和钢筋混凝土的。在小规模建筑物中基本用木料，像中东铁路管理局和中东铁路警察管理局那样的大型建筑，则使用钢筋混凝土。”[15]这种局部使用钢和混凝土的结构又可分为砖（石）墙钢骨混凝土混合结构和砖（石）墙钢筋混凝土混合结构两种，前者是以砖（石）墙承重，但楼面结构用工字钢密肋作骨料，取代砖木结构中的木制大梁和密肋梁，与混凝土结合使用，但这种结构多用在“帝国主义者使用的大型建筑”中[27]，如1902年始建、1906年重建的中东铁路管理局大楼[27]；而后者是砖墙承重，楼层、楼梯、过梁、圈梁等局部使用钢筋混凝土。在哈尔滨，后一种砖混形式是比较多见的，据《中国近代建筑总览哈尔滨篇》内的近代建筑资料显示，哈尔滨近代建筑中砖混结构的建筑占很大比例，多数是采用钢筋混凝土楼板、楼梯，有些同时采用钢筋混凝土梁和柱。1904年始建的秋林公司，以砖墙承重、以工字钢为主次梁，将钢丝网混凝土预制楼板铺在工字钢梁上[28]，是两种混合结构都有的实例。

道外近代建筑中，既有砖石墙钢骨混凝土混合结构，又有砖石墙钢筋混凝土混合结构，但都是局部使用。

位于北九道街16号的大院里，建筑不设外楼梯而设内楼梯，外廊板骨架全部是工字钢梁，间距1 m左右，工字钢之间以砖砌成平缓的拱券，外表面抹灰，形成钢骨混凝土混合结构（图2.97）。

南七道街253–257号（图2.98）、南八道街174–180号的大院建筑，院内的外廊板都采用了钢筋混凝土材料。

位于北头道街的原大罗新商场，1920年5月始建，1921年10月竣工，地上4层，地下1层，楼梯采用钢筋混凝土；1928年6月12日始建、1930年竣工的原交通银行，钢筋混凝土楼板；民国十七年（1928年）建成的同记工厂新厂房，“‘长11丈，宽4丈’3层构造，均是铁骨三合泥（洋灰、石头、砂子）”[9]，显示出当时颇有实力的商家在建筑结构技术的选择上已不落后于铁路附属地建筑。

1933年《滨江市改建计划大纲》中的“暂行建筑条例”规定：“凡多人聚会之建筑必须用铁筋洋灰或钢铁建设太平梯，其宽度须在一点五公尺以上。”

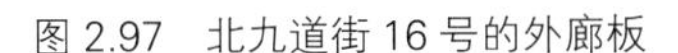

图 2.97　北九道街 16 号的外廊板

图 2.98　南七道街 253-257 号的外廊板

（3）屋架。

当整个建筑的外墙全部变成承重墙之后，传统的中式木屋架就不再适用于新的结构体系，因而屋架的西化成为必然。道外近代的“新式楼房”采用的都是西式的三角木桁架，有的是豪式屋架中最简单的一种，以垂直杆件和斜向杆件构成，如原新世界饭店；有的只有斜撑，没有垂直杆件，如吉黑榷运局的屋架；有的更加简略，在三角形框架中间只设一道斜撑，如南头道街 76 号某拆除中的商铺（图 2.99）。这是因为采用三角形杆件受力更合理，形式更简洁。屋面瓦采用的是西式的机制瓦，屋面构造也较中式的简化了，因而屋架所需负载的重量也大大减轻，三角桁架的杆件断面尺寸也较小，斜撑也减到只有一根。整个屋顶的坡度也较中式的屋顶小。

屋面瓦原为中式的小青瓦，后发展为西式的机制瓦、洋灰瓦、铁瓦等。

在屋面保温技术上，也是借鉴附属地内俄式建筑的保温技术，如胡家大院屋顶就是利用锯末作为保温材料，冬暖夏凉。

2.5.3　砌筑技术与艺术

（1）墙体。

道外的砖墙承重建筑中，有相当一部分是清水砖墙面，既有青砖墙，也有红砖墙，显示出砖材料自身的材质特色和精美的砌筑艺术。其中，青砖墙体虽然采用的是传统材料，砌筑方法是磨砖勾缝，但在砖的排列方式上却和红砖清水墙一样，都是西式的“满丁满条”式砌筑，使用最多的有英国式的一皮顺一皮丁、三皮顺一皮丁[27]，如南三道街 73 号、102 号等（图 2.100）。在道外近代建筑中无论红砖墙体还是青砖墙体几乎全部采用这种西式砌法，这从一个角度说明，近代时期道外的中国工匠们已经完全掌握了这样的西式墙体砌法，并加以广泛应用。

（2）窗口。

大面积的墙体虽不再是传统的砌筑方式，但在一些细部上还可见传统的手法，比如窗口的上楣贴脸，大量应用平券或木梳背券、下平上弓形券（即将平券上部砍磨修整成一较平缓的弧线）等，而券的砌法最多的是中式的“狗子咬”。但工匠们在券中央没有采用传统的合龙砖，而是仿照西式券的券心石的样式，在券中央也砌出砖的券心石，同样也是采用“狗子咬”式砌筑。此外，工匠们还经常在“狗子咬”平券的上部用经过砍磨的砖砌出仿西式的细线脚，使之看起来更加西化。窗台的砌筑有丁头立砌的“甃砖”和丁头卧砌的“卧砖”两种，一般窗台下还有卧砖砌出组合线脚，以增加层次感（图 2.101）。

（3）门洞。

墙体上还经常带有各种形状的过街门洞，一般都是以砖发券而成，形状非常多样，有平券、半圆券、木梳背券、西式的圆角方额券等等，但发券的方式也多为中式的“狗子咬”。另外，南二道街的原仁和永正立面的门洞采用的是中式的“一券一伏”的做法，即一层卧砌的“伏砖”加一层立砌的“券砖”，券砖也是“狗子咬”砌筑。原道台府组群中的大堂西厢房东立面门洞，半圆形券，砌筑方式也是中式的“一券一伏”；原滨江县立女子高小、南十五道街 175 号建筑的门洞则是中式的“两券两伏”（图 2.102）。

2.6 民俗“气氛”——市井民生

文化地理学中的文化景观概念，除了物质的和非物质的文化景观之外，还有一种凌驾于各物质因素和非物质因素之上、可以感觉到但难以表达出来的“气氛”，它像区域个性一样是一种抽象的感觉，是文化景观构成中的非物质成分[29]。因此，那些可以依稀感受到的地方氛围都可以称为文化景观。

进入道外，给人无处不在的感觉的就是道外特有的浓郁的传统民俗文化氛围，这在南岗和道里等地是极少能感受到的，已经形成道外独特的区域文化个性。这样的民俗文化氛围也是文化景观研究的重要方面。

a 原新世界饭店剖面

b 南头道街 76 号某拆除中的商铺屋架

图 2.99 屋架形式

a 一皮顺一皮丁

b 三皮顺一皮丁

图 2.100 墙体砌筑

a 南三道街 61 号

b 南三道街 74–78 号

c 北二道街 33 号

图 2.101　窗口砌筑

a 一券一伏：原道台府

b 两券两伏：南十五道街 175 号

图 2.102　门洞口砌筑

民俗的概念历来众说纷纭，观点不一，但同时又存在着诸多共识；民俗学理论认为："民俗是在民众中传承的社会文化传统，是被民众所创造、享用和传承的生活文化。这种社会生活文化既是一种历史文化传统，也是民众现实社会生活的一个重要组成部分。"[12] 民俗本身就是生活和文化的双重复合体，道外的民俗文化氛围恰是构成和影响道外近代建筑文化的重要方面，包含了道外的主要民俗事象和表现在建筑上的民俗意趣两个方面，是影响道外建筑文化景观的非物质要素。

2.6.1　道外近代民俗事象

构成民俗的是一系列民俗事象。民俗事象可分为物质民俗、行为民俗、意识民俗三大类，其具体内容十分庞杂，据《民俗学导论》整理如表 2.12 所示[12]。

道外近代的民俗事象可谓纷繁复杂，其中，对道外建筑文化发生影响的民俗事象主要包括物质民俗类中的居住习俗，行为民俗类中的商业经营民俗、杂艺民俗，意识民俗类中的价值观念民俗等几方面。

表 2.12　民俗事象分类表

物质民俗	生活习俗	饮食习俗、服饰习俗、居住习俗
	器用习俗	生产工具习俗、劳动对象习俗、民间工艺习俗
行为习俗	行为活动规范民俗	技术民俗、社会组织民俗、人生礼仪民俗、岁时节日民俗、游戏娱乐民俗（游戏民俗、杂艺民俗）
	行为活动方式民俗	生产民俗（农业生产、渔业生产、商业经营民俗等）
		交通民俗（运输设施、运输工具、交通信仰民俗等）
意识民俗	心理民俗	朴素社会信念、社会价值观念、社会道德观念民俗
	信仰民俗	信仰对象民俗、信仰媒介民俗、信仰方式民俗
	语言民俗	讲述语言民俗、歌唱语言民俗、讲唱语言民俗
	禁忌民俗	人事禁忌民俗、物事禁忌民俗、鬼事禁忌民俗、禳解民俗

（1）居住习俗。

近代的道外是一个伴随铁路修筑和通商开埠而形成的移民区域，几乎找不到所谓土著文化的踪迹。移民的主要来源是中国北方各省，而北方地区普遍的居住习俗就是四合院民居。这种居住民俗是适应北方温带气候条件、平原型地貌、旱作农业生产方式、传统家庭伦理价值观念而产生的，而这种民俗一经产生就在民众群体内部形成难以改变的心理定式，因此当近代移民大量流入道外时，四合院的居住习俗就构成了道外近代民俗事项中一种重要的物质民俗。

另一方面，民俗不仅是一种历史传统，它同时还是现实生活的重要组成部分，是本能性、模式性的生活文化。当现实生活发生重大转折时，原有的民俗传统也会随之发生相应的调整，形成融合新的要素的新民俗。道外开埠通商后，商业活动日趋繁荣，商铺的需求量猛增，铁路附属地内样式新颖的西式楼房也逐渐改变着道外民众对于商业建筑的印象，为了适应新的形势变化，原有居住民俗开始从传统四合院式发展成后来普遍存在的楼院的居住形式，功能上也由单层的纯居住功能转向多层的商住一体的混合功能，实际上这正是传统居住民俗为适应商业活动的新发展而加以调适的结果。这一居住形式从它应用的普遍性、相对集中的区域性、应用人群的文化特色的一致性等方面来看，已完全成为道外的一种新的居住民俗。

道外近代居住民俗的另一个特征就是中西交融的装饰。传统民居中历来不乏装饰，从木构架到青砖墙面，装饰非常丰富。而自清代后期以来，建筑装饰逐渐走向繁琐、细密，工艺品的雕饰技法被应用到建筑的木雕、砖雕上来，形成繁冗的装饰。北方正统的官式建筑也开始大量地应用繁琐的装饰，而且有愈演愈烈之势；民间建筑上，很多社会地位低的商人为炫耀财富，也把大量的财力物力用在以繁琐的装饰来装点门面上，更加助长了此种风气的蔓延，使之逐渐演化成了居住民俗的一个重要方面。道外近代居住民俗在一定程度上继承了这一传统，但结合西式立面和西式的一些装饰纹样形成了中西交融的装饰形态，成为道外居住民俗的独特表征。

（2）价值观念民俗。

价值观念民俗是心理民俗的重要组成之一，影响着民众群体的行为活动的方式，进而影响到文化景观特色的形成，是民众群体深层文化心理的一个方面。

传统的社会经济结构的特点，是纲常伦理为本位，封闭的自然经济为主体，士、农、工、商的“四民”社会结构，“士首商末”“重农轻商”“贵义贱利”是传统的价值观念民俗。近代的关内移民初到道外时正是承载着这样的价值观念民俗的群体。但是，铁路开通打破了传统的封闭格局，西方商品经济的强烈冲击也逐渐改变了传统的价值观念，人们的观念也逐渐开始发生转变。在道外，近代的价值观念民俗的主要变化表现在：

首先，从“重农”“贱商”转向“重商”，甚至“慕商”。据吉林滨江厅宣统三年（1911 年）的民政报告显示，当年滨江厅的人口数按职业分类统计为：官绅 126 人，士 82 人，农 11 032 人，工 7 673 人，商 11 914 人，兵勇 668 人，书吏 94 人，差役 149 人，杂业 1 842 人，无业 1 067 人，乞丐 265 人，共计 34 912 人。从中可见，商民的数量已超出农民的数量，跃居首位，表明“重商”观念在价值观念民俗中已占据相当的地位。“今日富人无不起家于商者，于是人争驰骛奔走，竞习为商，而商日益众，亦日益饶。”[30] 在这种观念的带动下，商业建筑、商住一体的楼院逐渐成为道外近代建筑的主体。

其次，价值观念民俗中增加了“崇洋”的成分。铁路通车及开埠通商后，西方商品在哈尔滨地区大量倾销，道里、南岗等铁路附属地内衣食住行等生活方式的西化使人“几疑其为西洋市街”[24]，使人们从“叹服洋货之善”开始，逐渐发展到接受、欣赏西方的某些审美观念，欣赏西方式建筑的雄伟壮丽，进而将这种崇洋心理在道外的建筑中直接表现出来，形成道外建筑的仿洋式立面。

此外，传统价值观念中的伦理等级观念在近代商品经济大潮的强烈冲击下也逐渐淡化，主要原因就是近代道外的人群来自四面八方，在此谋生创业所依靠的已不再是传统的血缘、地缘关系，而是业缘（如各种商业同业公会组织），原有的服务于家族制度的伦理等级观念已明显不再适应新的商业和社会组织的形式，因而在现实生活中被逐渐淡化也是一种必然趋势，这种淡化最鲜明的体现就是合院式布局中轴线、正偏等要素的逐渐消失，代之以更加高密度、更加随意的院落形式，如“凹”字形三合院常常以侧面一边临街，院落主入口也可以设在“凹”字的任意一边。当然，这也是房地产业追逐高收益的一种结果，换言之，当时的房地产业的发展在一定程度上促进了传统伦理等级观念的淡化。

（3）商业经营民俗。

商业经营民俗包括了集市、行商、坐商等习俗。对道外来说，由于近代时期已形成较繁荣的城区，因此有固定店铺和摊位经营的坐商占大多数，走街串巷、沿街叫卖的小商贩是主要的行商，而集市是被称作“市场”的相对集中的定点贸易场所，一般位于中心商业区的边缘，如位于道外北江沿的“北市场”、位于南十六道街南端的“滨安市场”、位于北十二道街江沿的“滨江市场”（即东市场）。虽称为市场，但实际上里面有很多固定店铺，是集市与坐商结合的一种形式，如北市场内“又有大罗天商场与小北市场之分。大罗天商场有楼房 250 间、平房 52 间，计有楼馆 3 个，客栈 2 个，杂货铺 1 个，说书馆 3 个，饭店 2 个，药房 19 个，魔术社 2 个，电影院 2 个，汽水床 1 个，评剧场 1 个，卷烟床 1 个，鞋摊铺 1 个，理发馆 2 个；小北市场内有南北空场 1 个，卷烟、汽水、鲜货床等，露天铺 2 户，两旁有房 47 间，内有饭馆 11 个，菜铺 2 个，杂货铺 4 个，理发馆 4 个，说书棚 2 个，小戏园 1 个”[1]。滨安市场内主要有“露天说书馆，饭馆 13 户，药房 3 户，卷烟床 6 户，酒馆 1 户，切面铺 1 户，浆汁馆 1 户，杂货铺 3 户，理发馆 2 户，小店 1 户，相面 1 户，妓院 1 处”[1]（图 2.103，图 2.104）。

道外的坐商则主要沿傅家甸、四家子的主要街道两侧发展，使街道形成典型的商业街，商铺林立、鳞次栉比。而且，同一门类的商业店铺往往集中于同一条街道，形成不同门类的特色商业街，如原正阳大街（现靖宇街）集中了同记商场、亨得利钟表眼镜店、三友照相馆、银京照相馆、老鼎丰南货茶食店、益发合、新世界等大型的商号；北头道街以经营饮食而闻名，形成饭店一条街（1902 年天津北塘人张仁开设的“张包铺”是道外最早出现的饭店）；南五道街主要为五金杂货业（1921 年，共有商户 20 家，除 1 家当铺外，其余 19 家都是五金杂货店），等等[1]（图 2.105，图 2.106，图 2.107，图 2.108）。

商业经营的门类上，可以说五行八作一应俱全。日用百货、饭店、旅馆、成衣坊、当铺、估衣、古铁、古玩、棚铺、农具、车店、食摊、理发、浴池、小戏馆、说书馆、茶馆、酒馆、妓院等等，只要能赚钱的，都能在道外找到。除一些如“同记”那样规

图 2.103　傅家甸剧场

图 2.104　傅家甸最大的妓院平康里

图 2.105　原三友照相馆

图 2.106　原亨得利钟表眼镜店

图 2.107　原银京照相馆

图 2.108　老鼎丰

模较大的商号外，道外大部分的商业都是规模很小的小商铺。即使“同记”，其创始人武百祥也是从摆地摊的小贩开始做起的。因此道外近代商俗的一个重要方面就是小商贩商业占较大比重。

道外近代商俗的另一个重要表现就是商业“牌幌”，即店铺的牌匾、招牌、幌子等等。传承已久，五花八门，以直接或间接显示店铺的业务、经营范围等为目的。传统的牌幌有商品实物、实物模型、商品附属物、含有隐语暗示的物件、旗帘以及文字牌匾，等等[31]，其中，在近代道外最为普及的商业牌幌就是文字牌匾，是幌子的一种演进形式。牌匾是商家的门面，从起字号到牌匾的书写、装裱、雕刻都受到特别的重视，以此来显示商家的实力和魄力。其中，牌匾字号最为重要，是商业形象的重要象征。起字号的基本原则是“趋吉”“发财”，也有“出奇制胜”。起字号一般遵循下述要点：

①出于“趋吉”原则，多用“兴、隆、盛、永、顺、发、和、泰、裕、利、恒、同、天、广”等吉祥字眼，寓意“发财”“买卖兴隆”等，反映出传统商俗在道外近代的传承。

②只用三个字，既可表达完整的意义，又使人容易记忆，这也是传统商俗的烙印。

③运用声韵，使三个字读起来朗朗上口，如“天丰源”“同发隆”“仁和永”“义顺成”等等。

④遵循行业用字的规律，如带“氵”字旁的字多用于酿酒业如各种烧锅，“店”与“栈”多用于粮食买卖业，药铺多以“堂”为字号，如“世一堂”。

上述牌匾字号多为传统商俗的延续，道外近代还有以“出奇制胜”“去旧更新”为原则而创设的字号，最典型的就是武百祥的“大罗新环球货店”。“大罗新”这一字号“起初各界都不知是何意思。盖因商界名称以吉利为原则，‘大罗新’无吉无利，所以都不知是何事业。”[9]加上“环球货店”的洋式店名，使许多人颇感新奇，以致开业当天前来参观的竟达二四万之多，可以说字号的出奇制胜、去旧更新起到了绝好的广告效应。此后，其他货店也开始模仿“大罗新”的新式牌幌。“大罗新”正面竖挂的巨型牌匾，曾被人诬蔑为“非有圣旨不能挂竖匾，这是要造反的表示”[9]，但后来“虽是旧字号，也都改用立式牌匾，或称中外货店，或称华洋货店，或称世界货店，种种竞争就激烈起来”。[9]

可见，道外近代除了延续传统的商业经营民俗以外，还融入了外来的新的要素，使传统商俗的内容和形式得到了新的补充。

（4）杂艺民俗。

杂艺民俗是行为民俗中游戏娱乐民俗里的一类，是流传在民间的以杂耍性表演为主的娱乐活动，主要由杂技、戏法、动物表演等组成。此外，传统的曲艺、相声、戏曲等活动虽然主要以语言为媒介，似应划入语言民俗中，但笔者认为这几种形式在近代道外主要是作为娱乐活动，因此也把它们归入杂艺民俗中。

近代道外的北市场就是杂艺民俗的集中之处，五行八作、十样杂耍无所不有。市场内昼夜喧腾，各色人等川流不息，构成一幅特殊的民俗生活场景。杂艺中有戏曲、相声、魔术、戏法、杂耍等各种形式。《道外区志》中记载，当时在北市场表演曲艺的有说西河大鼓的艺人范动亮，说评书的艺人张文曾、于德海，唱东北大鼓的郝云霞、郝云凤姐妹，说相声的冯瞎子一家，唱二人转的王文明、李芳等。魔术表演有土洋之分，“土”是中国传统戏法，如吞铁球，罗圈变鱼缸、盘子、碗，仙人摘豆等，称“小苗”；“洋”是外国引进的变乒乓球及电光表演等，称“大苗”。北市场的魔术表演有专门的班子，如“戏法老铺”、岳素珍（岳瘸子之女）魔术馆等。此外，还有街头清唱、打把式、卖艺、拉洋片、卦馆卦摊，点痣、相面、占卜算卦、摆棋式的[1]……林林总总，构成道外近代特有的民俗画面（图 2.109）。

各式各样杂艺民俗的存在，使道外形成了迥异于道里南岗的文化“气氛”，这样的文化“气氛”是实体的、物质的建筑文化景观所依托的重要的非物质要素，杂艺民俗还促进了道外近代各种娱乐性的茶园、戏院等设施的产生和兴盛，对形成道外建筑文化景观起到了重要作用。

a 点痣

b 算卦

c 戏法

图 2.109 各式杂艺

2.6.2 建筑景观的民俗意趣

道外的民俗事象如此丰富多彩，那么作为道外物质文化景观最重要构成要素的建筑在这种民俗环境、民俗观念和民俗行为的影响下，也必然会呈现出强烈的民俗意趣，以至在整个哈尔滨都是独一无二的。道外近代建筑所显现出的民俗意趣主要体现在崇尚装饰、中西交融和吉祥语义等三个方面。

崇尚装饰主要表现在，在临街立面、内院等任何可以装饰的部位进行装饰，任意发挥，率性而为，一方面可以显示它们的高超技艺，另一方面也迎合了民众群体普遍的欣赏趣味。

中西交融主要表现在，在建筑文化上追求一种既中且洋的中西交融的形态，成为近代道外的新的居住民俗，这也是传统民俗在近代的一种转型。

吉祥语义主要表现在，在道外大量的由民间工匠创作的近代建筑中，传达吉祥语义的装饰、纹样等随处可见，装饰题材包括富有吉祥寓意的动物、植物、器物、文字和图形，也包括各种商业店铺的商号名称、招牌等等，这些是道外建筑的民俗意趣中最有代表性的方面（图 2.110，图 2.111）。

图 2.110 傅家甸南头道街

图 2.111 傅家甸北头道街

通过分析道外近代的各种民俗事象，可以清楚地揭示出道外近代建筑中强烈的民俗意趣的根源所在，譬如崇尚装饰这一点来自于清末以来的居住民俗，中西交融则来自于近代价值观念民俗，而吉祥语义则与传统居住民俗和近代商业经营民俗都有关系。可以看出，道外建筑文化景观中民俗氛围和民俗意趣的形成与负载民俗文化的民众群体有直接的关系，他们既是道外建筑文化景观的创造者和使用者，也是民俗文化的传承者，赋予了道外近代建筑以独特的魅力。

3 道外近代建筑的文化源流

Cultural Diffusion of Modern Architecture in Daowai

道外近代建筑是哈尔滨近代独特的建筑现象，但同时它也负载了非常丰富的文化信息，形成近代哈尔滨的一种特殊的文化现象，其特殊之处表现在道外近代建筑本身并非哈尔滨地区的原生建筑传统，而是在近代中西方建筑文化的激烈碰撞中产生的新的继起文化，其形成的根基就是十分复杂的。借助文化地理学的视角，可以从文化的角度探讨和剖析道外近代建筑在其文化形成以及文化扩散过程中的特点。这里采用了“源流”的概念，“源”即源地，即研究某种文化形成的初始形态，涉及文化地理学中的文化源地、文化区等相关概念；“流”即流变，研究的是文化向外传播的过程中的变化特点，尤其侧重文化传播的空间过程，即文化地理学中的文化扩散。

道外近代建筑的一个重要建筑表征就是多层面的中西建筑文化交融，这种交融表现在平面空间、立面形态、构筑技术以及装饰艺术等诸多方面，可以说几乎涵盖了道外近代建筑的方方面面。然而要深入解读这一现象背后隐含的文化意义以及文化在地域空间上的变化与流动的过程，则需要借助一种动态的研究视角，需从中国传统文化、西方近代文化两个文化“原点”同时进行分析（由于近代中国社会向现代的转型是“后发外生型”，是西方殖民者用坚船利炮打破了中国传统的社会秩序和社会形态，因此中国的近代文化实际上是建立在中国的传统文化与西方的近代文化的激烈碰撞的基础之上的，道外近代建筑也不出此列），弄清文化原点处的初始建筑文化，寻找文化生成的根基；同时，中国传统文化和西方近代文化向道外传播的途径和方式是不同的，这也直接影响到最终的文化形态的形成。文化研究中的“传播”的概念，既包括文化的空间要素（即文化扩散），又包括文化的时间要素（即代际传承），文化地理学研究更重视的是文化传播的空间过程，即文化扩散，因此，对道外近代建筑的文化扩散的研究也应着眼于中、西两个方向。此外，扩散方式不同，扩散的影响因素不同，对扩散的结果也会产生相应的影响。中西方不同的建筑文化因子由“原点”以不同的扩散方式扩散、汇聚于道外后，也使道外形成了哈尔滨这个大的边缘文化附属体内部最具有边缘文化附属体特色的区域，各种外来的文化丛在近代道外都获得了更大的发展空间。

3.1 传统建筑文化因子

3.1.1 传统建筑的文化区划

划分文化区是文化地理学的重要工作，文化区划所依据的标准不同，划分出的文化区的类型也不同，传统上对文化区的划分主要依据的是共同的文化特征，因此多数的文化分区实际上都属于形式文化区之列。

中国地域辽阔，自然地理和气候条件差距悬殊，各地区地域文化受自然环境的影响，呈现出不同的文化特征，而且文化的生成演变又与经济、政治等因素密切相关，历史与现实要素相互交错，使得各种划分方法的侧重有所不同，由此导致的文化区的划分结果也是各具特色。譬如王会昌的中国文化地理区划方案，将全国按照农业生产的主要方式分为两个大区，即东南部的农业文化区和西北部的牧业文化区，在东部的农业文化区之下又细分出诸如关东文化副区、燕赵文化副区、黄土高原文化副区、中原文化副区、齐鲁文化副区等等。还有学者吴必虎将东南部的文化大区分成五个文化亚区（中原、关东、西南、扬子、东南），在各文化亚区下再进一步细分出各文化核区（图 3.1）。

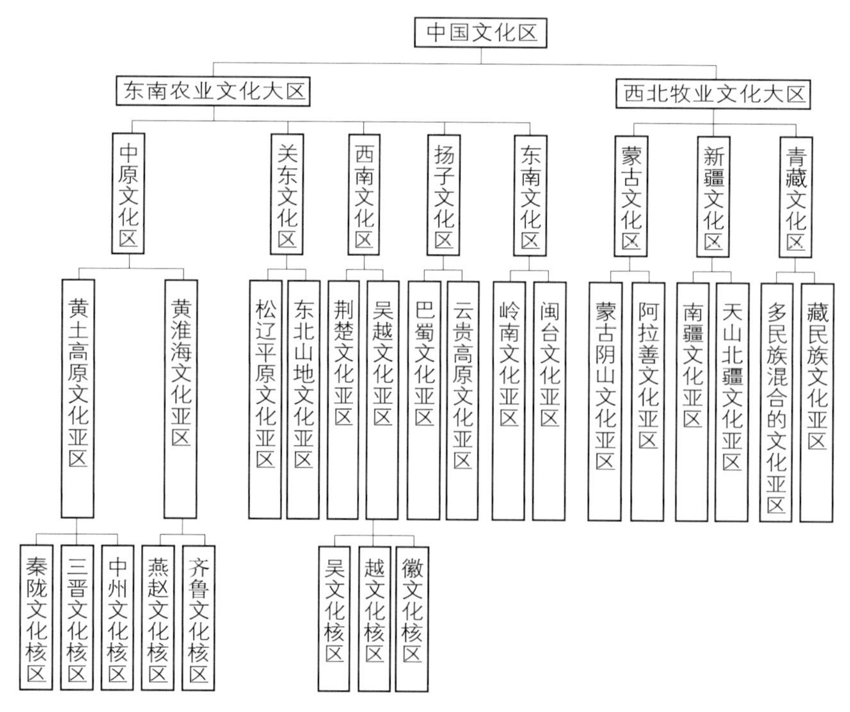

图 3.1　吴必虎中国文化地理区划方案

本书借鉴后者的文化区划方法，在东部文化大区之下的五个文化亚区中，黄河流域以北的两个文化区是中原文化区和关东文化区，这两个区恰好是人们常规意义上所理解的北方文化区，是道外近代建筑的源、流之所在。而且中原文化区与关东文化区之间也存在着文化传播方面的密切关系，即中原文化区是人所公认的北方文化的核心区，是汉文化的发祥地，对整个中华民族的文化都有影响，文化核心区的核心文化在向东北地区传播的过程中产生了关东文化，换言之，关东文化相对于中原文化来讲并不是一个与中原文化具有并列关系的原生文化，而是中原文化向外传播的过程中与关东当地的原生文化（满族文化）相结合而成的继起文化中心，二者之间存在着传承和变异的关系。从这个意义上来说，关东文化区也是中原文化区的边缘文化区。道外近代建筑文化之源即围绕着这两个密切相关的两个文化区展开。

中原文化区又可分为两个文化亚区，其中的黄淮海文化亚区是对关东文化区及道外产生重要影响的区域，这个亚区包括燕赵文化核区和齐鲁文化核区，另一个文化亚区，即黄土高原文化亚区，其中又包括秦陇、三晋、中州三个文化核区，这几个文化核区恰好与道外近代移民的主要迁出地（河北、山东、山西、陕西、河南等）是一致的，因此有理由将其列为中国传统要素的主要文化源地来加以考察。

建筑文化作为大文化系统内的重要的子系统，其在地理范围内的分布与分区与中国传统文化的分区是一致的，即华北地区是北方传统建筑文化的核心区，也是初始文化中心，高度标准化、定型化的建筑文化从这里向周围地区扩散；东北地区相对于华北的文化核心区来讲则是文化边缘区，是继起文化中心，是初始文化中心的文化传播到此并与此地的土著文化相结合的产物。

至于哈尔滨和道外的文化区位，则是处于初始文化中心和继起文化中心以外的典型的边缘文化附属体，原因在于哈尔滨（包括道外）是伴随中东铁路的修筑和开埠通商才由小渔村发展成为近代都市的，它的文化传统来自于中西方不同的文化丛的综合而非本地的原生文化。在哈尔滨这个边缘文化附属体内部，道外又是一个相对独立的功能文化区，它除了具有边缘文化附属体的一般特色之外，还具有因行政区划而产生的独特个性。

3.1.2 文化核心区的建筑文化

（1）多核的文化板块。

如上所述，中原文化区是北方文化的核心区，是初始文化中心，这一核心区又是由燕赵、齐鲁、秦晋（将秦陇、三晋等核区统称为秦晋核区）等几个文化核区构成的，它们在文化上既有许多相似之处，文化间的相互联系十分密切，又分别具有独自鲜明的个性，因而形成统一系统中多核的文化板块构成。

燕赵文化位于内蒙古高原与华北平原、太行山、燕山与渤海的过渡地带，山地、平原、海岸兼备。河北省（近代所谓“直隶”）是燕赵文化的核心部分，是古燕国的故地，唐代韩愈有“燕赵多慷慨悲歌之士”的名句，便是对燕赵文化的本质和特征的高度概括。这一文化核区的民风淳厚，尚德知礼，崇尚清廉，具有豪放、激越和慷慨的民俗风情。文化上绚丽多彩，京剧、河北梆子等戏曲高亢悠扬，加之自古以来的尚武习俗，武术、杂技等文化自成一体。特别是辽、金、元、明、清五代的都城北京位于燕赵文化核区内，其政治、经济和文化方面的中心地位大大提升了燕赵文化在北方文化核心区中的重要性。而北京也以其文化的高度正统性、高度标准化、定型化和森严的等级性成为整个中原文化区内官方文化的杰出代表。

北京位于华北大平原的北端，自然地理条件比较优越，位置重要，西面是西山山脉，北面是燕山山脉，东面、南面则展开向着渤海湾的广大平原。该地域气候是典型的温带大陆性气候，冬季寒冷而干燥，夏季温热湿润，春季多风沙，秋季天高气爽。民居采用合院式布局，而且封闭的庭院是防避风大、沙多的有效方法。冬季寒冷，日照角度很低，院落宽敞，有利于房屋多纳阳光，使房间温暖明亮。同时为了防寒、隔热，屋顶做得很厚。最有代表性的民间建筑就是四合院，其特点是外形方正规整，有明确的中轴线，以坐北朝南的方位为尊，大门开在倒座东南角，以满足“坎宅巽门”的风水禁忌；院内多设垂花门，将院落分成较小的外院和较大、近似方形的内院，建筑呈离散型分布，基本格局为一正两厢，体现长幼尊卑有序的伦理规范；建筑单体为抬梁式木构架，正房和厢房为三间或五间，“一明两暗”式平面，硬山屋顶，形成一系列定型的标准化的做法，装饰和装修也都有严格的规范制约（图 3.2）。这一切制度化的做法是由于北京官方文化极为发达的缘故，使得北京四合院这种原本代表民间俗文化的民居样式也具有了极强的正统官式建筑的风范，体现出森严的等级秩序；它的高度标准化、定型化的布局模式也成为北方民居中一种通用的规范程式，其影响遍及北方文化核心区的几乎所有区域。

图 3.2　北京某四合院

北京四合院是城市民居的通用形态，北京以外的燕赵文化范围的民居文化，都是沿用北京四合院的基本模式；乡间或贫寒之家，虽多以土坯泥草为材料，但也不脱这种院落范式，如顺义地区“院必四合或三合，门、柱、灶、厕皆有定处”[32]，天津静海“普通室中隔为三间或五间，中为堂，两旁为室，别内外也。……三间一正一倒，旁有两厢，曰‘小四合套’；五间一正一倒，旁三厢，曰‘大四合套’”[32]，河北晋州“房多四合，则如出一式”，河北阳原县将院落进深称为“几进几出”，“三进三出者少，二进二出者次之，四合独院最多”[32]。

河北南部还在四合院的基础上演化出一种“两甩袖”的正房样式，即在正房两侧尽间，各突出一间或半间偏房，但其结构仍为一个建筑整体，形似甩出的两只袖子，故而得名。甩袖一般临院面留窗不留门。轴线正中是堂屋，两“袖”通常是次要房间或是储藏间[33]。

齐鲁文化主要位于山东省，即春秋时齐国、鲁国的所在地。山东人性情纯朴，为人耿直豪爽，重礼崇义，与影响了中华文化几千年的儒家思想有着密切的关系。齐鲁文化的最耀眼之处就在于它是孔子创立的儒家文化的发祥地和中心，因此，儒家思想教化下的“礼”与“义”的风范成为齐鲁文化的独特魅力所在。

山东大部分位于胶东半岛，地处北温带，属温带季风型大陆性气候，受北、东、南三面海洋的调节，这里季风进退明显，年温适中，夏无酷暑，气候温和，雨量充沛，四季分明。

胶东的民居建筑大部分采用合院的形式，小部分沿海地带建海草房。

在合院式民居中除一部分比较低标准的三合院外，最常见的用四合院的形式，与北京四合院极为相似。院落沿街南北方向布置，沿院四周建房，正房五间，坐北面南，东西厢房各三间，南边倒座五间，倒座的东面第二间开大门，第一间存放杂物，院内有腰墙与腰门将全院分为前后两部分，前院小，是次要院落，后院是主要的居住与生活空间[34]。

胶东民间很早以前就有“黄县房、栖霞粮、蓬莱净出好姑娘”的歌谣，其中的黄县房就是指位于现山东龙口的丁氏故宅，它是清代乾隆年间“丁百万”家族遗留下来的宅居。其鼎盛时期达到 3 000 多间，现存房屋 55 栋 243 间。整个建筑布局形成一个“丁”字，由东、西两路、四处大院“爱福堂”“履素堂”“保素堂”“崇俭堂”组成，每处大院又由五进四合院落组成，每路都是中轴对称布局，方正统一；硬山坡顶，屋面覆以仰合鱼鳞青瓦，是胶东四合院式建筑的典型代表①。

秦晋文化依托黄土高原和黄河，是中华民族的文化发祥地之一，也是古代政治、经济和文化的重心，周、秦、汉、唐时是全国的文化中心，创造了辉煌灿烂

---

① 龙口丁氏故居．
http://baike.sogou.com/v23545964.htm

的古代文明，兵马俑、石窟、高亢激越的秦腔、厚朴踏实的民风，以及勤俭持家、秉承传统的民俗形成了秦晋文化独特的文化气质。明清时期影响深远的晋商群体的崛起也在一定程度上反映出秦晋文化深厚的底蕴。

山西属温带、暖温带，半湿润、半干旱大陆性季风气候。与华北平原同纬度各地相比，气温偏低，降水偏少。陕西中部是关中平原，属暖温带气候，陕南属北亚热带气候区，区域的自然条件有较大差异，因此民居建筑也各有特点。

关中的“八百里秦川”，地形平坦，其平原地区的民居，以木构架、土坯墙、夯土墙构筑而成的单层坡顶建筑为主，如关中韩城党家村。其屋顶形式以硬山居多，瓦屋顶只作仰瓦。建筑平面布局与构架形式与北京四合院民居相似。而陕南的汉中盆地由于有秦岭的屏障，寒潮不易侵入，夏秋季节暖湿气流则可通达，显示着北亚热带湿润气候的特色。由于雨水较多，当地民居檐口出挑深远，有的达 1 m以上，楼房常在分层处做腰檐，以保护墙面不受雨淋，颇具南方民居风貌。由于气候温暖，屋面只铺冷摊瓦。有的民居上部阁楼裸露木构架，填以竹笆或木板，在竹笆上抹草泥、刷白灰浆，形成陕南民居的造型特色。

晋中、晋东南和关中地区最富特色的民居就是四合窄院。一般都沿袭着传统合院式基本布局形式，但不同的是因商品经济较发达，一般用地较窄，形成非常狭长的窄院格局，主要特点是房屋沿纵轴布置，并组织院落，用地面宽为 8~10 m，进深约 20 m。院内建筑单体大多为单坡屋顶，为的是便于将雨水汇集到院内，弥补因降水较少带来的不利影响。正房位于中轴线上，其基座高度、层高和进深相对较大，形成全院的中心，常见的窄院的长宽比约为 4:1，以致正房两端的尽间被厢房所遮挡，所以这种窄院在一定程度上是以牺牲正房立面的完整性来换取用地节约的（图 3.3）。一些大型的民居虽用地宽敞，但仍以窄院方式沿纵横方向同时毗连延伸，组合成院院相连的布局形式。山西平遥的乔家大院是这种大型窄院的典型代表，同时也显现出秦晋建筑文化的另一突出特点，即大量繁琐的砖雕装饰的应用（图 3.4）。

（2）统一的北方风貌。

北方文化核心区（即中原文化区）的传统文化包含了燕赵、齐鲁、秦晋等几个分核区，每个分核区也分别具有各自独特的个性，但是，这几个分核区所展现出来的整体风貌却具有高度统一和谐的北方特点，严谨规整，厚重朴实，形成北方文化核心区总的区域性特征，而这些特征的形成与区域的自然地理条件及社会文化的高度一致性有着密不可分的关联。

首先，从中原文化区的自然地理和气候条件来看，燕赵、齐鲁、秦晋等文化核区有着高度的近似性，即大都以平原型的地貌为特点，地势平坦、宽松，这种

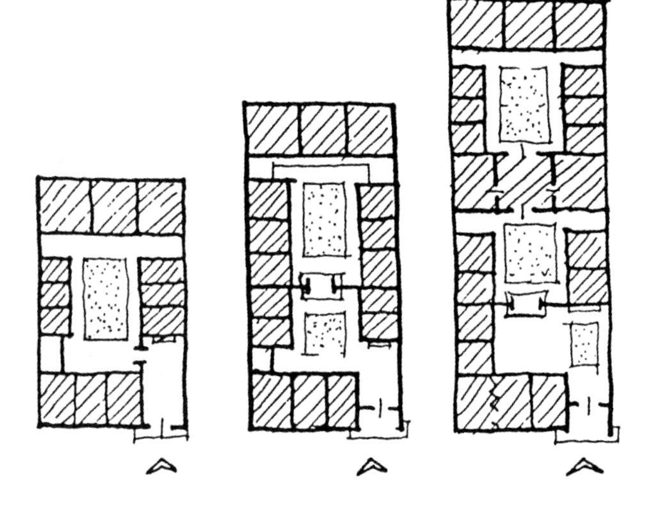

图 3.3　晋陕窄院平面示意

图 3.4　祁县乔家大院

地形地貌造就了具有平原型构成特点的规整、疏朗的离散型院落总体布局。建筑从四面围合成一个方正的院落，既可以形成一个相对封闭、内向的外部空间，又可以有效地阻挡风沙，解决本地区风沙较多的弊端。无霜期长，院落又恰好可以提供充足的户外活动场所。同时，几个文化核区冬季的气候都比较寒冷，因此建筑的实体都比较厚实而非通透，屋顶也较厚，形成厚重的外形；建筑呈离散型布局，也可以使每个房间尽可能多地吸纳阳光，有利于防寒保暖。寒冷的气候带来的区域的另一个共性特征就是火炕的普遍应用。有研究认为，火炕起源于东北，但在宋辽时期已经传入华北，至金代时已非常普遍了[35]。据清光绪《顺天府志》记述，清代的京师（北京）之室，“如室南向，则于南北墙俱作牖，牖去地仅二尺余，卧室土炕即作于牖下，牖与炕相去无咫尺”。[32]这里的“土炕”即火炕（古人称火炕为“土床”）。河北霸州民居“内室临窗设炕，堂中建设锅灶，炊烟过炕，炕热室暖；另备厨房，专用于夏。”[32]河北万全县民间“屋内寝具，多筑土炕，天寒着火取暖；其面积甚大，占有半屋，甚至三分之二全成为炕，地几无隙”。[32]可见，近似的寒冷气候成就了火炕的普及，而火炕又影响了建筑的室内布局，形成了北方文化区内通用的居住习俗。

其次，从中原文化区传统的思想文化形态上看，区域内普遍存在着儒家思想深厚、礼制制约严格、伦理等级观念清晰的特点，加之几个核区在位置上处于中央集权的专制政体最近距离的控制范围内，高度成熟的官式风范对建筑形态具有极强的控制力，因而从总体布局到细部处理都将一系列的伦理等级观念与建筑形态挂钩，这一点突出表现在：建筑的总体布局强调方向、方位的正偏，院落规整，有明确的中轴线，院内建筑多为一正两厢，以坐北朝南、居中的正房为上；单体平面为三开间或五开间、长方形划一的形式，“一明两暗”式格局，同样以居中的“堂”为上；在建筑结构上也是高度标准化、制度化的抬梁式木构架，它和厚重的实体一道，制约着建筑平面和空间的灵活性，使之中规中矩，达到规范化、制度化的官式标准。这一系列的做法都从根本上体现了区域共同的思想文化意识，完美地实现了建筑布局形态与伦理等级秩序的同构。

最后，中原文化区辽阔宽广的地域环境也造就了朴实、纯厚、粗犷的民风，即使在浓重的官式建筑文化的控制下，也通过无起翘和出翘的简朴的硬山顶、青砖墙、青灰瓦以及粗厚浓重的雕饰展现出高度统一的质朴、厚重、粗犷的北方建筑风貌。

3.1.3 文化边缘区的建筑文化

关东文化是文化核心区的中原文化向东北地区辐射和传播，并与东北原生的满族文化结合而产生的新的次中心，即继起文化中心，相当于核心文化的边缘区，是满汉文化交融的产物。

关东文化的范围主要是黑吉辽三省。这里兼有平原、山地，大江大河，气候相当严寒，霜冻期达半年左右，积雪坚冰使生存环境非常恶劣。在历史上相当长的时期内这里都是以少数民族的游牧文化为主导，尤其是满族及其前身，形成了这里相当深厚而且别具特色的土著文化。而随着清朝的统治，原生的满族文化一方面向中原地区发生一定程度的扩散，另一方面也在关东地区伴随着中原移民的大量流入，与汉文化不断发生融合，最终演化形成了满汉交融的关东文化。

（1）满族土著建筑文化。

满族是建立中国最后一个封建王朝——清朝的民族，是以 17 世纪生活在现辽宁省新宾县地区的女真族——建州女真为主体，在连年不断的战争中，融海西女真和野人女真于一体，并大量吸收蒙古族、汉族而形成的一个多民族融合的民族共同体。

满族这个名称是在 1635 年清太宗皇太极改族名旧称诸申（女真）后才形成的。满族的先世可以上溯到先秦古籍中的肃慎、汉和三国时期的挹娄、南北朝时期的勿吉、隋唐时期的靺鞨、辽宋元明时期的女真。他们主要生活在“白山黑水”的东北长白山一带，依靠山林，以游牧渔猎为生活来源。12 世纪，女真人曾建立金国，占据中原广大地区，与宋朝南北对峙。到明朝末年，满族的前身女真人仍是黑龙江流域的主要居民，黑龙江北岸的精奇里江流域居住的是与满族关系密切的索伦各部（即鄂温克、达斡尔、鄂伦春等族），黑龙江南岸的松花江流域居住的是海西女真和建州女真，努尔哈赤所在的建州部的原居地就在现黑龙江省依兰县。

满族之所以称为民族共同体，是因为在它的形成过程中就已经融合了多民族的成分和文明成就。16 世纪末努尔哈赤起兵之初就仿蒙古文字创立了满族的文字，而且汲取了蒙古的宗教信仰，信奉藏传佛教。至清初，清政府将居住在东北边疆的索伦人、达斡尔人、鄂伦春人、赫哲人、席北人等各部族编入八旗，因为这些少数民族的语言和满族基本相同，都属于阿尔泰语系——通古斯语支，但却没有自己的文字，所以这些部族编入八旗后容易掌握满文，而且凡是“编佐领，隶旗籍者，则以新满洲名之。”[36] 由此将这些少数民族纳入满族的文化体系，成为东北满族的重要组成部分。

明末清初，关外的满族实际上已经完成了由渔猎经济向农业经济的转变，尤其是辽东平原地区，但因战事频繁，满族壮年男子连年征战，因此从事农业生产的大多是被掠夺来的汉族人，但这一时期的汉文化对满族的影响还十分有限。

建州女真后迁入辽宁省新宾地区，这里地处长白山支脉的延伸部分，地貌类型属于构造侵蚀的中低山区，被称为“八山半水一分田，半分道路和庄园”。气候属于中温带大陆性气候，特点是春季雨水渐多，昼夜温差大，夏季炎热多雨，秋季天气晴朗秋霜重，冬季严寒而又漫长，达五个月之久。

满族信仰萨满教。满族人在长期的生活斗争中，逐渐形成以跳神为主要祭神活动的萨满宗教仪式。后在宗教祭祀中，加入了偶像崇拜。这些偶像大多来自有关清太祖努尔哈赤在建立后金政权之前生活战斗的传说故事，如“佛里妈妈”，为纪念她，满族人在室内西山墙立朝祭神位背灯祭祀（偶像在祭祀时被藏匿）；还有根据“乌鸦救主”的故事而在祭祀中用索伦杆盛粮食或猪下水喂鸟，等等。这些宗教信仰强烈地影响到了满族的建筑文化的形成。

据 10 世纪末《大金国志》记载，满族的祖先女真人的房屋“其居多依山谷，联木为栅，或覆以板与桦皮，如墙壁亦以木为之。冬极寒，屋才高数尺，独开东南一扉。扉既掩，复以草绸缪之。穿土为床，煴火其下，而寝食起居其上”。《北盟录》亦载：女真人“依山谷而居，联木为栅，屋高数尺。无瓦，覆以木板，或以桦皮，或以草绸缪之……，环屋为土床，炽火其下，寝食起居其上，谓之炕，以取其暖。”[36] 这些早期的房屋的构筑方法和特点，如房屋以木干联结，房顶用草或树皮覆盖，为保暖，房屋矮小，只在东南角开一门，屋内北、西、南三面设火炕，饮食起居俱在其上，等等，都被后世的满族所继承下来，并逐渐发展成为满族的土著建筑最突出的特色——“口袋房”和“万字炕”。

由于长期居住在东北的山区，其早期民居建在山里，以方便打猎、放牧和钓鱼，满族人逐渐养成了喜爱居高的习惯。16 世纪至 17 世纪初，女真族部落之间战争不断，而居高有利于察看和防御，更使他们产生了依赖高处的心理，因此逐渐形成了“居高建屋”的习俗。即使在后期满族从山区迁入平原地区，这一居住习俗仍被延续下来，演变成以人工夯筑的高台，一般用于等级较高的民居。这样，居高建屋不仅可以适应喜高的习俗，有利于防御，而且夯土高台的高度也成为地位等级的标志，高度越高等级越高。

努尔哈赤在进入沈阳前曾经建造过五座城，其中最早的佛阿拉城中有努尔哈赤的居所和舒尔哈齐的居所（图 3.5），显示出当时满族建筑的特点：木栅栏院，居高建屋，大部分房屋为稍间开门的“口袋房”，屋顶有草顶和瓦顶两种，总体布局较为随意，无轴线。

1625 年努尔哈赤率军进入沈阳，开始将沈阳建设为都城，并修筑宫殿，即后来的沈阳故宫。清入关前主要有努尔哈赤建造的东路大政殿、十王亭和皇太极建造的中路大内宫阙两大部分。这两大部分的突出特点就是在延续原有的满族建筑的基础上显现出多民族的文化融合，尤其是汉文化的融入，譬如总体布局上轴线的应用（尤其是中路），高台上单体建筑的前后出廊（满族传统建筑一般不出廊），屋顶多用硬山顶，等等。满文化中的口袋房、万字炕、居高筑屋等传统完全被保留下来，在细部装饰中还融入了蒙古族统治时的元代艳丽繁复的彩色琉璃装饰、藏传佛教的装饰纹样等，以及草原民族古老的军事会盟时

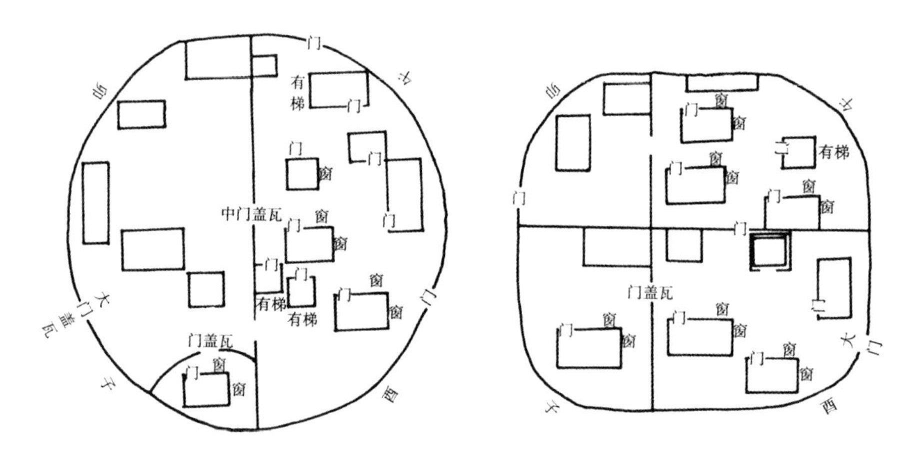

图 3.5　佛阿拉城的居所

的布局方式，这是满、汉、蒙、藏等多民族文化融合的代表，它同时表明满汉文化的进一步融合已经拉开序幕。

所以，在满族入关以前，关东地区的满族建筑文化主要是以满族土著的建筑文化为主，还未被汉文化高度同化，但随着政治军事上不断地向中原地区推进，满文化也逐渐进入了与汉文化大规模交融的时期。但是满族原生的土著传统却在相当程度上依然保持着。

过去，每当提及东北的满族，人们马上会想起“口袋房，万字炕，烟囱坐在地面上”，或是“关东十八怪”中的“窗户纸糊在外，养活孩子吊起来”之类的民谚，而这些民俗都是与满族传统建筑文化紧密相连的，非常形象而通俗地描述出了满族传统建筑的最突出的特色。

在总体布局上，满族传统建筑也采用合院式的布局，城镇中的大型住宅可用三合院、四合院，一般为“一正四厢”的建筑布局，厢房有内院厢房和外院厢房之分，因此整个院落呈长方形，院落中间以院心影壁或二门腰墙将院落划为内院和外院。在乡村多为一正一厢，或只有正房[37]。由于东北地广人稀，建造房屋可以多占土地，因而满族民居的院落用地都十分宽松，整体上也呈离散型布局，内院的宽度就是正房的面宽，厢房不遮挡正房立面，正房和厢房的背立面与院墙之间留有较大空隙，而不是像华北地区的四合院那样，建筑背立面紧贴着院墙。内院和外院的厢房一般不住人，而做磨坊、碾坊、仓库等杂用房，因冬季气候严寒，大量的生产劳动需要在室内完成。院落大门在院墙上居中布置，这是为了方便早期的骑马和生产劳动用的马车的进入。

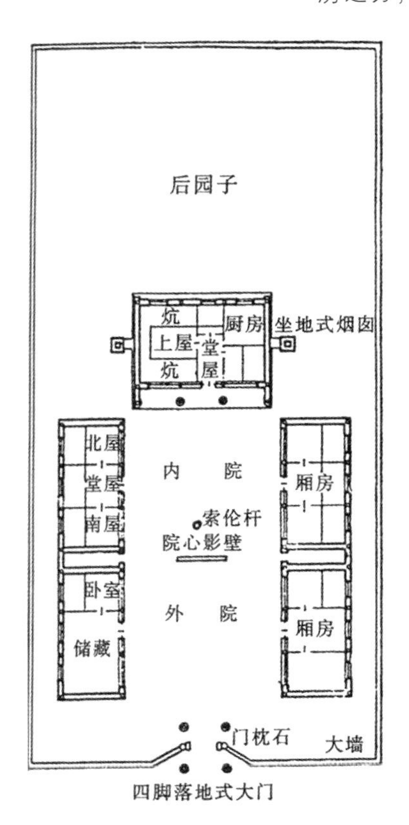

图 3.6　满族民居平面图

土著满族由于原来生活在山林里，因此很多建筑上的习俗都是以就地取材为原则，如院落的大门和院墙，原始的大门形态有木板门和光棍大门两种[37]，都是源于古老的衡门样式。院墙的原始形态为柳编墙。

由于萨满祭祀的要求，满族传统民居在第二进院落的东南角置喂食神鸟的索伦杆（神杆）。“祭杆置丈余细木于院墙南隅，置斗其上形如浅碗，祭之次日献牲于杆前，谓之祭天，春秋择日致祭，谓之跳神。”[37] 入关后，受汉族宗法礼制的影响，满族把索伦杆放在第二进院落的正中，并用屏风遮挡（图 3.6）。

单体建筑平面上，原始的平面为三开间，俗语讲“二间草房四铺炕”。后来“居宦”的人增多，其家大人多，又要门面，受汉族影响才开始建筑五间甚至七间房。气候的严寒使建筑一般前后不出廊（仅沈阳故宫中路台上五宫前后出廊），以避免遮挡阳光。在入口处接出一小平台形成一个室内外的过渡空间，这也与寒冷多雪的气候有关，可使积雪易于融化，便于清理。

满族正房传统平面的最突出特色在于“口袋房”，即不在明间开居中的门，而在偏东侧位置的稍间开正门，形成西侧面积较大的空间。这主要是为适应寒冷的气候，使主要居住活动空间不直接与外界接触而采取的措施，也称之“借间”。

进入正门的入口间为灶间，灶的位置主要是为了烧南北炕兼做饭，所谓“烧炕做饭一把火”。在灶间北向往往做成“倒闸”，即用格扇门分割灶间和使用房间，可用于居住、储藏等多种用途，也称“暖阁”。倒闸进一步隔绝了北部后檐墙的冷空气，它同灶间的暖流一起加热从正门进入的冷空气，可以减少因开、关门使空气对流而散失热量。入口间和两侧的居住间之间用隔墙而非隔扇来分隔，可以进一步减少热量散失，也是出于防寒保暖的需要。

灶间西侧为主要居住空间，北、西、南三面皆为炕，形成满族民居中独具特色的“万（蔓）字炕”（有人考证来源于“弯子炕”）。西炕是祭祀之所，设有祭祀神位，不可就寝，也不允许任何人坐在西炕上，从而形成了“以西为贵”的习俗，西屋因此被称为“上屋”。真正的寝具是北、南两边的炕。东北漫长而寒冷的冬季，促使人们居住在同一个屋里（正房）以躲避寒冷，厢房原来不住人而只是杂用房。但同居一室必要的空间划分也是不可少的，南北炕之间用幔杆挂帘来分隔，在炕沿位置的上空，设与炕沿平行的幔杆，悬挂在梁下。晚上睡觉时幔杆上挂帘，以区分长幼、男女的就寝空间。幔杆还有一个用途就是挂摇车，所谓“养活孩子吊起来”，也是满族的一大特色。也有尊卑之分，《龙城旧闻》中记载，“家人妇子同处一室，老者之席，距火洞近，次西幼，以火炕热度增减之差，为敬爱之别。”[38] 至于同一炕面上的分隔，则在炕上用篦子或格扇门，白天为扩大炕上空间，把篦子吊在梁下，或打开格扇门，晚上放下篦子或关闭隔扇，即可基本解决一个家族同居一室的尴尬局面。

早期满族民居的正门做成单扇向外开启的“拍子门”，窗户一般采用比较简陋的直棂窗，很少有装饰性的图案。“窗户纸糊在外”是一大特色，《龙城旧闻》载：“窗户冬日皆外糊厚纸，涂苏油，或豆油，以御风雪。”[38] 这也是适应严寒气候的一种手段，可防止窗户纸在室内被潮气浸湿。

满族民居的屋顶形式是两坡硬山顶，带脊。屋顶坡度很陡，坡面曲线很小而近乎平直。一般采用青色的板瓦，做成“仰瓦屋面”，在两山处做三陇合瓦压边，檐口有滴水。更原始的做法是苫草，也是双坡，脊部用木杆压草，如“屋脊置木架压草，以防风揚，谓之马鞍，亦有以砖代者，不多见”[39]，既经济，防寒保暖的效果又好。

从建筑结构方式看，与汉文化建筑的结构方式相同，为抬梁式，但自身特点是采用双檩，即檩下再用一直径稍小的圆木，叫“杦”，取代官式做法中的垫板和枋，有利于用小材代替大材。常见的有五檩三杦、五檩五杦等（图3.7，图3.8）。梁的称呼为大柁（多为五架梁）、二柁（多为三架梁）、接柁（抱头梁）等。

满族的烟囱形式也成为立面的一个重要组成部分，一般在山墙的一侧或南北做落地式的独立烟囱，称为坐地烟囱或跨海烟囱。其个数与位置不限，以室内烧炕走烟的需要来定。烟囱在早期是用空心的树干来做的，后来常采用土坯和青砖砌筑，形状有圆形和方形两种，下大上小，形如塔状，下部在地面上砌通道与室内相连，烟囱底往往要低于墙上的出烟口，使冷空气先在很大的烟囱底停留变暖，再与炕内的出烟口进行接触，这样也有利于保持室内温度。

可见，满族土著建筑文化的鲜明特色绝大部分来源于满族所处的自然环境和宗教信仰，受这两个因素影响的主要方面如建筑的布局、设施等，而涉及建筑的装饰装修如彩画、雕刻等内容则被减至极少，更无法与文化核心区高度规范化的做法相比。这说明由于文明的起步相对滞后，满族土著建筑文化中大量的内容还保持在实用性的层面。其中出于对抗恶劣的自然环境的目的而形成的诸如“口袋房，万字炕，烟囱坐在地面上”“窗户纸糊在外”等特色由于具有出色的环境适应性，因而具有极强的生命力，即使在后来满族被高度汉化以后仍然被保持下来，成为关东文化综合特色中的重要组成部分。

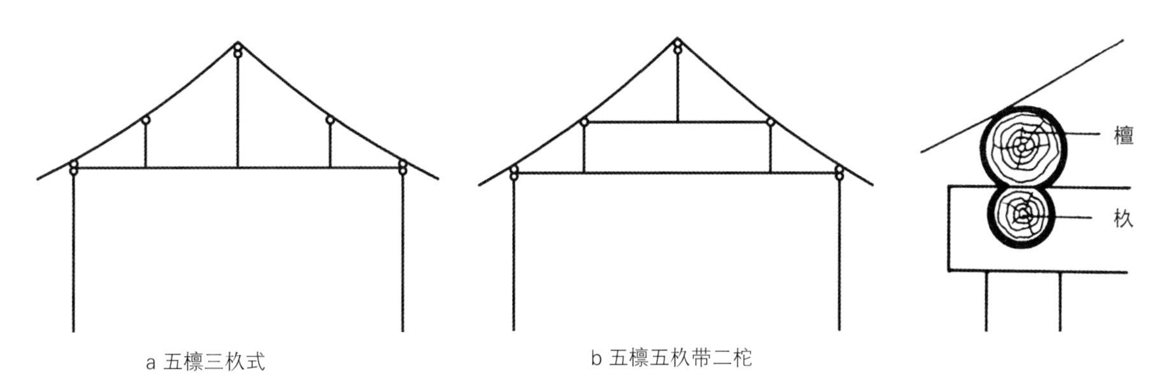

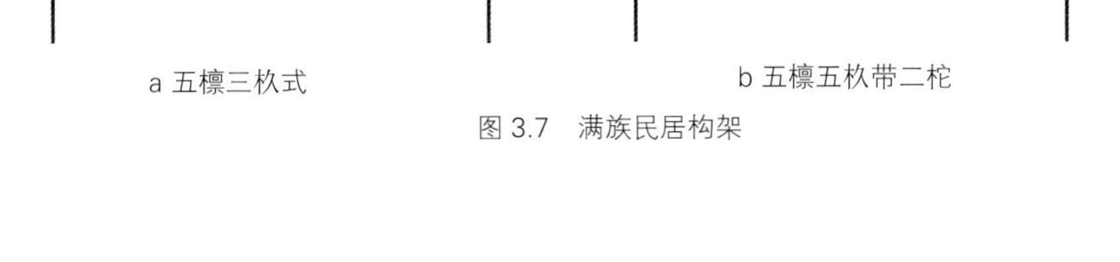

a 五檩三杦式

b 五檩五杦带二柁

图 3.7　满族民居构架

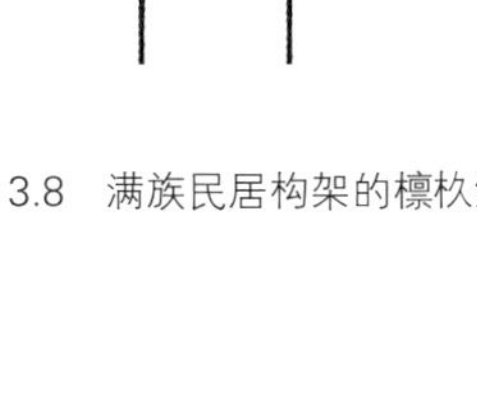

图 3.8　满族民居构架的檩杦组合

（2）满汉融和的东北大院。

满族入关后，在关内出于政治上统治的需要，开始了大规模学习借鉴汉文化的过程，至清初已达到高度汉化的水平。而在关外满族的原居地关东地区，满文化与汉文化的交融也从未间断。

清初顺治朝的京旗移垦、辽东招民等政府行为，客观上促使了汉文化向关东地区迁移，京旗移垦的满族已经达到某种程度的汉化水平，回到关东地区后又进一步将汉族文化带到满族的龙兴之地；此外，清廷放逐的汉族流人很多被流放到关东，仅康熙年间的流人数量，黑龙江地区即达数千人以上，吉林地区可能在万人以上[31]，这些流人中很多随即世代定居于此；加之闯关东的中原地区的流民在整个清朝统治时期内始终禁而不绝，使汉文化的影响力进一步加强。咸丰十年（1860年），清廷宣布关东向流民开放，流民入关，不再视为非法[6]。从此越来越多的汉族人（主要来自北方文化核心区的中原地区，尤以河北山东为最多）来到关东地区，汉族人口在数量上也由原来的少数上升为多数，如光绪四年（1878年），吉林将军铭安在给朝廷的奏折中提到“数十年来，吉林民人之多，不啻数倍旗人”[31]；《黑龙江述略》载：“至咸丰同治之际，直隶、山东游民，出关谋食，如水走壑。”[31] 满族的优点就是善于学习和吸收任何强于她的民族的优点和长处，即使是生活在原集聚地——东北地区的满族，在文化上一直不断地向较自身更为发达的汉文化学习，因而满文化一直处于与汉文化不断交融、自身持续演化的进程之中。满汉交融在建筑上的直接表现就是东北大院。

东北大院是东北汉族的一种居住院落，是中原文化区的建筑文化与东北满族土著建筑文化相融合的产物，从文化流动和扩散的角度看，也可视为初始文化中心的核心文化在向东北地区扩散的过程中与当地原生的土著文化——满文化发生相互渗透交融，继而形成的一种继起文化，也是一种新型的地域建筑文化，被后来的汉族和满族所共同采纳。

东北大院的院落总体布局与满族民居基本相同，一般朝南或南偏东（西），有内外两进院落，每进院落的正门都位于院墙的正中。院内的建筑也采用“一正四厢”的模式，厢房一般不住人，只用作下房，以适应东北地区漫长寒冷的冬季在室内进行大量的生产性劳动的需要。正房和厢房的背立面有的像满族民居那样与院墙间留有较大空隙，有的则像北京四合院那样紧贴院墙或与院墙连为一体。但是正房不设耳房，这一点是受满族民居影响。

在单体建筑格局上，由于宗教信仰与满族不同，汉族的正房内不设万字炕，因此也没有“借间”一说，房间主入口居中而设，入口间为堂屋，有的像满族一样设倒闸，有的则不设。不设倒闸的满族乡村住宅也有，均为受汉族影响。堂屋两边是居室，火炕一般设在居室北部。

房屋一般都有前檐廊，可以看出中原建筑文化的痕迹，这使得结构构架多为六檩构架。但构架做法吸取了满族的“檩杦”形式，使之成为一种地方通用的做法。屋面与满族民居采用相同的做法，仰铺小青瓦，朴素而舒展大方。

房屋烟囱也不是满族的跨海烟囱，有两种形式，一种是沿山墙层层出挑，一种是直接从屋面穿出[34]。

在细部装饰装修上，则是依照中原地区汉文化的形式和题材。如小木作的隔扇门、支摘窗的形式，使得满族民居也受到同化，清中期以后的满族民居就依照汉族民居的样式，把入口两檐柱间做成满格扇门，上带横披；窗的形式也改为支摘窗而非原来的直棂窗，支摘窗的图案也是汉族的传统纹样，一般支窗用盘长，摘窗用步步锦。此外，在山墙墀头、山尖处的山坠以及山墙中部的腰花等处的装饰手法和装饰题材上，大量采用中原汉文化的吉祥、富贵、喜庆的图案为主题，大大丰富了原有满族民居的立面形态。

不难看出，在东北大院这一新型地方建筑文化的形成演进过程中，汉文化的影响力已大大加强，处于与原有的满族土著建筑文化势均力敌的一种近似均衡的状态，是将满文化适应地域气候条件的实用性、物质性方面与汉文化博大精深的精神性方面结合起来，进而创造出来的富于地域特点的建筑文化。

3.1.4 传统建筑文化的扩散模式

道外近代建筑中的中国传统建筑文化因子在初始文化中心和继起文化中心的不同特点，已初步显示出传统建筑文化因子在地理空间上的移动过程，这一过程在近代依然持续着。中国传统建筑文化在近代向道外的扩散主要有两种方式，一种是迁移扩散，通过文化初始负载者的人口迁移来实现，在道外就是以近代大量的关内移民为扩散的载体；另一种是扩展扩散中的等级扩散，指的是传统文化按照从中心到边缘、从高级到低级的等级顺序扩散，即文化核心区的中原文化经由文化边缘区的继起文化中心——关东文化的文化整合再扩散到道外的空间过程。从对道外近代建筑的影响程度上看，这两种扩散方式在强度上有所不同，通过移民而实现的迁移扩散方式要强于等级扩散的方式。

（1）从核心到边缘——迁移扩散 + 等级扩散。

中国传统建筑文化从北方文化核心区向边缘区的关东地区的文化扩散呈现两种途经，一是依靠人口迁移形成的迁移扩散，二是通过地域空间的等级差异形成的等级扩散。

①迁移扩散。

毋庸置疑，作为文化载体的人在地理空间上的移动过程实际上就是文化的空间流动过程，相对于文化核心区的中原文化来说，处于文化边缘区的关东文化的形成在很大程度上是通过人群的大规模迁移即移民而实现的。从这个角度看来，完全符合文化地理学理论中关于文化扩散的方式之一——迁移扩散（又称易地扩散、蛙跳式扩散）（图 3.9）。

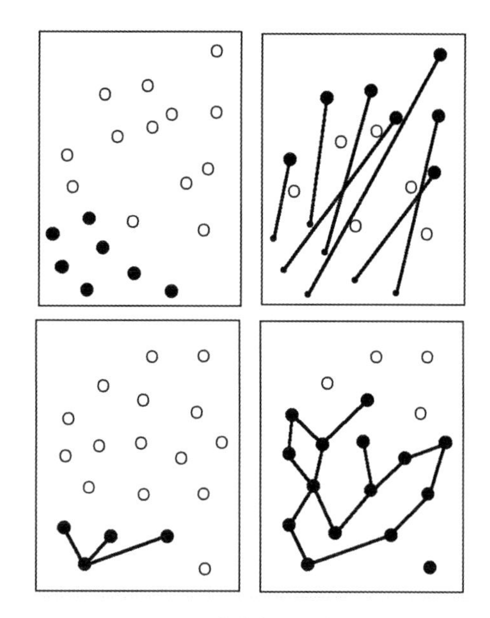

图 3.9　文化扩散示意图

迁移扩散的形成在近代突出表现为“闯关东”的移民大潮。清初实行京旗移垦、招徕流民的政策，鼓励中原向关东移民，山海关自不必闯；但到康熙年间改为关闭山海关的“柳条边”政策，造成中原流民冒死闯关去关东谋生，屡禁而不绝，在近 200 年的时间里竟而逐渐形成了中原地区“闯关东”的传统。到乾隆四十一年（1776 年）在关东谋生的华北流民（包括已改变流民身份定居关东者）总计达 180 万人[6]。近代以后，政治、社会危机并发，中原“兵燹”迭起，农民大量逃亡，蜂拥“闯关”，给清廷造成很大压力，“东三省之开放设治，遂如怒箭在弦，有不得不发之势矣。”[6] 所以咸丰十年（1860 年），清廷宣布关东向流民开放，流民入关，不再视为非法。关闭了近 200 年的山海关大门终于完全打开，而“闯关东”的流民在无须闯关的情况下也达到了空前的规模。

关东开放以后，山东、直隶流民“闻风踵至”“终年联属于道”。至 1911 年东北人口共 1 841 万人，其中约 1 000 万人是由山东、河北、河南等地自发涌入的流民，“而其中以山东为最，约占百分之七十至八十。由此推断，清代山东移往东北的流民约在七百至八百万人之间”[6]。

近代闯关东大潮的形成有几方面的原因，一是经济因素，中原地区人多地少，土地压力过大，谋生困难；二是天灾人祸，包括水灾、旱灾、蝗灾、匪患、战乱等，据统计，从道光三年(1823 年)到宣统三年(1911 年) 80 多年间，各种自然灾害波及直、鲁、豫三省区七千四百多县次，直、鲁两省区六十七万多个村庄次[7]；三是清廷的优惠政策，近代开关以后，清政府颁发了一系列的招垦章程、开发计划等优惠政策，鼓励关内贫民出关开发，使原来违禁的流民行为逐渐转变为受到鼓励的移民行为。

据清末的统计，关内北方各省农民平均离村人口估计在 9.1% ~10% 之间。进入东北的流民以山东为最多，其次是直隶，以天津、保安、滦州、乐亭等府县较多。再次是河南和山西两省[7]。《鸡林旧闻录》记载：“吉林省之土著，除八旗外，大抵山东人居多。百年以来，清廷政令解弛，佣工或挖参者先后纷集，日增月盛。凡劳力之人，几于无地非山东人也。其来时，肩负行囊，手持一棒，用以过岭作杖，且资捍卫，故称之为‘山东棒子’。最奇者，‘鱼皮挞子’以不通语言、不谙交易，每一‘鱼皮挞子’之家，必用一‘山东棒子’，谓之‘管家人’。一切家产皆令掌之，并占其室，不以为怪。”[40]

闯关东的大潮从文化扩散的角度来看，造成的就是中原地区传统文化大规模的迁移扩散，从闭关时代中原文化对满族固有文化的点滴渗透，到完全开放时代中原文化在关东地区的落地生根，土著的满文化与客文化的中原文化之间的关系也发生了根本性的变化。“当流民数量大大超过土著居民……这时客文化就可能喧宾夺主，并对土著文化产生影响，但即便在这种情况下，由于环境的改变，文化也在发生变迁，即已与流出地文化有了区别。”[6] 因此，当来自中原地区的客民在数量上逐渐占据了绝对优势，就势必造成中原文化喧宾夺主、对土著的满文化进行同化的局面。满文化在中原文化的包围之下，只能不断进行调整，“渐效华风”。其最终结果就是完成文化的整合，形成新的满汉融和的关东文化。“到了今日，旅行满洲者，从辽河口岸直达黑龙江，至多只能看见从前游牧人民的一点行将消灭的残遗物迹而已，他们昔日跨峙塞北的雄威，已经荡然无存了。现在的满人几与汉人完全同化；他们的语言，也渐归消灭，转用汉语了。”[6] “满汉旧俗不同，久经同化，多已相类，现有习俗，或源于满，或移植于汉。”[6]

中原传统建筑文化经过迁移扩散后在关东地区形成的就是满汉交融的东北地方建筑文化，其特点一如前文所述。

②等级扩散。

等级在这里主要指空间的等级，不同的地域空间存在着不同的行政级别。等级扩散可以由人的流动来形成，譬如人从较高等级的城镇向较低等级的城镇的流动，也可以通过行政手段使文化从较高等级的中心城镇向较低等级的边缘城镇传播扩散。在北方核心区的建筑文化向关东地区扩散的过程中，等级扩散突出表现在中原地区官式建筑文化的制度化、规范化、定型化的做法对关东建筑文化的影响上。如沈阳故宫，努尔哈赤和皇太极始建时，主要建筑了东路的大政殿、十王亭和中路的崇政殿、凤凰楼、清宁宫等，这些建筑物还保留着很多满文化的特色，如满族民居中的口袋房、万字炕、青瓦屋面等，伦理等级秩序也不很严格。清入关以后在北京沿用的北京故宫则基本以汉文化为主基调，而且形成了一系列高度规范化、制度化的严格的等级秩序和做法，成为官式建筑的典范。雍正十二年（1734 年）又颁布了官方的建筑管理规则《清工部工程做法》，使官式建筑做法进一步制度化。因此在乾隆时期，把沈阳故宫作为陪都宫殿进行大规模改扩建时，文化核心区的这些规范化、制度化的官式做法随即被应用到了正在改扩建中的中路和西路工程中，主要表现在：中路按照北京故宫的范式，配置了东所和西所，按“左祖右社”的要求在大清门左侧设太庙，在西路设的嘉荫堂大戏台和文溯阁，也悉如北京之制，使沈阳故宫整体更加完善化、系统化。在建筑样式、细部装饰等方面，改扩建的项目都严格按照《清工部工程做法》的规定执行。由此可见，在沈阳故宫的改扩建中，文化核心区的官式建筑文化通过行政手段扩散到文化边缘区的沈阳，实现了建筑文化从核心到边缘的等级扩散。

（2）从核心到道外——迁移扩散。

有学者考证，哈尔滨是由一个渔村发展而来的，这个哈尔滨渔村大约形成于 18 世纪中叶，位置就在道外原裤裆街附近，在 1898 年中东铁路开工后逐渐繁荣起来，改称“傅家店”，即道外的前身[3]。可见，道外在形成之初只是一个传统的自然经济的小渔村，在政治、经济、文化上远没有与之相近的呼兰、阿勒楚喀、双城等城镇发达。阿勒楚喀于雍正四年（1726 年）即设协领，乾隆九年（1744 年）设副都统；双城于嘉庆十九年（1814 年）设协领衙门，光绪八年（1882 年）改设协领，隶属于阿勒楚喀副都统；呼兰在雍正十二年（1734 年）建城，光绪五年（1879 年）改设副都统[31]。这些城镇都属吉林将军治下，虽是东北边疆军府制管理模式下的军事与民政一统的行政机构，但在权力第一的封建社会，行政机构的设置就意味着人口的集中、经济的发达，在文化上自然也处于较高的等级。因此，北方文化核心区的传统文化扩散到关东地区后整合而成的满汉交融的地方文化有理由首先占据等级较高的城镇，然后按等级逐渐扩散到附近的乡村。尤其在近代早期，陆路、水路交通不很发达，气候严寒，移民迁移的数量和规模都还有限，因此通过行政管理秩序而实现的文化上从高到低的等级扩散是最有可能的。在道外近代遗存的建筑实例中，有木构架仍采用“檩杦”组合的东北民间做法（图 2.89），至少证明这种带有满族特色的东北地方做法应是从较高等级的城镇以等级扩散的方式传布到道外这一当时的小渔村，进而保存下来的。

但是，从总体上来看，道外从 1890 年左右初具雏形到近代迅速发展的整个过程中，以大量的中原地区移民为载体而形成的文化的迁移扩散占有绝对主要的地位，道外的前身傅家店的称谓就是以来自关内中原地区的傅姓兄弟（有来自山东的“傅宝善说”和来自山西的“傅振基说”等几种传说）而命名的，道外本身就是一个完全的移民社区，而且道外形成以来来自中原地区的移民潮始终就没有间断过。

“斯土无多年之土著。熙来攘往者几尽属它乡之人，以种种原因，不惮跋涉之苦，关山万里，辗转前来，咸目斯土为乐天福地。且中原烽火，无时或已，农不得事其田，商不得乐其业。惟本埠尚属安谧，纵位于塞北，然轮轨飞驰，千里之程，朝发夕至。于是来者不绝，日益增多，就中鲁籍尤多，直籍次之，其业务不外工商二途。”[41]道外的移民潮与近代中外的几次历史性事件有着密切的关系，概括起来就是：修筑铁路、通商开埠、两次战争、华北灾荒。

①修筑铁路。

傅家店约1890年左右形成雏形，1898年中东铁路开工时，傅家店已有二三百户人家，约2 000人。中东铁路东、西、南三条线路均以哈尔滨为起点，大批工人进入哈尔滨；中东铁路各项附属工程与中东铁路同时开工，也招收大批工人；哈尔滨城市建设，每年雇用华工1.5万多人。由于哈尔滨和中东铁路急需大量劳工，仅从东北三省招工已满足不了需要，中东铁路工程局多次派人到关内各省招工，人数多达10万余人。中东铁路1898年开工之初中国筑路工人不到1万人，年末即增至2.5万人，1900年初中国筑路工人达6.5万人，最多时达17万人①。1903年7月，中东铁路全线通车，哈尔滨正处于大规模兴建时期，筑路的中国工人一部分返回原籍，一部分进入哈尔滨，致使这一时期哈尔滨人口数量大增。同年途经哈尔滨的钱单士厘女士写道：“傅家店者，昔年不过数椽之野屋，近民居约万户，华人谋生于铁路者夜居于此”[42]。

②通商开埠。

黑龙江地区的商业手工业的出现也来自于中原移民。光绪年间徐宗亮所著《黑龙江述略》中记载：“汉民至江省贸易，以山西为最早，市肆有逾百年者，本巨而利亦厚。”《黑龙江外记》中亦载：“（齐齐哈尔城中）商贩多晋人，铺户多杂货，客居应用无不备。”[39]

哈尔滨于1907年被辟为商埠，大量的中外人口涌入，吉林、黑龙江、山东、河北以至广东等地华商，纷纷来到哈尔滨从事工商业活动，“举凡来者皆以斯地为利窟，白手而来，满载而归”[41]。到1905年底，傅家店的土著工业总数已达数百家之多。1908年傅家甸民族资本工业户255家，1911年民族商号400家，1913年达700多家。1909年道里民族商号300多家，1913年达750多家，1914~1918年第一次世界大战，中国民族工商业获得大发展，1917~1918年各种工业企业600多家。同期民族商业进入大发展时期，1918年道外大小商号1 250家。全哈尔滨大小工商铺4 000余家。1919年大小商号4 000余家，1921年秋滨江商号4 000余家，1922年达7 000~8 000家。1923年哈尔滨大型民族商号500余家。1924~1925年道里和道外华商商号5 500家，1928年7 600家，1931年6 500家。如此众多的民族工商企业提供了大量的就业机会，

---

① 哈尔滨市人民政府地方志办公室．哈尔滨市志·人口．
http://218.10.232.41:8080/was40/detail?record=7&channelid=35519&presearchword=

也需要从外地引进大量的经营管理人员①。

③两次战争。

一次是1904~1905年的日俄战争，俄军将哈尔滨作为后方的军需基地，客观上带动了傅家店地区民族工商业的起步；另一次是1914~1918年的第一次世界大战，日俄两国忙于参战，使道外的民族工商业获得了迅速发展的大好机遇。这两次战争不仅在客观上刺激了工商业的发展，而且与之相伴的还有大量的谋生就业的机会，从而带动了关内人口的大量流入。有资料记载，日俄战争中，哈尔滨的工商业急剧增长，人口骤增至25万，其中傅家店15万人，这是包括流动人口在内的一种粗略估计。1907年傅家店有了第一个人口统计数据：常住人口2 333户、11 780人，1910年增长到15 985人。当时傅家店的流动人口要超过常住人口几倍。到1911年，“傅家甸商民刻经自治会详细调查，除政学两界人等，计四千余户，两万九千余人云”（《远东报》，1911年11月25日）。

④华北灾荒。

1918年开始，道外人口又进入新的增长时期。一方面，民族工商业的发展促使人口不断增长；另一方面，20世纪20年代初，山东、河北、河南等华北各省连年灾荒兵燹，大批难民背井离乡流向东北，哈尔滨成为难民的重要的避难所。当时的《远东报》曾持续地报道了关内各省灾民来哈尔滨避难求生和哈尔滨人口急速增长的消息，诸如：

“侨居之苦工以鲁省为最多”（1918年1月27日）；

“昨日本埠有直隶来哈之难民，老幼约有十余名。据云均系步行乞讨而来，今行约三月余始至此，同行三、四十人，流落于途者有之，及冻饿而死于途者有之，今只余十数人至哈，亦均跛病不堪云”（1918年2月7日）；

“直鲁两省难民，近中来本埠者甚多，闻直鲁两省旅居本埠人士以桑梓谊，切不应坐视，拟联合各资本家互相会议，妥筹安置办法云”（1920年9月24日）；

“直鲁豫难民来哈者日见其多，近由警察带领分住于太古街各店房内，昨午移出数百名男女，警兵带向东去，未悉将迁于何处居住云”（1920年10月9日）；

“直鲁豫等省难民近日来哈者日见其多，扶老携幼，褴褛不堪，有投亲友者一时尚可维持，惟人地两生者终日沿门乞讨或在街市令其小孩跟人哀求，转瞬天寒冰馁堪虞，望有地方责者速为设法也可”（1920年10月16日）；

“昨晚由车站下来难民四百余名，男妇老幼携妻负子，惨哭之状目不忍睹。闻此难民皆系济东武林一带，行程月余始抵于此。已由警察分送住于道外太古街

① 哈尔滨市人民政府地方志办公室.哈尔滨市志·人口.
http://218.10.232.41:8080/was40/detail?record=7&channelid=35519&presearchword=

各大店云”(1920 年 10 月 31 日)。

此外，中东铁路通车后交通大为迅捷便利，致使迁移的规模和速度都大大提高。1911 年傅家甸常住人口增至 53 113 人，1931 年该区人口为 141 534 人[①]（表 3.1）。

这样大规模的人口迁移，使道外彻底变成一个五方杂处的移民社会。移民身上所负载的中原传统文化随着这样的迁移扩散被大规模移植到道外，在建筑上最突出的表现就是合院式的居住传统的继承，即使在后期大量仿洋、建筑楼房的过程中，这一传统依然保持下来，并形成道外近代最具特色的一面。此外，道外早期的中国传统建筑样式，既有滨江道署那样的东北地方做法（仰瓦屋面、檩枚组合的屋架等），也有中原地区的合瓦屋面（如龙王庙）、大量的民俗装饰主题等，显示出既统一又多样的北方风貌。从文化扩散的角度看，道外的中国传统建筑文化因子绝大部分都来自于中原文化的迁移扩散，但是迁移扩散的结果并非是文化上的全盘复制，因为在近代道外，几乎在同一时期内汇集了多种外来文化丛，包括中原文化、关东文化、西方文化等等，它们相互之间不可避免地会发生冲突和碰撞，而冲突和碰撞的结果就是文化上的整合，最终整合出道外特有的近代建筑文化。

表 3.1　1911~1931 年哈尔滨人口区域构成[①]

年度	总人口 / 人	中东铁路附属地人口（包括哈尔滨特别市，哈尔滨市）		傅家甸（包括滨江县，滨江市）	
		人数 / 人	占总人口比例 /%	人数 / 人	占总人口比例 /%
1911	99 371	46 258	46.55	53 113	53.45
1912	132 302	68 549	51.81	63 753	48.19
1923	319 355	131 081	41.05	188 274	58.95
1925	312 570	112 363	35.95	200 207	64.05
1926	282 870	120 863	42.73	162 007	57.27
1927	328 375	139 621	42.52	188 754	57.48
1928	282 926	152 765	53.99	130 161	46.01
1929	370 627	172 545	46.55	198 082	53.45
1930	305 757	176 748	57.81	129 009	42.19
1931	331 019	189 485	57.24	141 534	42.76

① 哈尔滨市人民政府地方志办公室 . 哈尔滨市志 · 人口 .
http://218.10.232.41:8080/was40/detail?record=13&channelid=35519&presearchword=

3.2 西方建筑文化因子

西方建筑文化相对于中国传统建筑文化来说，属于完全不同的两个大文化圈，近代如果没有西方殖民者强行打开中国大门，西方文化很难在短时间内完成跨文化圈的扩散。这种在战争状态下，或是不平等条约制约下形成的跨文化圈扩散实际上属于一种非正常的文化传播。其“源”是非本文化圈的，完全通过迁移扩散来实现跨文化圈传播。而进入中国传统文化圈之后，其扩散或流变的模式就变为扩展扩散中的传染扩散了。对于道外而言，西方建筑文化因子之“源”就在与之毗邻的铁路附属地，即道里和南岗的西式建筑（其本身就是对欧洲建筑的移植或复制）。

3.2.1 多源的风格构成

哈尔滨自通商开埠以后，向西方各国敞开了大门，先后有 20 多个国家在此设立领事馆，外国商人和侨民的数量超过总人口的 1/2 以上，这些外国人几乎全部居住在铁路附属地内。铁路附属地的南岗、道里两区，除集中布置了中东铁路的行政管理机构以外，更由于俄国人一直企图在附属地内实行自治，于是很早就对这两区进行过严密的城市规划，建设了很多办公、商场、银行、俱乐部等市政设施，因此建筑类型相当齐全，而且风格各异、异彩纷呈。从这些西式建筑的建筑风格上看，主要类型有三大类：纯正的俄罗斯传统风格，包括俄罗斯木构建筑、东正教的拜占庭教堂等；使用西式古典建筑语言的古典风格，包括古典复兴、浪漫主义、巴洛克、哥特、犹太风格等；完全抛弃西式古典建筑语言、转而使用欧洲近代新建筑运动时期的建筑语汇，包括新艺术、装饰艺术、现代主义等风格。

（1）纯正的俄罗斯传统风格。

俄罗斯传统建筑风格在哈尔滨近代建筑中是最纯正的，保持了原汁原味的俄罗斯风貌，这类特点的建筑一般在铁路附属地内早期建造较多，包括俄罗斯传统的民间木构建筑，以及砖木结构建筑，如中东铁路职员住宅、拜占庭式的东正教堂等等。正是这种浓郁地道的俄罗斯风格才使哈尔滨拥有了“东方莫斯科”的美誉。

俄式民间木构建筑的典型代表是位于南岗中心地段的圣·尼古拉教堂，井干式的木结构墙体，俗称“木刻楞”，高低错落的洋葱顶和帐篷顶，丰富多变的体型，檐口、入口等处精致的木雕花饰，构成了圣·尼古拉教堂浓郁的俄罗斯民间木构建筑的格调，是俄罗斯木构建筑的杰出代表。建于 20 世纪 30 年代的位于松花江边的江畔餐厅、江畔公园饭店是另一种样式的俄式木构建筑，以木质檐口、山花、栏杆上精美的木雕花饰为主要特色。

砖木结构的建筑中，拜占庭风格的东正教堂最有代表性。位于南岗东大直街的圣母守护教堂、位于道里透笼街的圣·索菲亚教堂、位于南岗士课街的圣·阿列克谢耶夫教堂等都是杰出的实例。这些东正教堂有的采用拜占庭式的半圆穹顶，有的采用俄罗斯式的洋葱头式穹顶或帐篷顶，墙体为清水砖表面，但以各种复杂精致的半圆券、尖券、花式券展现出高超的俄罗斯花式砌筑技巧（图 3.10）。

另一类俄式砖木结构建筑是位于南岗的成片建造的中东铁路职员住宅，多为一层，屋顶坡度平缓，清水砖的墙面仅以砖的曲尺形砌筑线脚为装饰，入口门廊多做成带有简洁的木雕花饰的形式，南向的房间外还经常设有阳光房。整体形态朴素、简洁、亲切，清水砖墙面多涂刷成乳黄色和白色相间的暖色调，构成哈尔滨城市建筑色彩的基调。

（2）异彩纷呈的古典风格。

这里将所有运用西式古典建筑语汇的附属地内的建筑都归为古典风格一类，这类风格在哈尔滨的复制与差不多同一时期在西方盛行的复古思潮有一定的关系，其共同的特点就是采用西式古典的建筑语汇，如柱式、山花、涡卷、尖券等等。

古典复兴风格。又称新古典主义，以古希腊和古罗马的柱式或山花为立面的主

a 圣·索菲亚教堂

b 圣·阿列克谢耶夫教堂

图 3.10　东正教堂

要构图要素，形态威严，构图严谨。这种样式多用于银行等建筑类型。位于道里田地街的原满洲中央银行哈尔滨支行，立面由古希腊多立克柱式构成；位于道里地段街的原横滨正金银行，立面构图是六棵古希腊爱奥尼柱式；位于南岗一曼街的原东省特区图书馆（图 3.11），立面构图是六棵罗马科林斯柱式和巨大的三角形山花。

浪漫主义风格。这种风格在欧洲的主要表现分为前期仿中世纪寨堡样式和后期的哥特复兴风格，在哈尔滨铁路附属地内的主要表现是前者，即仿中世纪寨堡样式。位于南岗中山路的原中东铁路督办马忠骏公馆，以及位于南岗颐园街的原中东铁路中央电话局等都是浪漫主义风格的典型代表，都以凸出的圆形碉楼、圆锥顶和尖券形窗为主要特征。

折中主义风格。这种风格在 20 世纪初的欧美国家非常盛行，以任意模仿历史上的各种风格为特征，同时注重比例和构图的协调。位于南岗西大直街的原中东铁路俱乐部（图 3.12）就是其中的典型。折中主义风格在哈尔滨的商业娱乐类建筑中非常普遍，数量也非常之多，往往兼容了多种风格要素，将各种古典语汇进行杂糅。

文艺复兴风格。欧洲的文艺复兴风格讲求均衡、稳定、适中，在哈尔滨铁路附属地的建筑中也有许多同样的风格特点。在立面上以稳定的横向划分为主，一般分为基座、墙面和屋顶三个段落，基座以粗重的毛石或抹灰仿石块砌筑，墙面多用贯通两层的巨柱，屋顶或是较深的大檐口，或是女儿墙，外加文艺复兴建筑常见的圆穹顶或方形穹隆。南岗红军街上的原华俄道胜银行、果戈理大街上的原日本驻哈领事官邸等都是此类实例。

图 3.11　原东省特区图书馆

图 3.12　原中东铁路俱乐部

巴洛克风格。巴洛克是17世纪罗马天主教会倡导下所产生的一种以展现非理性的创作思想为特征的建筑风格，它意欲打破文艺复兴式的均衡的理念，强调建筑的动态、雄浑的力量感和体积感以及强烈的光影变化，追求新奇，不断创造反常出奇的新形式，并且非常热衷于装饰。其最具代表性的建筑语汇有大涡卷、断山花或套叠山花、体态扭曲的人像雕塑等等。巴洛克风格在近代哈尔滨多以折中手段之一的面目出现。位于道里中央大街的原松浦洋行（图3.13）是巴洛克风格的典型代表。深深的檐口线、贯穿两层的科林斯巨柱、断折而卷曲的山花、窗口上部的雕饰等等都一一展现着典型的巴洛克语言，尤其是转角入口上部一男一女两个巨大而扭曲的人像柱，展示出巴洛克建筑充满挣扎、冲突的独特个性。

除上述以外，使用西式古典建筑语言的建筑风格还包括哥特建筑风格、犹太建筑风格等。哥特建筑风格是西欧基督教堂的经典样式，在南岗东大直街上的原尼埃拉依教堂是哥特风格的重要实例。哈尔滨犹太风格的建筑多以造型丰富的双圆心尖券、马蹄形券、六角星形窗棂等为主要特点，典型实例如道里通江街的原斯契德鲁斯基犹太教会学校、道里经纬街的原犹太教新教堂等。

（3）新颖的新建筑风格。

此处的“新建筑”指的是20世纪初针对欧美建筑界甚嚣尘上的复古思潮，一些勇于探索的建筑师冲破古典的束缚、大胆创造适应时代的新的建筑形式而产生的一系列建筑探新思潮。当时影响较大的先后有新艺术、装饰艺术和现代主义，其共同特点是完全抛弃了西方的古典建筑语言，创造出全新的个性化建筑语汇，它们在哈尔滨近代建筑史上也留下了有力的印痕。

图3.13　原松浦洋行

新艺术风格。源于比利时布鲁塞尔的新艺术建筑被称为欧洲真正改变建筑形式的信号，在19世纪末至20世纪初的欧洲风靡一时，经西欧传入俄罗斯，又随着中东铁路的修筑而移植到哈尔滨。在哈尔滨铁路附属地内的很多与中东铁路系统有关的大型公共建筑都采用了这种创新的建筑形式，如原中东铁路管理局、哈尔滨火车站、中东铁路高级职员住宅（图3.14）、哈尔滨市中俄工业学校等。虽然远离新艺术的发源地，但是这种风格在哈尔滨却几乎与欧洲同时并行，并且相对欧洲持续了更长的时间，其在哈尔滨产生的影响非常深远。

新艺术建筑以革新建筑装饰形式为出发点，主张从

a 南岗联发街 1 号

b 南岗公司街 78 号

图 3.14 原中东铁路高级职员住宅

自然中汲取艺术的灵感而不是一味地复古，大量应用曲线做装饰，同时注意采用新材料（如铸铁）。新艺术所创造出的装饰主题大多为自然界的植物或动物，但绝非对自然形态的简单描摹，而是经过抽象概括后高度风格化的曲线形态，既缠绵、盘曲，又潇洒、灵动，给人极深刻的印象和较高的审美享受。这些曲线多以铸铁材料来展现，如铸铁栏杆的女儿墙和阳台等；在哈尔滨又增加了木材，如南岗公司街、花园街的原中东铁路高级职员住宅，就是以阳台、雨篷等处的丰富而流畅的曲线形木质装饰为特色的。此外，建筑的墙面装饰也多用柔和的曲线线脚，门窗洞口的形状常做成椭圆形、扁圆形、圆角方额等曲线形状。

装饰艺术风格。这种风格兴起于 20 世纪 20 年代，到 30 年代形成一个国际性的设计思潮。它不仅反对古典的装饰，也反对自然的、有机形态的装饰，主张机器美学的效果，在这一点上与和它约略同时发展的现代主义风格如出一辙，可见其相互之间的影响。其最突出的特征是平整的墙面上纵贯整个立面、垂直排列的突出墙面的竖向装饰，顶部突破檐口，并与檐口一起做重点装饰。墙面上有时还有风格化的植物或动物形浅浮雕装饰。位于南岗西大直街的原新哈尔滨旅馆等都是装饰艺术风格的典型实例。

现代主义风格。现代主义建筑兴起于 20 世纪 20 年代的欧洲，是建筑史上最深刻、最彻底的一场革命，其影响在二战以后遍布全球。哈尔滨的现代主义建筑主要是经由日本建筑师传入的，其特征是：平屋顶，简单光洁的几何形体，没有任何的附加装饰，墙面多外贴小块浅黄色面砖。实例有道里地段街的原丸商百货店、南岗果戈里大街的原中央电报局新楼等。

3.2.2 普遍的形态折中

（1）古典语汇的折中。

哈尔滨铁路附属地内的西式建筑虽然风格各异，异彩纷呈，但从整体上看，除俄罗斯传统木构建筑、拜占庭风格的东正教堂以及一些新艺术的建筑作品风格比较纯正以外，在建筑形态上的折中现象非常普遍，这与当时欧美许多国家正在流行的折中主义思潮有密切联系，在时间上也是基本同步的。甚至可以说，哈尔滨西式建筑中最大量的就是折中主义建筑，只不过这种“折中”更多地表现为一种手法，而不是一种思想。

折中手法最普遍的应用就是对古典的建筑语汇进行折中，一般有两种情况。其一，以某种古典风格的语汇为主的折中。前述的各种古典风格诸如文艺复兴、巴洛克、古典复兴等，严格说都是以这些风格为主的折中；换言之，建筑上不仅有这类风格的典型语汇，还有其他风格的建筑语言。折中的形态也存在，但是相比之下巴洛克或古典复兴的特征更加明显，因为它们的个性化的建筑语言是非常突出的，譬如大涡卷和断山花之于巴洛克、柱式和山花之于古典复兴、圆锥顶和尖券之于浪漫主义等等。

其二，各种古典风格的语言杂糅的折中。这样的折中往往将多种古典建筑语汇同等对待，并不单纯突出某一种风格，而是突出杂糅的特点，并且非常注重整体形态的构图和比例关系的和谐，追求一种纯形式上的美感。应该说这样的折中倒是一种“纯粹折中主义”。这种纯粹折中主义的建筑数量是很多的，诸如西大直街的原中东铁路俱乐部、南岗秋林商行等等都是这一类的代表。

（2）古典与现代的折中。

这里的“现代”指的是前述提及的完全抛弃古典建筑语言的新艺术、装饰艺术和现代主义的建筑。将这类现代建筑语言与古典建筑语言进行折中，也是哈尔滨近代建筑中比较普遍的现象。其中，最普遍的一种古典与现代语言的折中是将新艺术风格的铸铁栏杆、曲线形装饰物（如雨篷、窗口等）和装饰符号与其他采用古典建筑语言的建筑相搭配，在庄重威严的古典氛围中加入新潮、多变、浪漫而潇洒的新材料和新形式的元素，以取得丰富的艺术效果。

最典型的实例当属南岗红军街上的原契斯恰科夫茶庄，位于街道转角处，整体形象的折中主义特色、浪漫主义特色都十分明显，建筑语言的基调仍是古典的，包括古典建筑的抛物线形穹顶、孟莎式陡坡屋顶、中世纪的圆锥顶、圆形角楼、双圆心尖券、哥特式的三叶形饰等，本身的建筑语汇已经十分丰富；但是在这个基础上，又把新艺术建筑的铸铁花栏杆、圆角方额窗结合进来，尤其是铸铁栏杆，在女儿墙处做成昆虫纹样，在阳台处做成一系列的风格化曲线构成的形似蝌蚪的装饰纹样，无比的活泼灵动，堪称一绝。在这里，古典和现代完美地结合在一起。

位于道里田地街的原哈尔滨总商会会所，简洁的墙面处理和新艺术风格的女儿墙铸铁栏杆看起来很现代，但立面中央的女儿墙顶部却结合了一个巴洛克式的曲线装饰物；位于南岗吉林街的黑龙江省文史馆（原连铎夫斯基住宅），整体呈明显的古典语汇的折中：古典的山花、立柱，但入口上部的新艺术样式的雨篷又为它增添了新的形式元素。

3.2.3 先进的构筑技术

哈尔滨铁路附属地内的西式建筑是完全不同于中国传统建筑式样的不同文化圈的建筑文化，其构筑技术也是与中国传统的木构架技术完全不同的砖石承重体系。在西方近代科技水平远高于中国半殖民地半封建社会水平的情况下，移植或复制到哈尔滨的西式建筑带来了较为先进的砖混（或砖木）承重墙技术、木桁架和钢屋架技术、钢筋混凝土技术等，使近代哈尔滨在构筑技术方面起点较高，也为道外培养了熟悉这种技术体系的工匠，为道外的仿洋式建筑奠定了技术基础。

南岗和道里的西式建筑普遍采用的墙体技术是砖木或砖混承重墙，红砖砌筑，表面清水砖或抹灰处理，外墙厚度一般为 700 mm（俄制二砖半）。外观上坚固、厚重，保温性能好，很适合哈尔滨严寒的气候特点。

屋架技术上，有各种人字形木桁架，坡度平缓，加工制作和施工都较中国传统的木构抬梁式屋架方便快捷。在中东铁路总工厂建筑中，还采用了大跨度钢屋架，最大跨度达 21.33 m[28]，在当时的中国处于领先水平。

在采暖保温设施上，除外墙加厚至 700 mm 外，板夹锯末、板夹泥墙也是常用的保温措施，可节省材料，就地取材。铁路系统的住宅室内都通过壁炉采暖，一般是厨房炉灶与采暖壁炉分设，采暖壁炉多为 2~4 个房间设 1 座大壁炉，并在庭院中建有仓库以贮煤与木柈。

此外，钢筋混凝土技术在建筑中也得到局部的应用，多作为楼板、楼梯等。

3.2.4 西方建筑文化的扩散模式

（1）初始扩散——迁移扩散。

从西方建筑文化因子的空间移动过程看，不管是俄罗斯传统建筑，经俄罗斯传入的新艺术建筑、各类折中主义建筑、犹太建筑，还是经日本传入的现代主义建筑等等，都是在西方殖民侵略的背景之下、由西方殖民者通过迁移扩散的方式带入哈尔滨的。这种迁移扩散实际上是一种跨文化圈的、非正常状态下的扩散，是借助政治经济手段形成的，具有强迫性，因而在扩散的目的地——哈尔滨的中东铁路附属地（道里、南岗），造成的是西方建筑文化（尤其是俄罗斯建筑文化）

短时间内大面积的复制。这种跨文化圈扩散的目的地虽不在道外，但它是西方文化实现向道外进一步扩散的前提和基础。

迁移扩散中，最重要的载体就是人，尤其是大规模迁移的人群。哈尔滨近代移民大潮中，有一半左右是外国人，而这其中占绝大多数的是俄国人，因此哈尔滨近代文化受俄罗斯文化的影响最大。

俄国人进入哈尔滨的方式或渠道主要有三种。

其一，有计划的集体迁移。1898年6月，中东铁路工程局由海参崴迁来哈尔滨，随之而来的还有沙俄的官吏、工程技术人员、职员、佣人和部队，这是哈尔滨历史上第一批有计划迁入的外国侨民。随着各项城市建设工程的启动、各种机构的建立，数以万计的俄国公务人员源源不断地从沙皇俄国迁来哈尔滨，使得20世纪20年代以前，哈尔滨外国人口比重持续十几年超过总人口的半数。1902年哈尔滨不包括俄国军队和铁路员工，仅俄国侨民就有12 000人，1912年达43 091人。随俄国侨民一起来到哈尔滨的还有犹太、波兰侨民。日本侨民1898年有8人进入哈尔滨，到1904年增至1 000人，形成外国侨民进入哈尔滨的第一次高峰时期[①]。

其二，政治避难。1917年俄国十月革命后，大批白俄资产者、军官、官吏以及难民纷纷逃亡到中国东北，其中大批人涌入哈尔滨。在哈俄侨从1916年的3.4万人，1918年增至6万人，1920年增至13.1万人，1922年增至15.5万人，同年哈尔滨的外侨总人数是20万人（不包括短期流动的外国人口和不断进出的外国军队），是哈尔滨外侨人口数量最高的年份[①]。

其三，经商办企业。1905年日俄战争之后，日本强迫清政府签订《中日会议东三省事宜条约》，把当时沙俄独霸的哈尔滨作为商埠向世界各国开放。1907~1943年，先后有20个国家在哈尔滨设立了领事馆，其中19个国家的领事馆是在1932年日本侵略者占领哈尔滨之前设立的。建立各种侨民团体组织32个，有近40个国家和地区的商人、资本家到哈尔滨经商办企业。

外国人在哈尔滨兴办的工商企业中以俄国人为最早，30年代之前数量为最多。早在1900年中东铁路管理局投资38万卢布在道里创办了满洲第一面粉公司开始，接着面粉业、酿造业、食品业、机械五金业、玻璃业、烟草业、造船业、制糖业等等工业企业迅速发展。到1909年，仅“自治会”地界内（7. 8 km^2）的工商企业已发展到1 000多家。俄国人的商业企业到1913年发展到890余家，1920年哈尔滨白俄商号1 416家。1926年沙俄在哈尔滨的政治势力虽已被清除，但到1929年哈尔滨尚有白俄商店1 300多家。

---

① 哈尔滨市人民政府地方志办公室．哈尔滨市志·人口．http://218.10.232.41:8080/was40/detail?record=19&channelid=35519&presearchword=

日本人于1900年开始在香坊创办了饮食店。但20世纪30年代之前，日本的工商企业发展并不快。1909年道里区日本人大小商号有94家，1913年日本人在哈尔滨办的较大型商行有20余家。1922年底，道里区日本大小商号380多家，1923年达500余家。1932年2月，日本侵占哈尔滨之后，日本的工商企业迅速增加，据统计，日资工业企业1935年为200家，1938年达280家，1944年日本私人资本在哈工业企业300家。1940年日本商号1 200多家，1943年达3 000多家。

此外，美国、英国、德国、法国、捷克、希腊、意大利、波兰、葡萄牙、丹麦、比利时、南斯拉夫、瑞士、立陶宛、荷兰、朝鲜等国资本家，均在哈尔滨创办了相当数量和规模的工商企业。1923年哈尔滨有英国商社30家。英国人创办的"滨江物产进出口公司(鸡鸭公司)是东北最大的肉制品加工企业，雇用工人2 000余人。1903年美国和英国在哈尔滨合办英美烟草公司哈尔滨东三省分公司，到1924年有较大型工业企业16家，银行8家。到1931年美国在哈尔滨办的保险公司34家，仅以花旗银行为靠山的大型商社就有34家。1930年捷克商人在哈尔滨有商行10家，希腊商人商行8家、荷兰商人商行4家、瑞士商人商行5家、拉脱维亚商人商行3家，立陶宛商人商行6家、爱沙尼亚商人商行4家，朝鲜商人商号100余家。此外还有土耳其、印度、奥地利、瑞典、蒙古、阿尔缅、拉丁、犹太人在哈创办的各种商号144家，商业人口3 541人。

随着这些工商企业的兴办，相当数量的资本家和大批管理人员以及工人、店员相继进入哈尔滨。因此在很短的时间内，几乎包括欧洲所有国家以及美国、加拿大、日本、印度等国的几十万人涌进哈尔滨。在1922年之前的许多年份中，哈尔滨外国侨民人口数量超过总人口的一半以上，1912年外侨人口占总人口的62.86%[①]。

这样大规模的外国人口迁移进哈尔滨（铁路附属地），势必会将各自文化圈的文化带进来，加之当时铁路附属地的行政管辖权长时期归属俄国人，虽无租界之名而早已有租界之实，因而外来文化大规模复制几乎没有受到阻碍。

文化的复制导致的结果，就是哈尔滨铁路附属地内的衣食住行等生活方式完全欧化，尤其是俄罗斯化，《游尘琐记》中写道："哈埠风俗，有可一纪之价值者，即沿铁路一带为俄人所拓殖，故凡寓于吾人之目者，类有俄罗斯化之概，虽自民九以还，政权逐次收回，而生斯食斯聚族于斯之斯拉夫人种，依然触目皆是；故就耳闻目见，抽象纪之如次：道里之中国大街，为中俄商号，精华荟萃之区，夕阳西下，绿女红男，并肩携手，蹀躞街头者，俄人而外，华人亦不少，其欧风之甚，远过上海，即凡商界华人见友，亦都脱帽握手也。跳舞场，咖啡店，电影院，

① 哈尔滨市人民政府地方志办公室.哈尔滨市志•人口.
http://218.10.232.41:8080/was40/detail?record=18&channelid=35519&presearchword=

所在皆有。其故由于俄人办事，都从上午九时起，下午三时止，三时以后，即为休息时间，故有职务者，公毕返家，稍稍整备，及暮出游，不啻为其第二工作。”[43]在建筑文化方面，几乎与欧美当时流行的各种思潮和风格样式同步的各种古典、现代的西式建筑被大规模复制到铁路附属地的南岗、道里等处，使这些地方看起来宛如西洋市街，充分展示出西方强权控制之下西方建筑文化的迁移扩散的结果。

（2）继起扩散——传染扩散。

西方建筑文化因子通过迁移扩散的方式完成了向铁路附属地的跨文化传播，虽然没有直接迁移到道外，但道外与道里、南岗之间不仅在地域空间上紧密相连，而且在经济文化上也一直保持密切的联系，正是通过这种经济文化上的频繁接触，铁路附属地内的西方文化才一点一滴逐步渗透到道外，很明显，西方文化对道外的影响属于扩展扩散中的传染扩散。

从铁路附属地向道外进行的传染扩散是西方文化跨文化的迁移扩散后引起的继发行为，相对于初始的迁移扩散来说，这里的传染扩散属于一种继起扩散。传染的特征就是不能一蹴而就，总有个潜伏期，也不可能实现迅速的、全面的和最终的复制，而是在不同时期呈现出不同的阶段性特征，这种阶段性的特点在道外近代建筑中表现得非常明显。从道外建筑转型的历程中可以看出，第一阶段，以保持和延续本土特征为主；第二阶段，在本土基础上适当融入了西方文化因子而呈现本土演进的特点；第三阶段，对附属地内复制过来的西方文化进行移植，使建筑最基本的构筑体系发生变化，但是，这种移植已与原有的参照物有了明显的不同，已经发生了整合和变异，而不是全盘复制。

3.3 道外边缘文化附属体

边缘文化附属体是一种特殊的文化区域，它所采用的文化丛都是取自别处而将它们综合于一个区域。虽然应用了外来文化丛，但比起那些文化丛原生的文化中心，边缘文化附属体的各个文化丛获得了更综合的生活系统、更多的人口、更多的财富、更大的繁荣以及更高的艺术成就。哈尔滨在关东文化区内原本是一个小渔村，是以分散的自然经济为主的农业、渔业社区，不仅极少受到核心文化区的核心文化（中原文化）的影响，而且即使在关东文化区内，由于它原有的行政等级地位的低下，也使它的关东文化的基础十分薄弱；然而铁路修筑和开埠通商后，哈尔滨却超越了本地区原有的城镇中心，一跃发展成为区域的经济中心，而促使其形成近代都市文化的因素几乎都来自于其原有的小渔村的要素以外，中原文化、关东文化、西方近代文化等都不是根植于这个渔村的文化传统，都是随着铁路修筑和开埠通商而大规模进入哈尔滨的。因此哈尔滨具有了边缘文化附属体的典型特色。边缘文化附属体可以存在于任何文化区域之间，哈尔滨就处于关东文化区的边缘，相对于关东文化区的辽宁、吉林等地，与西方（俄罗斯）文化圈之间最为接近。

3.3.1 多源的外来文化丛

哈尔滨的城市产生和发展具有反传统的特点，即原有的中国传统城镇发展都是依照行政等级的高低而呈现发达与不发达的状况，哈尔滨原本是一个附属于高等级城镇的小渔村，如果按照传统的发展道路是不可能跃居它的上一级城镇的发展之上的，但铁路、移民等外来因素却使它在极短的时间内一跃成为区域的经济文化中心，完全脱离了原有的发展轨道，因此哈尔滨的城市近代化的轨迹离不开这些外来因素的影响，包括文化。

哈尔滨作为近代因修筑铁路和开埠通商而从一个小渔村发展起来的新兴城市，它的文化传统都不是根植于本地的土生土长的文化丛，而是分别来自于东西方不同的文化丛的综合，是中、西、满、汉文化的多向度的融合，相对于这些外来文化丛的核心地区而言，哈尔滨的这些外来文化丛获得了更大的发展空间，同时也具有了更大的包容性。

构成哈尔滨边缘文化附属体的外来文化丛的来源具有多源性和多向性，既有文化核心区的中原文化，又有文化边缘区的关东文化，还有西方文化圈的西方文化、东方文化圈的日本近代文化，等等，这些内涵和特质迥异的外来文化丛在几乎同一时间段内在哈尔滨交织在一起，冲突和碰撞是在所难免的，而这种冲突和碰撞在道外表现得最为集中和明显。

在近代道外，边缘文化附属体的地位使这里远离文化核心区，核心区所具有的对于文化传统的控制力（如各种制度、规章等）在道外已是强弩之末，加上铁路修筑和通商开埠后，全新的生产方式和生活方式使人们的生活环境发生了巨大变化，人们的思想观念也逐渐由原来的闭塞保守向开放和开化转变，文化上的种种等级和条条框框的限制很快被打破，合院式布局的等级色彩逐渐消失，民间商业建筑无论在数量上还是规模质量上都远远超过了传统城市中的官式建筑类型，建筑形态上的中西交融、装饰形态的恣意挥洒等等，都充分显示出中、西、满、汉等外来文化丛在这里获得了更为广阔的发展空间，而且具有了更大的包容性，因而才能形成哈尔滨近代独特的道外建筑文化。在道外，中国传统建筑文化与西方建筑文化之间并没有直接发生激烈的碰撞，因为西方文化传输的目的地不是道外而是铁路附属地，西方文化丛进入道外的过程是传染扩散的结果，传染扩散在扩散结果的影响力方面稍逊于迁移扩散，加之道外的民众群体对西方建筑文化采取的更多是羡慕和崇尚的态度，在文化心理上就会较少出现对抗的情绪，对西方建筑文化能够主动拿来，并与中国的传统建筑文化进行整合，因而，道外的中西建筑文化丛之间展开的是一场温和的、间接的碰撞，彼此都具有很大的包容性。如前面阐述的中西建筑文化交融的多层面的特点，也是多个文化丛进行文化整合的结果。

而在哈尔滨中东铁路附属地内，外来文化丛之间的碰撞就要少得多，而且主要是在西方文化之间进行的。由于铁路附属地的行政管辖权长期归属俄国人，已如实际意义上的租界，西方的建筑文化得到了本不属于它的极大的发展空间，仅仅在建筑的形式是复古还是创新、建筑的语汇是古典还是现代等方面进行着温和的碰撞和折中。西方建筑文化与中国建筑文化之间也较少进行直接的碰撞，因此铁路附属地内的南岗和道里的建筑文化主要呈现出对西方建筑文化的复制（图 3.15，图 3.16）。

3.3.2 迥异的功能文化区

文化地理学所阐述的功能文化区“是一种在非自然状态下形成的、受政治、经济等功能影响的文化特质所分布的空间区域”，“它往往是异质的，是按照行政或者某种职能而划分出来的”。“行政区划对文化区域具有直接的影响，它促进区域共同传统的形成。在同一行政区内，文化接触比较频繁，文化联系更加紧密。如果某一行政区长期维持稳定，那么区域内多种文化特征就逐渐趋同，并进而达到均质。此外，行政区域往往还是同一文化的传播区，更容易形成共同的文化景观面貌”[29]。

哈尔滨地区近代的行政区划决定了哈尔滨这一边缘文化附属体内部仍然存在着不同的文化区分。道里、南岗从建城之始就被划入铁路附属地范围，虽无租界之名但已有租借之实，行政管辖权在 1926 年之前一直属于俄国人，而与之一路之隔的道外在同时期则始终是中国政权的管辖区域，这两个分别由不同政权控制的区域实质上就形成了两个完全不同的功能文化区，致使两大区域最终形成的文化特色也截然不同。到 20 世纪 30 年代以后的伪满时期道外最终被划入哈尔滨城区范围内、与道里、南岗等合而为一时，它们各自的文化特色早已形成并稳定下来，并没有发生大的改变。

“哈埠风尚，西则俄化，中则直鲁化”[43]，南岗、道里以西方外来文化为主要特色，衣食住行各方面均已西化，建筑文化基本全盘复制西方，尤其是俄罗斯的建筑文化。而道外一开始就是中国移民的聚居地，相近的生活习俗在此形成了一种统一的文化氛围，中国传统文化得到了最大限度的保留和延续。但与道里、南岗隔路相望的地理位置及经济活动上的密切联系，使道外的文化也在不断地受到道里、南岗的西方文化的辐射和“传染”，即使在观念上，即“道”的层面一时难以做到追随西化，但在“器”的层面上却很容易吸取西化的形式，毕竟西方

图 3.15　南二道街建筑中西融合的建筑语言

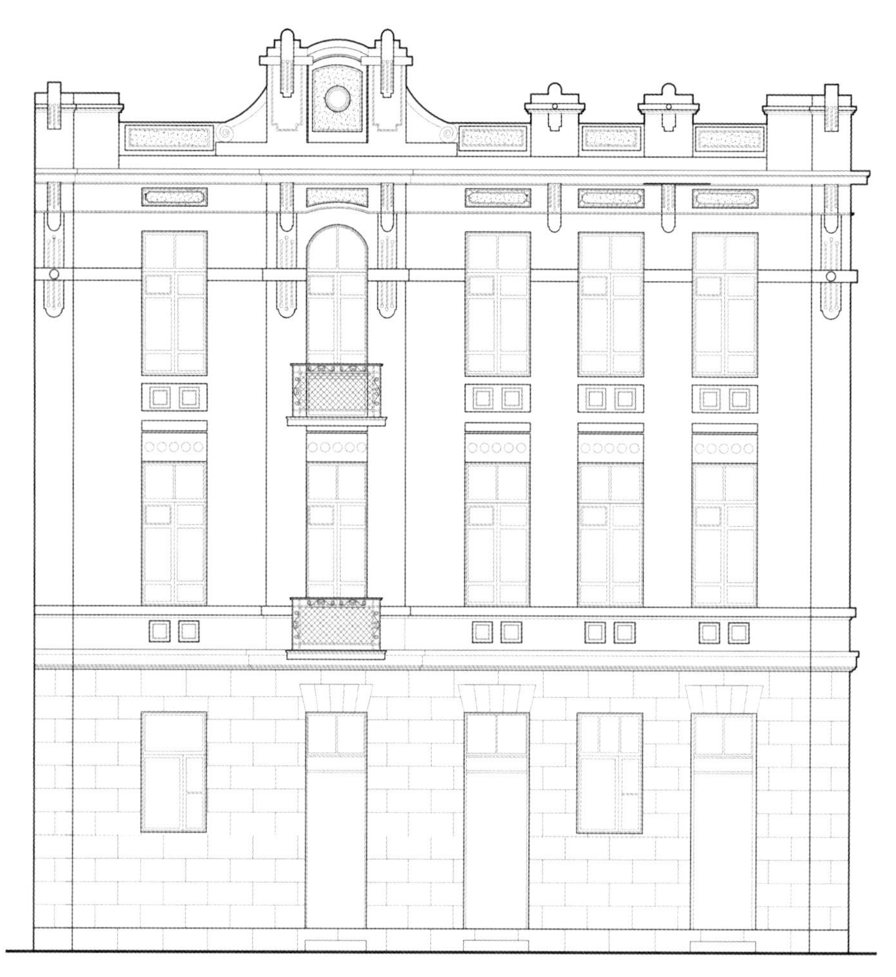

图 3.16　南三道街 91 号模仿新艺术风格

的物质文明在当时远优于中国，这也直接影响到了道外中西交融的建筑文化。两大功能文化区最终形成了完全不同的建筑文化和建筑特色。

3.4　道外建筑文化的扩散障碍与文化距离

3.4.1　扩散障碍

扩散障碍实际上是指影响文化扩散的诸多因素，既包括高山、荒漠、海洋等自然障碍，也包括来自人类群体的文化心理和社会组织等人文障碍。

（1）自然障碍。

从自然障碍方面看，影响向道外的文化扩散的主要因素无外乎气候、地形、地貌等。道外（即哈尔滨地区）的气候条件在整个关东地区也称得上是极严酷的，主要是冬季的最低气温极低，极为严寒，因此成为制约文化扩散的最主要因素。哈尔滨冬季（11 月至次年 3 月）长达 5 个月之久，气候严寒、干燥。平均气温低于 10 ℃的日期始于 10 月 3 日，终于 4 月 30 日，历时 210 天。最冷的 1 月份平均气温为 –20.3 ℃，极端最低气温为 –38.1 ℃①。

在傅家店形成以前相当长的历史时期里，这里人烟稀少，在生产生活方式上基本保持渔猎采集业为主的自然经济模式。气候条件在一定程度上成为文化兴衰的推进器，正如汤因比的“挑战与应战”理论中的观点，过于恶劣的自然环境对文化的发展不利[29]，哈尔滨地区“极边苦寒之地”的过于严寒的气候有可能超出了当时人们控制自然的能力，致使这一区域的文化在较长的时间里相对落后。关内移民来此经商或谋生者也经常是“夏来秋去”“冬来春去”[39]，呈现出季节性的特征，而且初期人口多是单身男子，很少拖家带口，“其不带家属者居多。……凡未携眷之客籍人民，皆有定期以返故乡”[41]，足以证明恶劣气候条件对作为文化载体的人的威慑。

从地形地貌条件看，哈尔滨地处松花江中上游，松嫩平原的东南部，地势低，平原的东、西、北三侧均为山地所环绕，仅向南开口，使环境相对闭塞。地貌以山前堆积平原为主，低山丘陵构成了市区的最高地形面②。

虽然地处平原低丘地带，陆路交通应该比较容易通达，但是，“直到 18 世纪中叶之前，哈尔滨还没有显示它在地理位置上的任何重要性。当时在哈尔滨周围经过的三条驿道，都远离哈尔滨通过。……由于这些驿道没有直接从哈尔滨经过，所以哈尔滨一直没有发展起来，而其邻近之呼兰、阿城、拉林、双城早在哈尔滨村形成之前就已经发展成重镇了。”[3] 没有驿道通达，使得哈尔滨地区处于对外封闭的环境里，文化的扩散就比较困难。

哈尔滨自然地理条件中另一个极其重要的因素就是松花江流经区域内部，不仅提供了早期渔猎经济的重要条件，而且松花江水道是一条天然的运输线，也是文化扩散的重要通道，道外的沿江地带原来是天然的渔场，也是水路的重要渡口码头，因此，松花江不仅没有成为区域的自然障碍，而且为文化的扩散提供了水上的通路。

尽管自然因素中有诸多不利于文化扩散的方面，但随着新型的扩散媒介——铁路（即中东铁路）的修筑，哈尔滨地区原有的相对封闭的状态被完全打破，铁路迅

---

① 哈尔滨市人民政府地方志办公室 . 哈尔滨市志•自然地理 .
http://218.10.232.41:8080/was40/detail?record=27&channelid=37248&back=

② 哈尔滨市人民政府地方志办公室 . 哈尔滨市志•自然地理 .
http://218.10.232.41:8080/was40/detail?record=14&channelid=37248&back=

速地逾越了自然地理造成的扩散障碍，“纵位于塞北，然轮轨飞驰，千里之程，朝发夕至”。[41] 随着中外移民沿着铁路方便快捷地进入哈尔滨，中原传统文化和西方的近代文化也进行着大规模的迁移扩散。这是文化扩散中有利的非障碍的物质要素。

（2）人文障碍。

人文障碍包括了人群的文化心理、社会的组织形式等方面的因素，涉及的是文化当中所谓“道”的层面。一般说来，文化大致可分为三个层次，即精神文化、制度文化、生产和生活文化。按照古人“形而上者谓之道，形而下者谓之器”的划分标准，精神文化、制度文化都属于“道”文化，而生产和生活文化则属于“器”文化。“道”文化涉及信仰、价值观、思维方式、生活方式等较抽象的方面，是形而上者，它一经形成就具有一定的地域性、民族性和持久性，而且会表现出很强的排他性，当与其他的“道”文化相遇时会发生文化冲突;“器”文化包括了器物文化、技术文化等具体的、物化的文化内容，是形而下者，与人的思想意识、价值观念等相距稍远，是一种普遍适用的价值成果或中性的工具。“道”与“器”的不同特性决定了这两种不同的文化形式在文化扩散的过程中的不同表现，即“道”文化因其持久性和稳定性而不容易被改变，也不容易被他文化所接受，所以不易发生扩散;而“器”文化因仅具有形式化的表现和工具意义，在不同的文化中有较强的通用性，所以除受自然条件的制约外，其扩散要比“道”文化容易得多。从这个角度来看，“道”文化本身就是一种人文障碍。

从中国传统文化因子的角度考察，同是在中央集权的封建制度之下，中原地区与关东地区虽然有明显的地域文化的差异，但在人群的文化心理、社会组织方式等人文因素方面几乎不存在任何障碍，因而从中原地区向关东地区、进而向道外的文化扩散过程在正常状态下也不存在人文障碍。但是，人为设置的人文障碍却曾经出现过。其一，关东地区原本就处于相对封闭的地理环境里，清代自康熙时期开始，为保持满洲固有文化又实施了长达200年的闭关政策，以人为的控制手段阻断了传统文化从北方文化的核心区向边缘区的正常的等级扩散，使关东地区的文化相对于中原地区的核心文化来讲在相当长的时间里处于较为封闭落后的状态，这种情况就属于政治、权力等社会因素造成的扩散障碍。此外，哈尔滨直到1905年中东铁路已通车两年、日俄战争已结束时才有了行政建制，在此之前则一直处于极低等级的村落一级，在中国封建社会“权力第一”的背景下，行政级别低下就意味着经济文化的落后，这样的政权组织形式无形中也成为不利于文化扩散的人文障碍。

从西方文化因子的角度考察，近代西方与中国晚清政府在政治上的力量强弱对比也决定了西方的文化扩散有无障碍。“强国在文化的传播过程中可以促进文化载体的空间扩散。”[29] 政治上的强国，在文化的扩散过程中往往占主导地位，因此近代沙俄、日本等西方列强通过与软弱的清政府签订不平等条约等方式在哈尔滨修筑铁路、强迫哈尔滨开埠通商，客观上促进了文化载体（尤其是人化载体的人）跨地域、跨文化的空间扩散。而且，当时道里、南岗范围内仍是分散的自然经济的村落，“哈尔滨火车站附近有一个小村子，只有一户姓秦的人家，此处叫秦家岗。靠近米勒列夫斯基兵营的马家沟边，有一个小村庄叫懒汉屯，稍远处靠近植物园附近也有一个小村子。在马家沟下游靠近渡口（现光芒街与建设街一带）有一个较大的村子，叫马架子沟（现马家沟），在市公园（现兆麟公园）处仅有两三间草房”[3]，中国传统文化的氛围和环境都显得十分薄弱，在西方强权的强大攻势下，难以形成与之抗衡的局面，因而西方强国的文化虽是跨地域、跨文化地扩散而来，但是几乎没有遇到与之相当的文化对抗或冲突，建立在传统文化基础上的人文障碍几乎不存在。与之相反，铁路开工时虽然“傅家店也只不过是由十几间草房组成的村子”[3]，传统文化的底子也相当薄弱，但是随着铁路修筑和通车，筑路华工、闯关东的大量中原地区的移民不断汇聚、聚居于此，傅家店的传统文化的势力大大增强，来自孔孟故里的中原移民身上有着丰厚的传统文化积淀，足以在一段时期内与西方文化相抗衡，何况铁路附属地内的西方文化是以传染扩散的方式向傅家店地区扩散而不是迁移扩散，在扩散的力度上也要稍逊一筹。因此，西方文化因子虽是同时期向铁路附属地和傅家店扩散，但是扩散的模式不同、强度有别，所面对的扩散的人文障碍也是不同的。

3.4.2 文化距离

文化距离是超越绝对距离的一种空间关系解释，是一种相对的尺度，文化群体间相似性大，联系紧密，相互交流多，文化距离就小，扩散就容易发生；反之，文化距离大，扩散就难以发生。

在中国传统建筑文化因素方面，核心区的中原文化、边缘区的关东文化与边缘文化附属体的道外之间，虽然地理空间上的绝对距离大，但它们同属于汉文化的北方文化区，文化上的相似性极高，包括意识形态、生产生活方式等多方面，所以它们之间的文化距离小，文化扩散就较容易发生。

而对于以俄罗斯为代表的西方文化而言，它与中国传统文化分属于气质完全相反的两个文化圈，在意识形态、生产生活方式等领域的文化差异性极大，因此文化距离大，即使铁路的修筑缩短了空间上的绝对距离，使西方文化通过政治、军事手段大面积复制到哈尔滨的铁路附属地内，但是向道外的扩散就不那么容易发生，要有一个较长的过程，经过本土延续、本土演进再到外来移植等不同阶段。

大興燒鍋

4 道外近代建筑的文化整合

Cultural Integration of Modern Architecture in Daowai

文化整合是不同文化的兼容和重组，是异质文化之间彼此吸收、借取、认同并且趋于一体化的过程。文化扩散的结果导致不同区域、不同类型的文化发生碰撞和冲突，不同文化在相互接触过程中，既相互排斥，又相互融合和吸收，形成一种与原来文化不尽相同的新文化，这一过程就是文化整合。文化整合不是不同文化模式的简单叠加或混合，而是一种新的生成和“化合”。文化整合是文化地理学研究的一项重要内容。由于地理学始终关注的是区域，因此文化地理学所研究的文化整合，更多是在研究不同文化区的过渡、文化扩散等内容时涉及的。它更关心文化扩散时，不同文化的接触、碰撞与地域的关系，区域的差异性、地理环境（包括自然环境与人文环境）对整个新文化产生过程的影响，重点在于揭示区域文化形成发展中的整合过程，探讨内在的机制和规律[29]。

4.1 道外近代建筑文化整合的制约要素

4.1.1 高寒地域的自然地理

文化整合是伴随着文化扩散的空间过程而发生的一个文化重组的过程，也是文化扩散的终极结果。自然地理条件不仅影响到文化扩散的过程，而且也关系到扩散过程中的文化整合的过程，影响到整合的结果，“文化整合也受到文化传输目的地环境的影响”[29]。哈尔滨（包括道外）的气候条件、地形与地貌等自然地理因素对文化整合的过程有着极为显著的制约。

（1）气候。

哈尔滨所处纬度较高，冬季气温很低，整个冬季均在极地大陆气团控制之下，夏季则主要受副热带海洋气团影响，春、秋二季为冬、夏季风交替季节。其气候类型为温带大陆性季风气候。气候基本特征是：冬季严寒干燥，降水量少；夏季温热湿润，降水集中；春季气温多变，干燥多大风；秋季降温迅速，初霜较早。四季分明，尤其是冬季的严寒成为哈尔滨气候特征中最显著的标志。漫长的冬季的最低气温接近 -40 ℃。

虽然同处于中国北方文化区内，但中原地区的气候相对比较温和，而关东地区则是寒暖凸显，哈尔滨在关东地区又属于气候更为寒冷的塞外绝域，因而气候因素成为统领一切文化过程的第一要义。中原建筑传统中不适应这样的寒冷气候的方面被淘汰，与寒冷气候相适应的满族建筑传统中的部分被保留下来，如道外早期建筑都以火炕取暖，在 1907 年建成的行政级别较高的滨江道署建筑群中，屋顶仍采用满族民居中的仰瓦屋面（图 4.1），这是因为气候寒冷，冬季落雪很厚，如果采用合瓦陇，雪满陇沟，雪融化时积水易浸蚀瓦陇旁的灰泥，屋瓦容易脱落，特别是经过冷冻的变化，更容易发生这种现象。屋面小青瓦仰铺，坡面规整，有利于雨雪的排除。只在坡的两端做三陇合瓦压边，可以减去单薄的感觉[37]。此外，较为封闭内向的四合院式布局，因其在阻挡寒风、塑造局部小气候方面的气候调节性能而被保持下来，即使在道外大量建筑两层以上的西式楼房时也没有被淘汰。

当西方建筑文化大规模涌入哈尔滨后，西式建筑的保温性能好、适应寒冷气候的方面也被道外吸收和借鉴过来，比如西式立面的厚墙小窗、壁炉、板夹泥墙、板夹锯末墙等等。甚至，在纯中式的大院里，房间内也模仿俄式建筑中的壁炉，设置了取暖的“别契卡”（即壁炉），如道外南新街 64 号大院（图 4.2，现已拆除），俄式房屋中的壁炉一般至少供两个房间取暖，而且木材消耗量较大，所以一般道外的建筑极少采用，由此也可看出这个大院的等级和它的所有者的非同一般。

（2）地形地貌。

哈尔滨地处松花江中上游，地貌特征主要是由松花江及其支流的河漫滩、河流阶地和东部山地山前洪积—冲积台地构成的邻近山麓的山前堆积平原。其地势从东南向西北倾斜，低山丘陵处海拔 350~500 多米，构成了市区的最高地形面，松花江谷地最低处为海拔 112 米①。

以平原低丘为主的地形，非常适合四合院的居住形式，所以中原传统建筑文化

图 4.1　原滨江道署

图 4.2　中式大门和俄式壁炉

① 哈尔滨市人民政府地方志办公室．哈尔滨市志•自然地理．http://218.10.232.41:8080/was40/detail?record=14&channelid=37248&back=

向道外的扩散结果之一，就是在文化整合的过程中四合院的居住传统被保留下来。

可以看出，在自然条件的制约下，那些与文化扩散的目的地的自然地理气候密切相关的文化成就比较容易被保持下去。

4.1.2　铁路修筑与通商开埠

文化整合一般都是伴随着文化扩散的过程，也可以说文化扩散是发生文化整合的前提，文化整合是文化扩散的最终结果。整合和扩散都需要一定的契机，对道外近代建筑文化来说，提供整合的前提条件之一就是中东铁路的修筑与其后的通商开埠。

不可否认，中东铁路的修筑是在不平等条件下发生的历史事件，反映的是中国近代遭受掠夺和侵略的屈辱历史，是西方强权对中国进行贪婪的经济掠夺和文化控制的一种手段。但是，从客观上看，如果没有中东铁路选定哈尔滨为枢纽站，哈尔滨就不会从传统的小村落迅速走上向现代化大都市转型的道路，西方文化也不可能迅速影响到道外，也就不可能出现文化的冲突和碰撞，进而在多个层面发生文化整合。中东铁路的修筑打破了哈尔滨地域的地理封闭格局，也打破了文化扩散中的自然障碍，为中西方文化的扩散以及随之而来的文化整合提供了可能。

而通商开埠则使道外在近代走上了快速转型的道路，加速了文化整合的进程。铁路与通商起到的是加速器和推进器的作用。

4.1.3　道外民众群体的文化特色

道外从形成之初就是由中原移民为主体构成的一个移民社会，也正是这些移民构成了道外近代社会的民众群体。民众群体是具有相同的文化传统和特色的人群，它不同于一般的以社会阶层为划分依据而形成的一些人群，而是以民俗文化、文化传统为划分依据的。道外近代民众群体的构成主要是关内的移民，他们中的大部分人从社会阶层上看是处于社会的中下层：城市贫民、中小工商业者等，普遍受教育程度较低，从事较低级的体力劳动和经营活动者甚众，等等。但他们大都来自中原文化区，文化传统和习俗的相似性极高，包括一些价值观念，所体现的正是“民众群体”的特征。在道外近代建筑的转型和文化整合的过程中，民众群体充当了主力军和先锋，因而这一群体自身的价值观念和文化特色也直接影响到文化整合的整个过程和结果。

在近代大量的中原移民到来之前，哈尔滨地区是以分散的自然经济为特色的传统村落，土著民的民风民俗也是传统而保守的。这一点可从萨英额所著《吉林外纪》中对哈尔滨的上一级城镇阿勒楚喀一地的风俗记述中略见一斑：“尚耕钓，素称鱼米之乡。习礼让，娴骑射，务本而不逐末。”[39] 在中东铁路修筑以前，哈尔滨的民众群体的特色可以概括为“士类纯正，少闻革命谈；民俗淳朴，难见桀骜气；乡风古板，不入靡丽派”，“淳朴、勤俭、耐劳、敦厚、信重、廉耻等为其所长，而拘旧习、少远图、性愚钝、尚名分等为其所短”[44]。这样的民风民俗、生活方式与价值观念的形成与哈尔滨地理环境的封闭性、清代长期的封禁政策以及由此带来的封闭、稳定的文化结构有着密切的关系，与其所处的社会生产力的发展水平是相适应的。

清代后期的开禁放垦，使关内北方诸省的贫苦农民如潮水般涌入哈尔滨，这些汉族移民的大批到来促进了这里的经济与社会的发展，也对原有的生活方式、价值观念、心理态势等方面产生了重要影响，汉化程度越来越高。而中东铁路的修筑，又将西方近代文明大规模地传入哈尔滨，与此同时又带动了更多的关内移民向哈尔滨，尤其是向道外的移入，使得道外的文化结构和民众的心理及价值观念都发生了较大的变化。

道外近代的民众群体从文化特色上看有以下特点：

其一，绝大多数为农民出身，封建农耕文化在他们的思想意识和价值观念上打下了深深的烙印，固守传统、地缘和亲缘关系在他们的思想意识里占有重要地位，所以道外近代会有山东同乡会、直鲁同乡会等传统组织；道外最古老的街道裤裆街“两侧山东文化最为浓烈，五行八门，三教九流，不一而足。最具山东特色的小戏馆、说书馆、茶馆、酒馆光街溢巷”[3]，不啻将中原文化全盘复制到了道外，这说明传统文化的影响越深，在文化整合的过程中的影响力就越显著。

其二，普遍受教育水平很低，如1916年11月17日的《远东报》载：“傅家甸大小客栈不下五、六十家，现在住客平均计之每栈均在四十人以上，除五、六大客栈住留者多系往来客商外，其余各伙房大约无业者居多数，就中以苦工届冬令无事可作者居十之四、五，其习于江湖派以星相、医卜自称者居十之三、四。此外之一小部分则系读书三、五年，欲谋学馆而无成者。”说明来道外谋生的人群中读过书的人只占到十之一二。

从1934年哈尔滨人口受教育程度表（表4.1）中可以看出，以初小毕业为标准，哈尔滨的外国人中，毕业的占到63.09%；中国人中，毕业的只占19.56%，肄业的占10.07%，文盲占54.26%，而这些中国人中，绝大多数居住生活在道外。

其三，从农民到城市市民的角色转换带来了道外民众群体新的文化特色，原本农民出身的移民从乡村来到城市，从务农转到经商，“舍本而逐末”，生活方式由原来的依赖自给自足的小农经济转变为资本主义化的城市商品经济，面临的是城市中新的生活压力：地价、房租飞涨，生活节奏加快，文明程度要求越来越高，新的思想和文化的不断冲击……固守的文化传统在新的形势下也不得不做出新的调整，不得不部分地放弃在农业文明中形成的一些信仰和价值观念，这一切势必引起思想意识和价值观念的重大变化，从轻商到重商、慕商，从因循守旧到勇于变革、创新，从敦厚淳朴到越来越多的唯利是图，传统的地缘亲缘关系也被适应新的商品经济形式的较先进的“业缘”关系（即各商会、同业公会等）所取代。这些变化的最终结果就是构成民众群体的人群的身份变成了城市的市民阶层，其文化也变成了市民文化，其文化特色就在于它是从属于大众的、迥异于传统的、充满都市色彩的、中西交融的，是一种城市的大众俗文化。

由于道外近代建筑现代转型机制是自下而上的，民众群体在文化转型和文化整合中充当了主力军和先锋，因而民众群体自身这种文化特色必然会在相当程度上引导和控制建筑文化整合的价值取向，民众群体的思想意识、价值观、审美观都会在文化整合的过程中体现出来。其中最突出的便是重商主义。近代中国社会阶层流动的特点之一就是绅商合流[45]，商人群体由传统社会的边缘——四民之“末”的地位逐渐走向了社会的中心。道外民众群体（即市民阶层）构成中，除大量的中小工商业者、城市平民以外，还有一些因商而发达进而转变为绅商的人物，如吴子青，“天丰源”号总经理，后来当选为吉林省议员，是典型的“由商而绅”型的绅商合流。这充分说明重商主义的市民意识在道外有着巨大的影响力。而重商的市民意识导致的享乐主义、文化世俗化对建筑文化整合的重要影响也不可忽视。

表 4.1　1934 年中、外人口受教育程度构成表①

受教育程度		中国人			外国人			合计		
		男	女	小计	男	女	小计	男	女	合计
人口总数（人）		287 284	133 099	420 383	39 526	40 617	80 143	326 810	173 716	500 526
毕业	人数	74 550	7 689	82 239	26 270	24 296	50 566	108 820	31 985	132 805
	占总数比例 /%	25.95	5.78	19.56	66.46	59.82	63.09	33.30	18.41	26.53
退学	人数	39 249	3 084	42 333	1 736	1 727	3 463	40 985	4 811	45 796
	占总数比例 /%	13.66	2.32	10.07	4.39	4.25	4.32	12.54	2.77	9.15
通学	人数	11 523	4 785	16 308	5 460	4 663	10 123	16 983	9 448	26 431
	占总数比例 /%	4.01	3.60	3.88	13.81	11.48	12.63	5.20	5.44	5.28
无学	人数	136 393	91 714	22 8107	2 839	6 641	9 480	139 232	98 355	237 587
	占总数比例 /%	47.48	68.91	54.26	7.18	16.35	11.83	42.60	56.62	47.47
未学	人数	25 569	25 827	51 396	3 221	3 290	6 511	28 790	29 117	57 907
	占总数比例 /%	8.90	19.40	12.23	8.15	8.10	8.12	8.81	16.76	11.57

注：1934 年的“户口调查结果表”中的人口受教育程度的调查统计，以全部人口为基数，以初小毕业为标准，分为“毕业”（包括初小毕业及以上文化）、“退学”（既初小肄业）、“通学”（指初小在校）、“无学”（指 7 岁以上未上学，即文盲）、“未学”（指六周岁以下学龄前人口）5 个层次

① 哈尔滨市人民政府地方志办公室 . 哈尔滨市志 • 人口 . http://218.10.232.41:8080/was40/detail?record=15&channelid=35519&presearchword=

重商首先导致的一个建筑文化上的整合结果就是大量的商业性建筑成为主要类型。道外通商开埠以后，傅家甸和四家子“出放街基”的目的就是用来招商引资，借以振兴市面。因而所建房屋大部分为商号、饭店、旅馆、剧院、妓院等用途，其内附设的居住部分也往往是供经商者自住之用。因而适用于商业用途的建筑文化内容得到了较大的发展，譬如新颖的西式店面、热烈繁复的装饰等等。

而重商意识导致的享乐主义的市民风气带来的建筑影响就是大量的娱乐设施的兴建。从早期的戏园、茶园到吸收了西方文化而演进出来的近代舞台、影院等等，在道外的街市巷陌中随处可见，以致使道外的梨园业“非独称雄于北满，抑亦独冠于关东”[41]。

道外市民文化的大众特色、俗文化特色在文化整合中也突出地表现出来，建筑上强烈的民俗意趣即是最显著的特征。在这里，一切代表精英文化、雅文化的特征都自然而然地向市民阶层的民间大众俗文化看齐，无论它是中国的还是西方的，都必须经过市民阶层的改造，符合市民文化的品位。

道外近代市民文化中还有鲜明的“崇洋”的一面。铁路修筑后西方商品在哈尔滨的大量倾销，使人们从叹服洋货之善开始，逐渐产生了崇洋心理。因而道外虽地处中东铁路附属地以外，并非西方文化的传输目的地，但对西方文化却采取了主动拿来的态度，以市民阶层为主导进行文化整合，给予西方建筑文化以充分的肯定。

但与此同时，市民社会的大众俗文化中天生的“恶俗”的一面也不可避免地显现出来，哗众取宠、华而不实、浅薄而粗俗等等，有些建筑表面不分所以的大量装饰即是这种表现。更有甚者的畸形文化建筑——妓院在道外的大量滥觞，除却男多女少等社会历史原因外，市民社会天生的文化缺欠也是重要因素，“就直鲁客籍人民之等第言，大部为下级社会，以快娱此级社会生活者，则娼窑尚焉。是以本埠下级娼窑发达异常，日见增多”[41]，实是这种“恶俗”与“重商”文化结出的恶果。

4.1.4 道外近代建筑价值观

所谓建筑价值观，即指人们对于建筑文化的一种价值取向，“表现为欣赏什么，或不欣赏什么，……建筑价值观是与一定的社会文化心理相一致的，或者说，它就是这种社会文化心理在建筑上的体现。”[46] 那么在近代中国，人们的建筑价值观是怎样的呢？侯幼彬先生认为，近代建筑史上“中西建筑交融”思潮影响重大，这种建筑价值取向渗透着浓厚的传统道器观念和本末观念，以及浓厚的学院派观念[47]；赖德霖先生认为，中国近代建筑不仅具有追求民族性的一面，也有崇尚西化、追求科学性的一面[46]。笔者认为，中西交融的建筑价值观是近代最突出的一种建筑价值取向，影响的范围极广，具体到道外的近代建筑，由于道外近代建筑的自发发展状态，也由于建筑的创造者是出自民间的市民阶层而非专业的设计人员，因而这种建筑上的中西交融与知识分子阶层探索的道器、本末等观念有很大差距，也与学院派传统相去甚远；崇尚西化是肯定的，但不一定能上升到追求科学性的高度。道外近代建筑在价值取向上更多追求的应该是一种实用性，是在适应本地的气候和生活环境以及商业经营需要的条件下自然而然地产生出来的，是以市民阶层为主体的道外民众群体的集体价值观的体现，它与精英阶层的建筑师所倡导的建筑文化最大的区别就在于，市民阶层在价值取向方面往往是实用性第一，而艺术性、思想性第二。从实用性的角度来考察西方建筑文化，就会发现很多优于中国传统木构架体系之处，譬如实体和结构的坚固性，砖石承重的墙体很厚重，墙上开平开窗，窗上镶嵌明亮的玻璃，材料的保温性能、防火性能、采光性能都大大提高，在建筑设备上，自来水、抽水马桶等“均属应用便利，清洁而无污浊之存留，足使住房之人，易于养成卫生清洁之习惯”[46]，加之外表坚固宏伟，给人心理上带来一种新鲜的、现代的感觉，因此道外的民众群体对西式建筑的崇尚羡慕的心理完全可以理解为首先是从实用性的角度出发的。

在近代的哈尔滨，外国人聚居的铁路附属地界与华人聚居的道外接壤，人们必然在城市建筑、市政建设方面将两个区域进行对照，进而“择其优者而从之”。道外的街市建筑最初都是在自发和无序的状态下形成的，而与之一道之隔的铁路附属地内的市政建设则很早就有了比较科学合理的规划分区与规划设计，两相对比自然使道外建设的弊端暴露无遗。当时的外国人眼中的道外是“杂乱无章的中国人居住的傅家甸。傅家甸的简陋小码头从错综复杂的狭窄住宅区伸入松花江，住宅区里许多妓院若隐若现”。而铁路附属地内“南岗气氛庄重……大道绿树葱茂，优美的住宅、外国领事馆和中东铁路俱乐部掩映其间，……成行的树荫围成了漂亮的广场”。“道里看起来颇像伏尔加河畔的乡镇。……用西里尔字母写成的广告到处都见。”[48]1916年9月3日的《远东报》发表社论，极力督促道外兴办“市政”，改善街市面貌：“傅家甸与本埠俄界仅一道之隔，而道路之倾坡、街巷之湫隘、秽物之堆积、人类之杂淆已无奇不有。甚至饮食当街，烟赌盈室，害风俗、紊秩序之不正当营业，触目皆是，虽有警察，视同无物。以视俄界之修洁整齐条理井井，判若天渊。此固由于中国商民之习惯使然，要亦未能兴办市政之故耳。……顾或者曰傅家甸近日商业蒸蒸，几驾俄界而上，原因虽甚多，要以其能藏垢纳污与居民程度相应为其发达之重要原因。……处中外交通地点，各国商民久已往来杂居，果为乐郊乐土，自可以耦聚而无猜。如其不然，一但有天灾人患、疠疫伏莽之发现，则外人或藉口干涉，其结果有难以予料者矣。言念及此，乌可不绸缪未雨，思患而预防哉。”这样的种种现实的触目的对比，无疑会在道外人们的心理上留下极深刻的印象，使人们不禁欣赏和羡慕西式的市政管理方式，也对西式的建筑文化、建筑样式产生好感，加之西式建筑宏伟庄严的外观，坚固耐久、舒适、保温、卫生等优越的使用性能，更加深了人们心理上的倾慕之情，对待建筑的价值观念也自然明显地发生了变化。

实用性目的可以进一步引申出功利性的目的，这在重商的社会里是最实际、最普遍的。“19 世纪末叶以来，新的、变革的、反传统或反现实的观念标准都须穿戴起‘西方的’面具才能流行”[49]，道外重商意识浓厚的市民阶层也当然具有这种对于“流行”的把握。建筑本身既是商品，同时也是商家的商业招牌之一，若要流行，也必须穿戴起西方的面具，这也是最功利的目的。至于建筑的思想性、艺术性，这不是市民阶层或者商家考虑的第一要义；而且，因为要售卖与获利，难免要有些哗众取宠，也难免要有些粗制滥造，这也是功利性心理的一种表现吧。

因此，在对近代的外来文化丛进行文化整合的过程中，道外民众群体的建筑价值观也是重要的制约要素，它引导了道外近代建筑文化的基本走向，即中西建筑文化交融，但渗透着浓厚的实用性和功利性的色彩。

4.1.5 道外近代建筑管理与匠商联合承包

（1）建筑管理机构。

道外开埠之初在市政建设方面没有专门的管理机构，以致街道、建筑等建设长期处于放任自流的无序状态。据《道外区志》记载：“1910 年（清宣统二年）前，道外区房屋建设无人管理，可任意选址修筑，以土坯房、草棚房居多。”[1]

1910 年以后，虽然人们已经意识到市政管理的重要性，但仍没有专门的管理机构，而是由警局代劳，1910 年 10 月 23 日《远东报》记载：“傅家甸警局警务长德柳臣，以傅家甸地窄人稠，商民修盖房间任意修筑，并无报官勘丈发给建筑执照之办法，以致漫无限制，非侵占邻基，即占碍道路街巷，因之狭隘，与交通大为不便。以故由管局拟定修造章程。凡修造之户，均须先报由巡警局勘丈明白，发给执照，方准修盖。”1916 年，滨江土地清丈局成立，其主要任务是清丈土地、街基，以收取地租；1919 年滨江县商埠局成立，下设商埠购地处，主要任务是出售土地、街基，这两者均不是专门的建筑管理机构。

直至滨江市政筹备处成立之前，“市政各事仅具雏形，仅设马路工程局司简单之工务，卫生局办理简易之公共卫生而已。纪元前五年（注：1927 年）就原有两局并为市政工所，纪元前四年（注：1928 年）改为市政筹备处。”①滨江市政筹备处

---

① 赵伯俊．滨江市政建计划大纲．大同二年刊：2.

成立之后的1933年，颁布了《滨江市改建计划大纲》，内含《工程技术人员登记条例》（15条）、《暂行建筑规则》（13章210条）、《营造厂及泥木作注册规则》（15条）、《包工通则》（32条）、《招工承包各项工程投标规则》（15条）及《招工投标程序》（10条）等法令，可以说这是道外首次拥有的系统全面的专门的建筑工程方面的法令法规，只不过颁行得太晚，道外整个的城市建筑格局在自发和无序的状态下早已形成，建筑文化也已经基本定型。

不难看出，道外长期以来建筑管理机构、管理制度的缺失，使得建筑文化发展的方向的掌控权一直掌握在建筑的使用者和所有者，即市民阶层的手里，对建筑文化进行整合的任务也自然而然地落在以市民阶层为代表的民众群体的头上，基本上脱离了官方或者说上层社会对于建筑文化的控制，而在近代的市场和商品经济的发展中完成了对建筑文化的整合。

（2）工程承包方式。

清代晚期，哈尔滨地区从事泥、石、木等工种以受雇于人的零工开始出现，呼兰、双城、阿城等建置较早的县城还出现了承建草坯房屋的泥瓦匠作坊、承包房架门窗的木作坊和开山采石的石坊。这类作坊以包工不包料或典工形式受雇于人，逐渐发展，形成行帮。

修建铁路以后，一些俄国建筑包工商云集哈尔滨，承揽建筑和市政设施等的施工任务，但他们一般既无账房，亦无把头，都是承包工程后再层层转包给大大小小的中国把头；这时也出现了一些中国的建筑包工商，类似作坊又不同于作坊，称之为“大柜”，他们从俄国人手里承包工程，再按不同工种层层转包给中国小把头，这就形成了“工程→大柜（大包工商，私人作坊）→大把头→小把头→工匠”这样的工程承包和施工组织方式。这些包工商的柜房也是住宅，既没有固定工人，又少有固定把头，全靠贿赂官府笼络一批大小把头承揽工程施工、采购与运输建筑材料，然后由大小把头招募工人组织施工。“从沙俄时期到日伪统治时期，哈尔滨所有建筑业的作坊、大柜、营造商、作业所和建筑公司，都没有固定形式的建筑工人。每承包到工程，通过大小的把头从社会临时招募。所用力工大都从山东、河北逃荒的农民中招募”[1]。

这样的工程承包和施工组织方式带来的建筑上的影响是，第一，铁路附属地内的建筑工程实际上都是由中国工匠完成的，在建设西式建筑的过程中，从承包工程的大柜到大小把头再到中国工匠都在一定程度上逐渐熟悉和掌握了原本非常陌生的

① 哈尔滨市人民政府地方志办公室．哈尔滨市志·建筑业．http://218.10.232.41:8080/was40/detail?record=137&channelid=27339&back=

西式建筑的墙体砌筑、构造、细部形式等做法，在没有任何理论修养的基础上，完全凭借实践经验获得了另一种建筑文化的知识，这为工匠们参与到建筑文化的整合过程中来提供了最重要的前提和技术保障。第二，铁路附属地内的建筑大都经过俄方专业的工程技术人员的设计和施工指导，而道外建筑工程则极少有专业技术人员进行设计，大柜等包工商与工匠们在长年的施工中也有了对于建筑样式、结构构造做法的相当经验，所以多由甲方的业主与工匠们共同进行设计，如商人武百祥之于同记商场、大罗新商场；源顺泰银号总经理胡润泽，购买傅家甸南头道街至傅家甸南五道街大量空地，自行招工建房百余处出租。1933 年，滨江市政筹备处发布《营造厂及泥木作注册规则》，对土木营造商注册资格与包工范围做出规定："凡向本市区内承包土木或建筑工程之营造厂及泥木作均须遵照本条例呈请本处注册，否则不准营业。"营业执照分甲乙丙丁四等资格：甲等须有资本 5 万元以上及登记工程师或技术员 1 人以上，乙等须有资本 5 000 元以上，丙等须有资本 1 000 元以上，丁等须有资本 100 元以上。甲等得承包一切大小工程，乙等得承包 20 000 元以上之工程，丙等得承包 5 000 元以上之工程，丁等得承包 500 元以上之工程。"凡注册者不得私相顶替或越级承包工程，如欲扩大营业范围须另行注册领照"。[①]从这一规定中不难看出，等级最高的甲等土木营造商也只需工程师或技术员 1 人以上，其下的乙、丙、丁各等级根本没有提及任何技术人员，这至少证明，道外建筑工程在传统上就极少有专业技术人员的参与，整个工程从承包到施工的过程里参与者都是文化特色上具有一致性的民众群体——商人业主、承包商和工匠，他们对于建筑文化整合的下意识的把握依据的完全是市场、商品经济和自身的建筑价值观。

4.1.6 道外近代房地产业

道外近代建筑的发展离不开房地产业的促动和刺激。房地产是房产和地产的组合，房产即在地产上的建筑，"房地产经营一要靠土地本身的条件，如位置、基础条件等的优势而获得较之差劣土地的超额利润，即级差地租Ⅰ，二要靠在同一土地上连续追加投资，通过提高土地的生产率而获得超额利润，即级差地租Ⅱ。……但利用土地的位置以获得级差地租Ⅰ只是房地产经营的初级形式，……要想获得利润，使土地对于其所有者有利可图，就必须对土地进行再开发，即靠在土地上追加投资以获得级差地租Ⅱ。""在房地产业中，土地的再开发就是建房，通过建房取得租金，使对建筑的投资转化为土地的价值从而使土地升值。追求级

① 哈尔滨市人民政府地方志办公室．哈尔滨市志·建筑业．
http://218.10.232.41:8080/was40/detail?record=133&channelid=27339&back=

差地租Ⅱ是房地产经营的高级形式。……当建筑物成为牟取暴利的有效手段时，建筑业的发展也就获得了前所未有的动力”。[46]

（1）土地有偿使用。

道外近代的土地从通商开埠后是有偿使用。1907年设立“哈尔滨商埠公司”时，傅家店、四家子连片成商埠用地，先“拟招股本三十万元，每十元为一股，共计三万股，以作收买民地之用”，然后“把此地划出街道、马路，按宽长十丈为一方，租给华洋商人，修建房屋，开设生意，按年征收租价”①，使土地变为政府财政收入的一项重要来源。

1916年4月，由于四家子地段虽开放多年，但因地点稍偏而“多年未曾兴筑”（《远东报》，1916年5月31日），滨江县知事在向吉林省长、道尹的报告中指出：“近两年，欧战发生，旅哈俄人十去七、八，道里商业一落千丈，傅家甸始挤富庶。俄人已见于此，特经营粮台（又称八站），免去赋税，欲诱我华商兴彼市面。业将粮台地面出放街基、兴修马路、节节进行，其势日通”，“开放四家子商场（商埠）实为刻不容缓之举，知事拟乘此清丈土地、出放街基之际，将四家子划为新市场（新商埠），作为特别区域，既以抵制俄人，且以振兴地面”。关于资金问题，县知事提出“筹办四家子新市场之大端计划也，至一事之成非财莫举，修筑马路、建设平康里、戏园、公园诸款，请省长由四家子地价内拨借10万元”②。出售或出租土地、街基使政府得到的是级差地租Ⅰ，再以这项收入用于市政等设施的建设。

四家子重行开放后，政府“限期兴筑，并特别免除各种捐税五年，以便兴盛地方”（《远东报》，1916年5月31日）；对于地价，傅家甸“按照三等九级办法，自每方丈大洋五角起码至四元五角止”（《远东报》，1916年6月3日），而四家子新街基，每等照前价约加半倍，“每一方丈一等者加一元五角、二等者加一元、三等者加五角，约计所加之数可达五万左右。惟此项增款官府不得提用，只储为地方公益款项，预备建筑马路，兴修江提种种事业”（《远东报》，1916年7月13日），随后，“东四家子地基昨日又经绅商会议决定全数收价，以十万元为限。所有地段高洼不一，大别为三等，上等拟定每丈收价大洋三元，中等二元，下等一元”（《远东报》，1916年7月28日）。关于土地收益即级差地租Ⅰ的最后用途，《远东报》称“傅家甸一方面共得街基价约三十一万元，以二十一万为公家进款，以十万为地方用费。兹闻所谓地方用费即扩充消防、修理江坝、

---

① 哈尔滨商埠公司关于开办日期并拟定招股事宜告示（及简明章程开摺的呈文）. 吉林公署文案处档案（J066-05-0090）.

② 哈尔滨市人民政府地方志办公室. 哈尔滨市志•城市规划.
http://218.10.232.41:8080/was40/detail?record=40&channelid=34213&presearchword=

建设平康公园等等”(《远东报》，1916 年 7 月 30 日)。而且通过建筑滨江县署、滨江公园、滨江地方检察厅、审判厅、模范监狱等政府工程，以及平康里、劝业商场、新世界旅馆和娱乐场等大型工程项目来带动地方的兴盛，进一步招商引资(图 4.3)。

图 4.3　东四家子

随着四家子的开放和土地出售的各种政策，有实力的商人购地建房以获取超额利润级差地租Ⅱ很快形成热潮，致使四家子一带的地价一涨再涨，1917 年的《远东报》上连篇累牍地报道了这一情势:“四家子开放街基后，地皮之招价颇有一日千里之势。近闻东段马路春初开工，平康里、戏园及各局所亦同时入手。傅家甸农产信托公司已规定今年秋季移往四家子，各粮栈同时迁往者必不在少数。故地基非常昂贵，头等地基约值两千五百鲁布”(《远东报》，1917 年 1 月 13 日)。“东四家子街基去岁出放之始最高价者不过大洋五百元。刻闻近日该处地址竟有涨至三、四千鲁布者。说者云，如果平康里之建筑今春能见诸事实，其提涨之数将更不可思议云”(《远东报》，1917 年 3 月 17 日)。“东四家子放出之街基其在县署左右者，因地势平坦，后当街区，两月以前，每一方价至四、五千元，说者即云昂贵已极。近数日来，该处地址每一方竟价至八、九千元，且有至一万一、二者，其蒸蒸日上之势，实出人意外”(《远东报》，1917 年 6 月 10 日)。“道外东四家子新市场北段靠马路左右，地势平坦，报领者众。从前每方街基须俄洋五、六千元方能领得，讵近来每方已涨至一万元有奇”(《远东报》，1917 年 6 月 28 日)。“昨县署出示布告，东四家子出放街基照原价加十分之一，夹荒地方照加十分之二，并声明此项加价用作修筑道路、兴通地面之用”(《远东报》，1917 年 7 月 22 日)。

地价的飞涨无疑更加刺激了建房热潮，建筑业也随之兴旺起来。地价上涨还带来了建筑形式的重大转变，即由单层转向二、三层的多层。

(2)股份制房地产公司。

在房地产开发的方式上，道外近代主要有两种形式。一种是组建股份制房产公司，这是由于“道外商家现因新放之地段甚多，其地主未必皆富有之家，且值此材料昂贵之际，于官家限定之期无力建造房屋者应不乏人。故拟组织一营造公司，规定相当办法，有地者皆可请其修造，该公司借得利息，两有裨益，实应时之举云”(《远东报》，1917 年 5 月 4 日)。1917 年 1 月，滨江殖滨有限公司成立，

“专事推展四家子一带江堤”，“筹划填平江滩，以扩张市面”，“滨江省会集股垫修江滩，定名殖滨有限公司，前曾拟具简章禀请吉林省公署立案。兹闻现已奉文批准，当于日昨招集众股东在商会会议进行之手续。兹将其所议之点探志如下：(一)殖滨公司暂假商会房屋开幕，俟后另购地址再行迁移。(二)股款先交储蓄银行代收，于开幕时提取。(三)交股之期限由本月二十号起至二月一日止，一律缴齐，不得稽延。倘有逾期不缴者，即行另招。(四)原定股本俄洋六十万元，已经招足，分四起交齐。第一期按十分之二五交款，核缴十五万元。其二、三、四期交款之期限随时再定。(五)先铺一小铁道，以便搬运各物，其工程则包于俄人承办”(《远东报》，1917 年 1 月 17 日)。至 5 月“又于码头之东展放一段场地，以兴地面。闻每月约可收租款共计一千余元”(《远东报》，1917 年 5 月 12 日)。其发行的股票最初每张定额一千鲁布，第一次先纳四分之一，即二百五十元，很快销售一空，至 8 月公司股票每股已增至二千卢布以上。“殖滨公司刻下已经垫平之江滩，承租者已行纷如。闻其租金与东四家子自治公产相同，亦每方丈每月为五百鲁布”(《远东报》，1917 年 8 月 19 日)。

1917 年 4 月，殖业公司成立，“苏子青等鉴于本埠产业日益昂贵，特发起一殖业公司，集股五十万元，专以购置产业，翻新修筑，凡人民有因修筑乏款者，该公司亦可借贷。闻所集之股已有成数，昨已禀请警察厅立案，以俟批准即行组织开办”(《远东报》，1917 年 4 月 4 日)。但殖业公司于 1919 年 12 月宣布倒闭。

紧随其后的是同年 5 月成立的由傅巨川、于喜亭等十余商家合资创办的阜成房产股份有限公司(又称合群公司)，存在时间较长，而殖滨与殖业两公司存在时间较短，很快先后倒闭。阜成公司的经营范围主要是承揽房屋建筑工程施工，兼营房屋买卖和出租业务。它有一套较完整的管理机构、规章制度和一定规模的固定的工程技术人员。阜成房产股份有限公司设董事会，董事长傅巨川，副董事长于喜亭，董事有王西园、诸汾伯、王魏卿、徐琴舫、于佐周，监察有陈仲宽、齐振声、庄聘忱，司理有曲季良等(《远东报》，1917 年 11 月 9 日)，柜房设在东四家子仁里街 75 号。公司章程规定，董事长每年二月召开一次董事会议，各董事和股东参加，由董事长向同仁报告预决算事项。董事长和董事任期二年，监察人任期一年，到期改选。

在开发四家子地区时，阜成房产股份有限公司首当其冲。它承揽包建“平康里”建筑工程，受到官府支持并给予优厚照顾(图 4.4)。据 1917 年 5 月 9 日《远东报》载：“阜成房产公司承租四家子平康里地基招股建筑，曾呈请县署酌予免租年限，顷已得县署批准，自本年起免租三年，限满再行起租云。”阜成公司趁免租之机，积极筹集资金，发放股票，“所有款项仿照股份有限公司例，由各界分担募集。

拟定金额60万元，分为6 000股，每股100元”(《远东报》，1917年5月4日)。1918年，阜成公司在“平康里”（后改为荟芳里）落成房屋70余栋，2.8万余平方米，全部租赁给妓馆。同年阜成公司还承建了十六道街的东四家子大舞台工程，1920年阜成房产公司“已经建筑之楼房达三千余间，照时下工料计之约可值大洋三、四百万元”(《远东报》，1920年4月15日)。公司发行的股票票面金额每股1 000卢布，至1918年5月已增高至3 000卢布。

图4.4　平康里

1920年1月13日《远东报》刊出阜成公司开办以来的详细账目：

收入种类：

股本：俄洋三百六十万元

房租：俄洋一百十一万一千八百〇五元七角

利息；俄洋七万八千。四十六元二角九分(此系卖股余款，经职员会议决转入利息。除贷款认息外，尚余此数。)

退款：存俄洋六百十元

更股票手续费：俄洋二百六十二元

实业银行：大洋七百八十元(透支)

牟平银号：俄洋七十五万元(抵借)

以上收入羌洋五百五十四万〇七百二十三元九角九分，大洋七百八十元

建筑种类：

木料：俄洋一百二十二万七千一百七十八元八角八分

零工、车脚：俄洋六万九千三百七十元。五角一分

砖石、石灰：俄洋一百四十二万八千一百七十七元九角二分

机器井：俄洋一万一千一百七十六元

木瓦工作：俄洋一百三十三万八千七百六十九元。三分

种植：俄帖四千〇九十六元

钉铁杂料：俄洋八十七万三千〇六十八元〇三分

贴利：俄洋十万。一千四百八十一元五角三分

以上共大楼房一千二百八十间，小平楼房四百一十间(五区稽查处在外)需俄洋五百。五万三千三百十七元九角。

开销种类：

营业费：俄洋九万三千五百十五元五角七分（开办费在内）

营业器具：俄洋一万九千三百四十七元九角六分

股东利息：俄洋一千五百五十五元八角六分

注册费：俄洋四千六百二十元

房捐：俄洋一万三千一百五十六元九角六分

保险费：俄洋九万一千三百八十二元八角，又大洋七百八十元

公益慈善费：俄洋五千一百九十二元五角

贴助警察费：俄洋三千三百七十六元

薪水：俄洋十九万二千O六十五元一角三分

交际费：俄洋一百七十七元四角

职员、夫马费：俄洋一万三千二百四千元

暂记铺垫：俄洋六百二十四元二角

以上共付出俄洋四十三万八千二百五十四元四角，大洋口 百八十元，现存俄洋四万九千一百五十一元六角九分

阜成房产公司　　董事长傅巨川

副董事长于喜亭

董事徐琴芳王魏卿

王西圆　于佐周

监察人　诸份伯　齐振声

庄聘忱　陈仲宣

同　启

阜成房产公司至1920年年底决算，“所收纯利共四万一千六百五十余元。据云，每股资金二十五元可分红利六、七元云”（《远东报》，1921年1月23日）。“闻该公司以隙地尚多，可建筑大多数房舍，特将股东应分之红利提出一万八千余元，于今年实行增修”（《远东报》，1921年1月30日）。20世纪20年代，阜成房产股份有限公司董事长傅巨川病亡，该公司随之倒闭。

（3）个人房地产商。

道外近代房地产开发的另一种形式是个别的商贾巨富独资开发，自行包工建筑房屋，然后出租，使原有地产进一步升值，以获取级差地租Ⅱ。

据《哈尔滨房产志》记载，中华人民共和国成立前哈尔滨市私人占有房产在200平方米以上者有3 012户，其中占有2 000平方米以上的大房产主114户，主要有胡润泽、姚锡九、李九鹏、朱安东、李梦奎、张廷阁、武百祥、

邵越千、向连喻等人[①]。胡润泽列大房产主之首。

胡润泽，人称胡二爷，辽宁省八面城人，在道外自立门户开设银号，取名“源顺泰”，自任总经理。胡润泽用贩运烟土赚来的不义之财购买了大量的土地、街基，建筑房屋，以收房租获取利润。1917年春，源顺泰银号购买道外南头道街至现五道街的空地，自行招工建房百余处出租。胡润泽由于资金雄厚在傅家甸修建了许多住宅出租，同时，又建筑了豪华的南公馆和北公馆，供自己享用[①]。此外，胡润泽还出资兴建了东四家子的华乐茶园、安乐舞台、南市场等娱乐业设施。1917年3月24日《远东报》载：“道外源顺泰近年异常发达，获利至巨。现闻该号共置有地基三四十处，盖修楼房、平房四百余间，约计全年可得租金二十余万元之谱。商界之殖业者可谓有独无偶也。”“本埠钱商源顺泰，前在各街购置地皮建筑房产刻下每月收取房租约有数十万元之数，足见房产之多。”“道外之富有房产者以源顺泰为首屈一指，合楼房、平房计之不下六、七千间之数，刻下正在修造中者犹不可胜数”（《远东报》，1917年8月24日）。“本埠巨商源顺泰近中已声明不作别种营业，专事经营房屋。据知者云，该号每月所收租金约在四十万卢布左右”（《远东报》，1919年6月6日）。

由此可见，道外近代房地产开发无论是股份制还是个人独资，都极大地刺激了建筑业的繁荣兴盛，使道外在20世纪20年代至30年代左右出现了大批较高质量的建筑。房屋建设均为商贾巨富者承建，所建房屋也都作为商号、剧院、饭店、妓院或出租之用，这样的房地产运作模式也促进了房屋建筑的商品化程度。建筑商品化程度不仅体现在房屋的营销过程中，也同样体现在房屋建筑的生产过程中。在生产过程中，要充分考虑建筑产品在市场上的可接受程度，充分考虑在有限的土地上如何获得最大的利润收益，而这一切都影响到了建筑从群体到单体的基本形式。

在群体布局上，为了获得最大的土地收益，也为了便于出租商用，采取小街坊的形式以增加临街店面，在街坊内则最大限度地提高建筑密度，采用合院式的群体布局，这种布局方式如果排除传统文化心理的影响后，布局本身相比其他的布局方式（如行列式）而言就具有高密度的优越性。而为了进一步提高土地收益，传统院落形态也发生了变化，表现在：①原有院落布局中方向、方位及其所代表的等级制的消失，不再强调正房、厢房各自的正偏，也不强调轴线，院落入口的位置也很随意，这也意味着取消了封建伦理观念下的尊卑长幼等限制，符合商品社会里新的经商观念；②建筑由单层转为多层，大大提高了密度；

---

① 哈尔滨房产志编纂委员会编．哈尔滨房产志．哈尔滨房地产管理局．内部发行，1993：41.

③不仅如此，许多院落的空间比例过于狭长，已失去了外部空间应有的基本尺度，很明显并非是为了满足使用者对外部空间的需要，而仅是为了进一步提高建筑密度，以至于见缝插针，无孔不入，反映出房地产商人唯利是图的本性。

在单体建筑上，如何减少成本和造价、如何缩短建设时间以尽快回收资金、如何有利于营销是首要的原则。具体体现在：①单体建筑临街立面采用西式立面，以显示新潮和流行，有利于营销；②单体面向内院一侧做成木结构外廊的形式，一方面有使用上方便联系各个单体的优越性，另一方面，在相同使用面积的情况下，设外廊比起设置内廊和内楼梯，建筑面积会相对减少，砖和石灰、混凝土等材料的使用量也会随之减少，成本和造价就会降低，施工上也会更加简便快捷；③带外廊的模式化的建筑样式大量地、普遍地应用，无异于同种样式的商品批量化地生产，反映出建筑产品的商品化倾向。

房地产业引起的建筑群体和单体形式的这些变化说明，房地产业不仅对建筑产业发生着重要的影响，也在相当程度上影响到了建筑文化，当中西方的多种文化丛发生文化碰撞时，房地产业也在一定程度上参与并影响了文化的选择以及文化整合的过程。

4.2 道外近代建筑的文化整合途径

文化整合伴随着文化扩散的空间过程而展开，“文化空间冲突的结果一般不是文化征服，而是彼此取长补短，相互融合……当两种异质文化在平等或不平等的条件下接触时，直接与外界接触的物质层面具有最多的与异质文化系统接触的机会，因而常常首先感知其他文化系统的侵入，……物质层面的惰性最小，比较容易改变，它通常会择其优者而从之，因此，文化的借鉴吸收和相互融合也常从物质文化层面开始。”[29]

参与道外近代建筑文化整合的文化丛具有多样性和多源性的特点，因而道外的建筑文化整合的内容涵盖了多个层面、一系列的矛盾综合体，包括不同的文化区和文化圈，如中原和关东，东方与西方；建筑不同的层面，如平面空间、立面形态、装饰形态、构筑形态；还有不同的文化特性，比如雅与俗，新与旧，农与商，乡村与城市，传统与现代，核心与边缘……如此众多的整合内容交织在一起，构成了道外建筑错综复杂的面貌和个性。从文化整合的途径来看，道外近代建筑的文化整合主要有下述几方面。

4.2.1 核心对边缘的同化

核心与边缘的概念针对的是中国传统文化不同的文化区，如第三章所述，在道外近代，北方文化核心区的传统建筑文化随着大批的中原移民以迁移扩散的方式传入文化边缘区的哈尔滨道外，由于关东建筑文化原本就是中原与满族建筑文化融合的产物，核心区的中原建筑文化与边缘区的关东建筑文化之间文化差异性小，而相似性高，两者之间的文化距离也非常小，所以核心区文化的扩散就容易发生；同时，作为客文化即中原建筑文化载体的中原移民在数量上占据多数，因而势必造成对文化边缘区的关东文化进行同化的局面。同化也是文化的融合，是文化交流的一种特殊形式。

“哈埠风尚，西则俄化，中则直鲁化”[43]，这句话准确地表明了哈尔滨近代主要的文化性格，而“中则直鲁化”指的就是道外。在建筑文化上的“直鲁化”就是以直鲁为代表的中原建筑文化对道外的同化，具体表现在：

（1）合院式布局。

道外地处边缘文化区，关东文化中东北大院是本区的主要院落形式，东北大院的主要特点是离散型的布局而非毗连型，用地宽松，院落宽敞。但道外近代的大院多布局紧凑，虽然不是全部的毗连型，但毗连型的院落也占相当数量，除却城市化进程中由于人口压力带来的高密度要求外，中原合院式建筑传统对院落形态的强化也是重要的因素之一。

（2）外廊。

道外近代建筑采用外廊式已成为一种通用的固定模式，即使在有的建筑已有内楼梯的情况下，仍然在朝向内院的部分配以外廊，这至少证明外廊已成为道外建筑固守的一种传统。而这种传统并非东北地区所固有，而是道外近代大量的中原移民所带来的中原建筑文化对边缘区的道外进行同化的结果。作为文化边缘区的关东地区，气候严寒，所以民居建筑一般不出廊，以免遮挡阳光。在中原地区则不然，如北京、山西等地的四合院中，普遍的做法是建筑朝向内院的部分都设前檐廊，而且在转角处都通过抄手游廊将各个建筑单体连为一体，在内院形成一个室内与室外空间之间的过渡，在功能上是风雨无阻、联系方便的交通空间，在空间属性上既是室内空间的室外化，又是室外空间的室内化，为使用者提供了丰富多样的空间感受。这样的居住传统早已在人们的心理上形成一种定式。当中原移民大量涌入道外谋生以后，这种心理定式很难随着环境的变化而消除，即使气候环境更加严寒，即使建筑的层数已由单层转向多层，移民们仍然习惯于内院中有这样的一个过渡空间，仍然希望在建筑的二层以上可以像在平地上一样方便地联系和交往，所以，固守中原地区的外廊传统实际上是核心区的建筑文化对边缘区的道外进行同化的一个显著标志。同时，与外廊相搭配的栏杆、倒挂楣子（挂落）、花牙子等等做法也都是关东地区所没有的，这些也都可以看作文化同化的重要表现（图 4.5）。

a 南二道街原义顺成

b 南四道街 16–22 号

图 4.5　多层建筑的外廊

（3）装饰。

丰富的建筑装饰已成为道外近代建筑的突出特色，这种特色也是缘于核心文化对边缘文化的同化。作为边缘文化区中的建筑，满族的传统民居中很少装饰，汉族民居也仅有少量比较节制的装饰，如山墙墀头的砖雕、山墙上的山坠、腰花等等。而在文化核心区，自清代晚期开始，北京、山西等地在建筑上形成了崇尚繁琐装饰的特点，尤其是同治、光绪年间，为迎合慈禧太后的欣赏趣味，从宫廷到民间都刮起了这股装饰风，有学者称之为“同光体”装饰。在民间，封建的等级制限制了一些有经济实力的商人的建房规模和形制，促使他们把财力大量地用于雕饰，试图以此来显示身份。装饰的特点是注重外表的华丽，外檐装饰多于内檐，装饰的部位比较广泛[50]。比如清末山西的一些民间商人的居住大院，往往在建筑表面铺设大量繁琐的砖雕装饰，炫耀砖雕技巧，讲究玲珑剔透，以显示复杂细腻的工艺，造成华丽的表象。在北京近代的许多铺面房中，也大量铺陈极其繁琐的表面雕饰，而且雕饰的多少和细腻程度似乎已成为店主人商业实力的象征，繁冗细腻而不加节制。文化核心区的这种对繁冗装饰的崇尚在近代已形成一种建筑风尚，势必会随着近代大量移民的迁移而传入道外，在道外近代浓重的商业氛围中找到适宜的土壤。道外大量的以繁琐的附加装饰为特点的所谓“中华巴洛克”建筑以及普遍的对装饰的崇尚与其说是对西方巴洛克装饰风格的模仿，倒不如说是核心文化对道外进行同化的结果（图 4.6）。

装饰同化的另一个表征是装饰题材。道外近代建筑装饰的大量题材是汉文化的民俗吉祥主题，从象征“福禄寿喜”的动物、植物纹样到象征财源兴旺的铜钱等各种器物的纹样、文字等等，这些装饰题材从内容到形式无一不是源自中原地区的汉文化，属于东北文化边缘区的装饰内容几乎难觅踪迹，这也有力地证明，当移民的数量大大超过土著、移民的文化传统优于土著文化时，中原文化就对关东文化形成了大规模同化的局面，而关东文化也失去了独立存在的意义，只能作为中原文化的一种补充和点染（图 4.7）。

此外，道外的商业民俗也表现出核心区的中原文化对边缘文化的同化，尤其是商业招牌、牌匾的设置、三字一组的商号名称等都是“直鲁化”的结果。

4.2.2　内向与外向的重构

（1）外向型立面。

道外近代建筑中，中西建筑文化的交融是极其突出的一个方面，内向与外向实际上包含了中西方在处理建筑形态与空间时不同的文化传统和文化观念，

a 南头道街原同义庆　　b 靖宇街 387 号原泰来仁

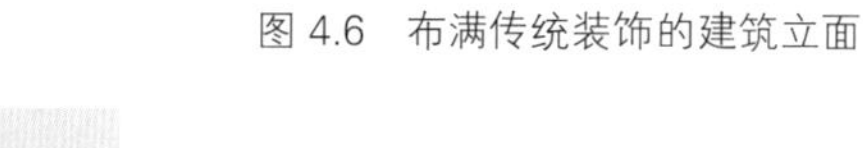

图 4.6　布满传统装饰的建筑立面

a 南二道街原义顺成

b 靖宇街 398 号

c 南二道街原四合堂

图 4.7　布满传统装饰的女儿墙

以及由此而产生的中西方建筑不同的性格特征。

外向型立面是西式建筑的传统做法，建筑的主立面大多直接面临街道或广场，直白、张扬而外向，故而称之为外向型立面。道外近代建筑大都采用了主立面临街的西式立面的处理方式，这与传统建筑的含蓄的特点完全不同。就中国传统建筑而言，尤其在居住建筑中，建筑的主立面是深藏在重重院落之中的，临街的立面是院落的围墙和大门，而主体建筑须经过重重的院落空间才可以到达，从而形成庭院深深、含而不露的性格特点。道外近代建筑选择西式临街立面，就是选择了一种外向的品格，迥异于传统，做这样一种选择，其缘由无疑与道外近代建筑价值观中以实用性为出发点的崇尚西化的观念有密切关系。落实到建筑立面的形式上，建筑的外在形式属于建筑文化里的器物层面，在与外来文化发生文化碰撞时，器物层面的惰性最小，最易发生改变，改变的原则就是“择其优者而从之”。铁路附属地内大量的外国商号的形象与传统的中式店面形象相比，具有很强的示范效应。除了结构上的优越性以外，相对于中式立面来说，西式立面在外观上的宏伟、新颖、现代感和时尚感等全新的特点在充满变化的近代道外足以成为重商的市民阶层和商家首选的外观形象。此外，在浓厚的重商意识影响下，临街立面最佳的用途是做店面，而不是传统的院墙等与商业经营无关的要素（图 4.8，图 4.9）。

（2）内向型空间。

内向型空间指道外近代建筑中模式化的合院式布局，它使建筑组群在空间形态上形成较为封闭、内向的特点。

合院式布局是中国北方通用的一种群体布局模式，它在北方地区具有经久不衰的生命力，这与北方地区，尤其是文化核心区的中原文化中儒家思想的深厚传统是分不开的。儒家文化发祥于此，兴盛于此，加上元明清以后中国封建社会权力统治中心和文化中心都在北方，因而最能体现儒家传统的礼制秩序和伦理道德观念的建筑外化形式——合院式布局，就由一种单纯的建筑形式演化为封建伦理等级秩序和含蓄内敛的品格的象征，是人们的内在文化心理和传统观念的物化表现。这种内向型的合院式空间由于涉及人的文化心理，实际上已经超越了简单的文化器物层面，而上升为文化的心理层面的内容，而心理层面在发生文化碰撞时惰性最大，最不容易被改变，这也是为什么在道外近代建筑层数已由单层变为多层时，仍然采用合院式的群体布局的缘故之一。而且，在内院当中，建筑的二层以上部分设置了外廊，使交通、视线、日常活动等都进一步集中到了内院，大大强化了这一内向的空间性格。

内向与外向的重构，整合出模式化的外廊式楼院形态，成为道外近代建筑

a 立面

图 4.8　北四道街松光电影院

a 南二道街 1–26 号

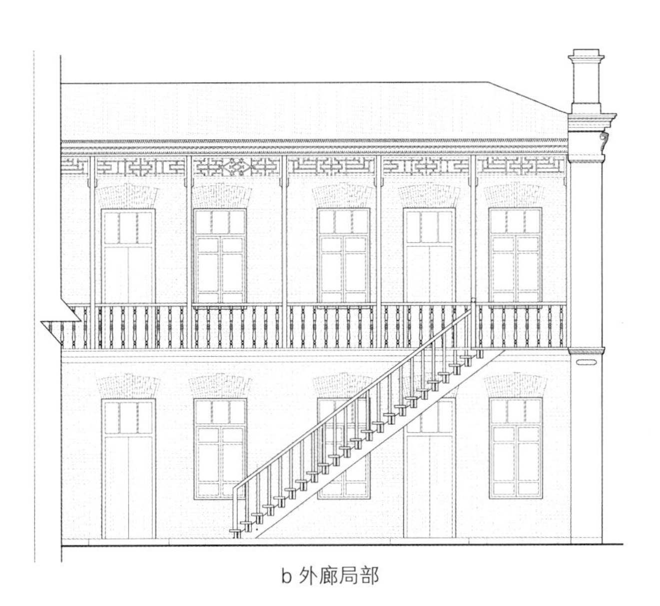

b 外廊局部

b 南四道街 62–68 号

图 4.9　以西式构图为主的立面

中浓墨重彩的一笔。

4.2.3 理性与率性的交融

（1）理性构筑。

在道外近代建筑的文化整合过程中，建筑文化价值观是文化整合的一个重要的制约要素。如前所述，由于建筑的创造者是出自民间的市民阶层而非专业技术人员，因而在价值取向上是以一种实用的态度来崇尚西化、看待中西建筑文化交融的。这种实用可以理解为一种实用理性，而实用理性在建筑上的突出表现就是构筑技术形态从传统到现代的变革，即外来移植。

道外近代虽没有出现过专门针对中国传统建筑构筑体系弊端的批判，但民众群体在日常生活的体验中以及与铁路附属地内西式建筑的对比中，已不难直接分辨出西式建筑与传统建筑之间孰优孰劣，崇尚西式建筑的心理即由此而产生，这是实用理性的价值观的体现。然而要改变传统建筑“高顶椽屋，光线不足”[46]、材料坚固性与耐久性差等弊端，获得反传统的、新式的如西式建筑一样的外观形象，仅仅依靠本土演进式的模仿西式建筑的表面还远远不够，最彻底的办法就是将西式的构筑技术全面移植，从承重墙结构技术、木屋架技术到钢筋混凝土技术等等，全面吸收和借鉴，因为只有结构技术和构筑体系的彻底变革，才可能获得所期望的崭新的立面形式和使用空间。这种对构筑技术采取外来移植，从而实现从传统向现代转型的道外建筑就充分体现了文化整合中实用理性的态度和原则。

（2）率性装饰。

率性与理性相对，是一种非理性的、以直觉感知经验为主的认知和表达方式。对建筑来说，与建筑的坚固安全等性能密切相关的结构、材料等方面是需要用严格的科学和理性的态度来对待的，而对于脱离了构筑技术限制、可有可无的附加装饰来说，自由率性的态度也未尝不可。正因如此，道外的民间工匠们在建筑的装饰上采取了一种非理性的、率性而为的态度和方式，形成了道外近代特有的崇尚装饰，甚至繁琐装饰的特点。这种率性装饰的态度体现在装饰的各个方面。

从装饰的部位上看，道外近代建筑的装饰部位非常广泛，女儿墙、檐口、檐下、窗口、墙面、柱子、门口……几乎所有能够装饰到的地方都可以进行装饰。当然，装饰的多少与业主的经济实力、建造要求、造价等有密切的关系，不能一概而论。如前述的几种主要的立面形态中，A 型、C 型和 D 型的附加装饰都很有限，很节制，只有 B 型的人称“中华巴洛克”建筑的装饰比较无度，如南头道街原同义庆百货店、原天丰源杂货店、南二道街的原义顺成货店、南勋街的原成义公京货店等，装饰的部位从上至下遍及整个建筑立面，覆盖面竟至 70%~80%（门窗口面积除外），几乎达到疯狂而无节制的地步。

从装饰的题材上看，不仅有中国传统的富于吉祥语义的民俗题材，还有西式建筑中比较时髦和抢眼的题材，比如巴洛克建筑中的盾形徽饰、西式的蔓草、新艺术建筑的风格化的曲线、符号等。

从装饰的形式上看，真可谓任意组合、自由发挥，将中西文化交融发挥到了极致。譬如西式的女儿墙上做中式的装饰图案和纹样，西式的柱头上装饰铜钱、花草等纹样，工匠们完全凭借自己对中西建筑文化的理解进行着他们眼中的艺术加工和创造。究其缘由，在近代道外，文化边缘区的地位使这里远离文化核心区的种种等级和条条框框的限制，赋予了建筑使用者和民间工匠以更广阔的创造空间，加上铁路修筑和通商开埠后，人们的思想观念也逐渐由原来的闭塞保守向开放和勇于突破转变，因而自由地创新、标新立异都成为市民阶层的商家和工匠们共同的追求。

不难想象，脱离了结构限制，脱离了制度的制约，附加装饰已然成了商家炫耀实力、工匠自由表达情感的一种方式。工匠们通过自由发挥的装饰来显示自己的创造力和技巧，在建造过程中相互对比、竞赛，激情洋溢，恣意挥洒。同时，通过各种各样的中式民俗装饰主题的极力铺陈和渲染，使人们能够通过建筑体味到移民远离故土时浓重的思乡之情。

4.2.4 雅与俗的嬗变更迭

一般意义上来说，雅文化是在上层统治集团和知识分子中流行的文化，所以又被称为上层文化和精英文化。雅文化具有比较强的理性色彩，有一定的系统性和理论性，反映的是某种文化群体和统治集团的根本利益和价值核心，多由政府推广，自上而下地通过正规渠道进行传播。

俗文化是在百姓中流行的文化，又称大众文化、民间文化和下层文化，具有较强的感性色彩，接近生活，一般没有系统的理论形态。俗文化大都由民间集体创作，主要靠口头和行为传播。与市井生活密切相关的民风民俗等都属于俗文化的范畴。

文化的雅与俗之间看似泾渭分明，相互对立，而实际上，雅文化和俗文化又是相互渗透、界限模糊的。从本质上讲，俗文化是雅文化的源泉，雅文化是俗文化的升华。

道外近代文化中源自民间的、自发形成的文化事项非常之多，由此而形成了道外特有的、浓厚的民俗文化氛围。在建筑文化中，道外近代建筑的创造者大都是民间工匠，本身就是民间俗文化的负载者，因而在建筑文化中展现俗文化的特色和内容就是再自然不过的事了。而与之毗邻的铁路附属地内的建筑文化却完全不同，不仅在于附属地内的建筑都是西方建筑文化的复制，而且在于其设计者，尤其是南岗地区的建筑的设计者，都是专业的建筑设计师，像中东铁路管理局办公楼的方案还是经过俄罗斯本土内的设计竞赛而产生的。这些专业的设计师属于知识分子的精英阶层，代表的是精英文化，因此建筑文化中雅文化的内容占主流。道外建筑在进行仿洋创新和文化整合的过程中向铁路附属地内借鉴的正是这种雅文化的建筑内容。

铁路附属地内的西式建筑文化中，西方古典的柱式、山花等形式是最经典的雅文化的内容，从其产生伊始就是矗立在高高的神坛之上的。虽然经历了漫长的历史变迁，柱式和山花也几度从神坛上走下来来到世俗中间，但是就近代西方的建筑文化而言，柱式等还是最多地用在为资本主义服务的各种政府机构、银行、文化设施等直接为统治集团所掌控的建筑上，因而依然是雅文化的杰出代表。铁路附属地内大量的受复古思潮影响的折中主义建筑许多就是采用柱式为构图要素。

但是，这种西方经典的以柱式为代表的雅文化被引进道外后，不可能继续保持它的雅文化的特性，因为中国的民间工匠们既不能从理论上也不能在实践中对柱式有一个深刻的了解，甚至对柱式严格的比例和尺度也不能做到一定的控制。他们只能根据自己的理解来模仿，这势必要形成对柱式的再加工和再创造。这种改造的内容和手法非常多样，从柱头到柱身、柱础，再到比例和尺度，实际是将工匠们所谙熟的中国木构架的柱子的做法与他们所理解的西式的柱式进行了整合，使之从外观上乍看起来颇有西式柱式的风韵，但细看却是全部经过改造的（图 4.10），柱头上往往模仿西式爱奥尼柱头的涡卷、科林斯柱头的忍冬草叶片，但全然不是原来的模样，或者根本就不是西式的原型，而是一个带鱼鳞纹或网纹的圆柱体，作为窗间柱的柱头上还经常做一些铜钱、花朵之类的纹样；柱身有的有凹槽，但非西式的样式，倒有些像古埃及柱式的凹槽，或是柱身上做出螺旋线；柱础部分最明显的是采用中式的圆鼓形的柱础，但圆鼓上下做类似西式的线脚。诸如此类对柱式的再加工和再创造

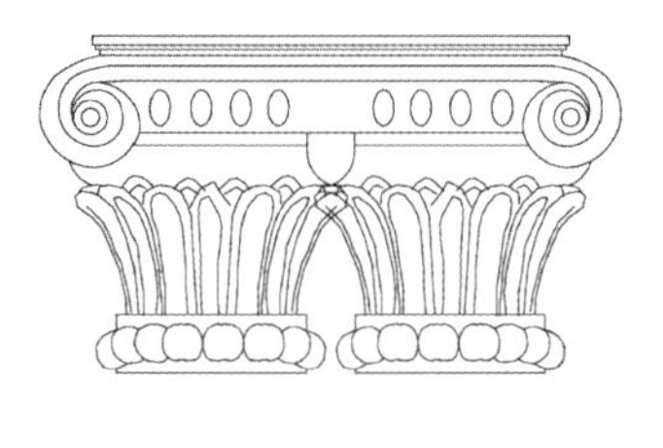

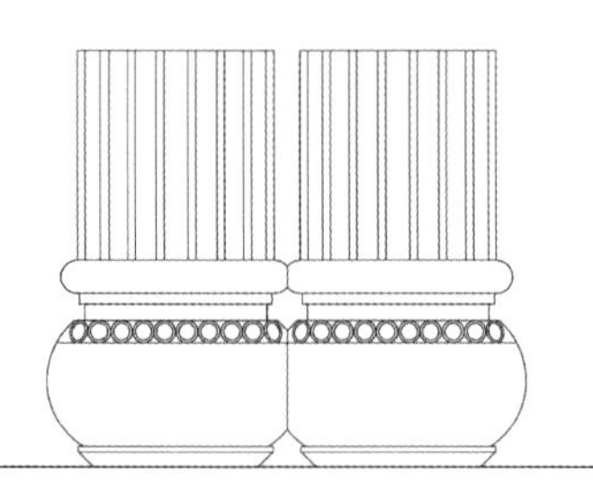

a 原天丰源入口

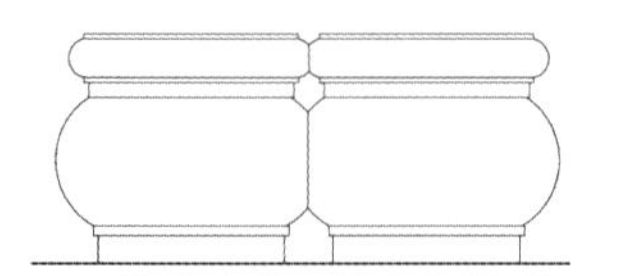

b 原同义庆入口

图 4.10　对柱式的改造

可谓花样繁多，在这里，柱式已完全蜕变为一种不伦不类的装饰物，完全失去了原有的端庄、典雅的气质。

由此可见，改造之后的柱式由于融入了中国工匠的感性的、直觉的、主观的诸多因素，已经完全从西式的雅文化嬗变为道外近代的俗文化。西式柱式被加以中式的改造的过程最鲜明地体现了道外近代建筑文化中雅与俗的嬗变更迭。

4.2.5 原型的遗失与变异

当多种文化发生碰撞，进而发生文化整合的时候，有些文化传统的原型就有可能发生遗失和变异，这就好比把几种颜色的色彩混合到一起进行融合，最终得到的是一种新的颜色，而失掉了原先的几种颜色。道外近代建筑进行文化整合的过程就是这样的情况，原有外来文化丛的许多原型发生了遗失和变异。

原型遗失主要表现在传统合院式布局的新变化上，建筑单体原型、院落原型的布局要素、院落大门等均发生了明显的遗失和变异。道外合院式布局的楼院从文化源地上看是来自北方文化核心区，但是已经很难找出清晰的中原地区的原型形态或东北大院的原型形态，很多大院根本无从分辨正房、厢房，“一明两暗”的建筑单体原型形态也很快消失。院落的围合方式、院落的尺度都发生了新的变化，出现了像南二道街 19 号原仁和永那样狭长的院落空间，像南十五道街 175 号大院里由西向东长近 150 m 的横贯两条辅街的二层外廊式单体建筑。原有的象征伦理和等级秩序的院落的方向、方位、正偏等布局要素都逐渐遗失，因而最终形成的院落空间形态非常多样，但有一点共同之处就是它们都充分考虑了商业经营和房地产开发的要求，即多功能、高密度，进而形成近代道外新型的商居混合的楼院形态。由此可见，这样的原型遗失是在新的城市商品经济的环境之下对传统文化进行的必要调整的结果。

另一个遗失的表现是传统的院落大门形态的遗失。虽然合院式的总体布局被保留下来，但是内向型的院落与西式的外向型立面进行了重构，原来的象征使用者身份地位和家族门面的传统院落的大门形态由于不能适应多层的西式立面而发生遗失，只剩下过街门洞这样一个门口，所谓的“门面”也为了适应商业活动和商业形象的需要而变异为西式的临街立面，或是像 L 形转角建筑强调抹角立面，或是像一字形建筑强调主入口立面。

在取暖方式上也发生了明显的遗失和变异。傅家甸早期的建筑取暖方式是北方的火炕，“烧炕做饭一把火”。随着城市的发展和生活方式的不断改变，原有的单层建筑变成了多层，火炕的形态已不能适应多层建筑的要求。所以民间的工匠们借鉴和吸取了西式的壁炉取暖的优点，将它与中式的火炕的一些特点结合起来，创造出一种新的取暖设施形态，即火墙，在室内的隔墙内设可以通热烟的通道，使墙体受热进而散热而取暖。这样，适应城市生活和多层建筑需要的火墙取代了东北传统的火炕，与火炕相配套的东北的坐地烟囱也由地面移到了屋顶，寝具也由火炕变成了床，火炕这种原型发生了遗失。

从建筑装饰的手法和技巧上看，北方传统民居多用砖雕装饰。而在近代道外，建筑除结构装饰化的花砖和花瓦以外，其他均属于附加的抹灰装饰，技法上类似灰塑，也称为“堆活”，与文化核心区多用的砖雕“凿活”不同。由于立面仿洋，新的水泥砂浆材料和水泥抹灰技术被引进立面装饰中，使得文化核心区传统的砖雕装饰技艺失去了赖以存在的条件，因而砖雕装饰技艺发生了遗失，取而代之的是“堆活”做出的大量抹灰附加装饰，形成道外装饰的一大特色。同时，由于少了很多制度上的条框限制，工匠们率性而为，使得道外建筑的装饰不太讲究细腻而炫目的技巧，而是多了些粗放、粗糙，一些装饰纹样的尺度也略显粗枝大叶，这也说明了装饰文化的原型在道外的变异。

4.3 同类景观的异形——道里与道外

由于文化整合的方式、途径、影响因素的不同，文化整合的结果也不尽相同，表现为同类景观的异形现象。同类景观可以以不同的形态存在，同类景观异形也正是文化的区域差异的主要表现形式。此处所谓的同类景观，指的是与道外近代建筑相类似的、以商住功能为主、具有中西交融特色的大院式建筑，即与道外紧邻的道里，这种大院形式的建筑也在差不多同一时期建造，但其形态特征与道外则有许多不同之处，构成了同类景观的异形。通过将道里的大院式建筑与道外的大院式建筑进行简要的比较，可初步探究一下不同的影响因素对文化整合结果的影响。

4.3.1 道里的区域形成

哈尔滨的道里不仅在地理位置上与道外紧密相连，而且从形成之初就与道外保持着经济和文化上的密切联系。道里由于被划入了中东铁路附属地，因而其建筑的形成和发展与道外走的是完全不同的道路，所形成的建筑文化也是完全不同的。

道里在当时称“埠头区”，是以中国大街为核心发展起来的商业区。中东铁路修筑时，中东铁路工程局将沿江一块荒地拨给从顾乡屯迁来的中国劳工居住，从而形成一条中国人居住的街道，称中国大街（1928 年改称中央大街）。后来，中国劳工从这里逐渐离开，中国大街优越的地理位置被各国商人看中，逐渐发展成为汇集大量外国商号的商业街。加上中国大街及其附近的几条主要大街都通往松花江边的水运码头，货物运输非常便利，因而埠头区很快发展成为哈尔滨繁荣的商业中心。

道里是严格按照城市规划发展起来的城市区域。1898 年中东铁路修筑之初，就由 A.K. 列夫捷耶夫对中东铁路附属地的道里和南岗进行了全面的规划设计，因此道里的城市建筑是按照规划有计划地加以实施的，这与道外完全靠自发而形成的城市建筑是完全不同的。当时规划就以中国大街、新城大街、炮队街等垂直于松花江的主要街道为商业区的主体，主街道两侧是适应商业活动需要的密集的辅街，辅街与辅街之间就是居住街坊，街坊里面很多就是大院式的住宅。在较为科学合理的城市规划的控制之下，道里发展成为具有浓郁异国风情的商业中心，市政设施较为完备，市容整洁，中国大街两侧外国商号林立，洋货、洋房、洋餐、洋车、洋文、洋人……林林总总，使人恍如置身异国他乡，成为哈尔滨近代城市风情的重要写照。

4.3.2 道里大院的主要形态

道里的居住大院在近年来的城市建设过程中已大部分消失了，据老哈尔滨人回忆，原来在尚志大街与兆麟街之间、两条辅街之间的街坊里有典型的居住大院，称“中华胡同”，胡同平行于辅街，两侧就是一个挨一个的大院（图 4.11）。每院住十几户到几十户人家。院落由前后两排住宅和两侧的围墙构成，实际为二合院。建筑为二、三层的多层住宅，外廊式，临街一面的底层设商店，在内院设外廊、外楼梯，并设公共自来水龙头、污水窖和厕所。

图 4.11 原“中华胡同”总平面图

目前仅存的几处大院主要集中在大安街至西十五道街之间，还能基本看出其本来的面貌，这几处居住大院的主要特点是：

①合院式总体布局。这些院落基本都是比较方整的四合院，院落空间不大，但仍属离散型院落构成，围合比较紧密，通过临街建筑底层的过街门洞进入内院。

②建筑单体基本为一字形，内楼梯、内走廊（短内廊），而非道外那样的外廊式，临街的单体建筑朝向内院的一

侧一般有一个凸出的弧形或矩形楼梯间。仅有两个院落，仅正对院落入口位置的建筑为外廊式，外廊也是木制，也有道外式的木柱、雀替、花牙子等。

③临街建筑底层做商铺，立面基本是西式古典建筑语汇，包括山花、柱式等。立面有极少的附加装饰，而且多为几何形线脚。只有一处大院的临街建筑立面上有极少量中式的纹样。整个临街立面看起来是西式建筑的风格特点，而且装饰适度，与道外的仿西式建筑和过度装饰有明显的不同（图 4.12）。

同是商住一体的多层楼院形式，而且都在差不多同一时期建造，然而在道里和道外的表现却有很大差异，这说明，这种同类建筑景观的异形现象的背后有着更深层的文化内涵，它与两个区域的不同区域特色、参与和引导文化整合的人群等因素有着密切的关系。

4.3.3 道里与道外的比较

（1）区域和民众群体文化特色的比较。

道里与道外的同类景观的异形现象的形成，与影响文化整合的诸多要素有关，其中，自然因素的影响无论对道里还是道外都是相同的，所以人文因素就成为主要的影响要素，其中民众群体的文化特色影响最为突出。

从两个区域的文化特点上看，道里和道外都是哈尔滨这一边缘文化附属体内的小区域，都具有边缘文化附属体的典型特色，但最大的不同在于这两个小区域分属两个不同的功能文化区。道里地处中东铁路附属地内，其市政建设和

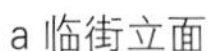
a 临街立面

b 内院

图 4.12　道里西十四道街 6 号大院

管辖权长期归属俄国人，实行的是近代资本主义的城市建设和管理方式，因此形成了相对比较有序的生活文化氛围。而道外则一直归中国政府管辖，其区域文化是在城市商品经济的洪流中完全以自发的方式形成的，因此文化上也多了许多错综复杂的特点。

除了区域的管理体制的不同以外，道里与道外的民众群体，即市民阶层的构成也有很大差异。道里是一个华洋杂处的区域，人群中大部分是外国侨民和外国商人，华人也有在此居住生活者，但其身份多为中国官僚、华商中的巨富、外企或政府机关里的华人高级职员以及一些高级知识分子等等，即以处于城市上层社会的雅文化阶层的人物为主。洋人带来的是近代西方较为先进的物质文明和生活方式，而道里的华人也多是受过教育的新式人物，在思想意识上受近代新式思想的影响较多，很容易接受新事物，接受西方文化。由这些人群构成的市民阶层主导着道里的文化发展，使之成为具有鲜明西方文化特色的都市区域，所形成的都市大众文化中受精英文化影响的成分较多。相比之下，道外的民众群体构成是以华人中的中小工商业者、小商贩、工人、苦力、街头艺人等社会的中下层市民为主，普遍受教育水平较低，自身受封建传统文化影响较深，在文化观念上趋于保守，在文化品位上倾向于城市大众俗文化。

在生活方式上，道里形成以俄罗斯特色为主的西式生活方式，人们西装革履，出门乘俄式马车或现代化的有轨电车，吃的是俄式西餐，出入的是新式的电影院、舞场、咖啡厅等消闲场所；而道外则依然保持中式传统的衣食住行等生活方式，消遣娱乐也以传统的京剧、落子戏、相声、杂耍等戏曲和曲艺形式为主，与道里又形成鲜明对照。

由此可见，区域文化的主要负载者和传播者——民众群体的构成和自身的文化特色在很大程度上决定了区域的文化发展，也决定了文化整合的不同结果，即道里以西式文化为主，是西方文化直接的迁移扩散目的地，西方文化已经奠定了区域的文化基调；道外是西方文化的间接传输地，是以中国传统文化为基调的区域，在文化倾向上更加偏重于城市大众的俗文化。

（2）大院文化特色的比较。

具体到两区的居住大院的异形现象，可以看出：

同一时期同一类型的居住大院，道里大院的西式建筑要素占绝大多数，而且手法相对更纯正一些，较少杂糅，中西交融的特点主要出现在少数的细部，外观上呈现较为“隐性”的特点；而道外大院的中式传统要素居多，对西式要素的模仿比较粗糙，而多层面的中西交融的特色非常突出，呈现出“显性”特征。从道里大院没有普遍使用如道外一样的外廊这一点来看，道里大院虽然在布局形式上采用了中国传统的合院式布局，但各个单体建筑并不像道外那样通过外廊直接联系，实际上对内向空间的心理需求已大为减弱，说明中国文化传统对建筑的制约比之于道外也大大削弱了。

另一方面，道里的大院建造者很可能也是建造道外大院的中国工匠，因为铁路附属地内的西式建筑虽有可能由外国包工商承包，但都会转包给中国“大柜”，最终由中国工匠施工建造。但是，道里的建筑从规划开始就经过专业技术人员的设计，加上业主和使用者（即道里的市民阶层）自身文化特色和倾向与道外完全不同，对建筑文化的要求也不同，因而最终大院的特色必然与整个区域的文化基调相适应，中国工匠所能加以影响的也只能是极少的建筑细部，这也许就是为什么道里大院在临街立面上有时会出现少量不很明显的中式装饰纹样的原因。道里与道外居住大院特色及其影响因素的比较如表 4.2。

表 4.2　道里与道外居住大院特色及其影响因素的比较

		道里	道外
影响因素	区域特色	西方文化为主导	中国传统文化为主导
	民众群体	外国人、华人中的上层人群	华人中的中下层人群
	生活方式	完全西化	保持中式传统
	文化取向	精英阶层雅文化	民间大众俗文化
	思想意识	开放	相对保守
	设计建造	专业设计人员和工匠	非专业的业主和工匠
大院特色	总体布局	合院式，商住一体	合院式，商住一体
	建筑层数	二、三层的多层	二、三层的多层
	建筑单体	内楼梯内廊式，部分外廊式	外廊式为主
	临街立面	较纯正的西式立面	仿西式的中西交融式立面
	中西交融	不明显，隐性为主	很明显，多层面，显性
	细部特征	西式要素居多	中式要素居多
	附加装饰	较少，适度	较多，过度

此外，针对道里大院中也有一些外廊式单体建筑的情况，笔者认为，道里与道外在近代经济文化上的联系非常密切，虽然由不同的行政当局管辖，区域的文化特色也大不相同，但是 1901 年即修筑完成的石头道街把道里和道外紧

密地连接起来，很多在道里经商或工作的人居住在道外，许多商号、机构在道里和道外分别设有分号，所以道里和道外之间双向的商务往来及人群流动始终是频繁而密集的。而人是文化的负载者和进行文化传播的最有效的载体，人群的流动实际上就是文化的流动。道里和道外之间人群的双向流动势必会造成文化扩散的双向流向，一方面，道里的西式建筑文化向道外进行传染扩散，与此同时，道外的近代建筑文化，尤其是居住大院的形式也会通过人群的流动向道里进行反向的扩散，因此在道里出现类似道外的外廊式大院建筑也是合乎情理的，况且合院式布局有利于提高建筑密度，道里大院的使用者也多半是中国人，对这样的大院形式接受起来不会有任何障碍。只不过，在临街的立面处理上更加迎合道里的区域文化特征。

综上所述，哈尔滨近代的道里与道外在同类建筑景观上的异形现象，证明了文化整合过程中整合的主体——人（人群）对文化整合结果的重要影响，证明了人（人群）才是文化整合的决定性因素。

附录1 道外代表性近代建筑分布示意图

Appendix 1 A Sketch Map of Typical Modern Architecture in Daowai

松浦大桥
N
134
127
北新街
二十道街
119
121
125
124
141
118
117
122
114
126
123
113
116
115
120
南新街
133
商住建筑
公共建筑
已毁建筑
30 南二道街103-127号
31 南勋街317-323号
32 南勋街325-331号
33 南勋街333-337号
34 靖宇街392号
35 靖宇街398号
36 北二道街15-19号
37 北二道街33号
38 北二道街47号
39 北二道街50号
40 北二道街53号
41 北二道街57号
42 靖宇街382-384号
43 南三道街61号
44 南三道街63-71号
45 南三道街73-87号
46 南三道街74-78号
47 南三道街91号
48 南三道街97号
49 南三道街112-118号
50 南三道街123号
51 南三道街136-150号
52 靖宇街378号
53 靖宇街363-365号
54 北三道街3号
55 北三道街路西
56 北三道街24-28号
57 北三道街15号
58 北三道街8-22号
59 南四道街16-22号
60 南四道街50号
61 南四道街70号
61 南四道街100-108号
63 南四道街84-89号
64 南四道街路西
65 南四道街路西
66 靖宇街408号
67 北四道街18号
68 北四道街12-16号
69 北四道街22-32号
70 北四道街34-50号
71 北四道街88-112号
72 北四道街与升平街交口路西
73 靖宇街350-354号
74 靖宇街356号
75 靖宇街世一堂
76 靖宇街与北五道街交口路东
77 北五道街33号
78 北五道街71-81号
79 北五道街75号
80 靖宇街350号
81 靖宇街325号
82 靖宇街338-344号
83 南大六道街259号
84 靖宇街334-336号
85 靖宇街297号
86 北大六道街43-47号
87 北大六道街54号
88 北大六道街14号
89 靖宇街与南七道街交口路东
90 靖宇街324-328号
91 南七道街253-257号
92 南七道街262-268号
93 南七道街271号
94 南七道街273-277号
95 靖宇街283号
96 北七道街9-19号
97 靖宇街322号
98 靖宇街312-316号
99 南八道街174-180号
100 南八道街197号
101 北七道街1号
102 靖宇街279号
103 北八道街1号
104 北八道街3号
105 北八道街4号
106 南九道街164-174号
107 靖宇街261-265号
108 靖宇街267-273号
109 北九道街13号
110 北九道街15-19号
111 北九道街16号
112 靖宇街245号
113 南十三道街54号
114 靖宇街192-196号
115 南十五道街175号
116 南十五道街197号
117 靖宇街170号
118 靖宇街172号
119 靖宇街第四医院院内
120 南十六道街246号
121 靖宇街39号
122 靖宇街与南十九道街交口路东
123 靖宇街50号
124 靖宇街23号
125 靖宇街33号
126 靖宇街8号
127 北新街65号
128 景阳街372号
129 新马路74号
130 新马路74号
131 大保障街140号
132 大保障街140号
133 太古街79号
134 景兴胡同13号
135 新马路7号
136 靖宇街421-425号
137 靖宇街422-440号
138 靖宇街446-448号
139 靖宇街308-310号
140 靖宇街397号
141 靖宇街178-188号
142 南三道街7号
143 南三道街102号
144 南三道街124-128号

附录 2　道外代表性近代建筑一览表

Appendix 2　A List of Typical Modern Architecture in Daowai

序号	建筑图片	建造地点	建造年代	建筑概况	保护现状	备注
01		靖宇街 412 号与南头道街交口路东	1920	地上 4 层 砖混结构	不可移动文物建筑	原同义庆中外货店（经理：张慎明） 伪满（滨江）电业局 哈尔滨中西医结合医院纯化医院
02		南头道街 25–29 号	1915	地上 3 层 地下 1 层 砖木结构	不可移动文物建筑	原天丰源货店（由山东人吴子青创办）
03		南头道街 20 号	不详	地上 2 层 砖混结构	历史建筑	原同记工厂
04		南头道街 23 号	不详	地上 2 层	已毁	原老天利剪刀店

续 表

序号	建筑照片	建造地点	建造年代	建筑概况	保护现状	备注
05		南头道街 47–51 号	1920–23	地上 2 层	历史建筑	原天合成药店
06		南头道街 76 号	不详	地上 2 层	已毁	先锋水暖商店
07		南头道街 77–79 号	不详	地上 2 层	尚未划定	—
08		南头道街 30 号	不详	地上 3 层	尚未划定	—
09		南头道街 97 号	不详	地上 3 层	尚未划定	现古董邮币市场

续　表

序号	建筑照片	建造地点	建造年代	建筑概况	保护现状	备注
10		南头道街 99 号	不详	地上 3 层	尚未划定	—
11		南头道街 111 号	1921	地上 2 层	不可移动文物建筑	—
12		靖宇街 383 号与北头道街交口路西	1927	地上 3 层 地下 1 层 砖木结构	不可移动文物建筑	原泰来仁鞋帽货店（经理王介臣） 中成鞋帽货店 福祥鞋帽店 向阳毛皮商店
13		靖宇街 279–281 号与北头道街交口路东	不详	地上 2 层 砖木结构	不可移动文物建筑	原鸿兴隆百货店（1934 年开业） 聚隆合货店 中亚金行
14		北头道街 5–9 号	不详	地上 2 层	历史建筑	—

续　表

序号	建筑照片	建造地点	建造年代	建筑概况	保护现状	备注
15		北头道街 8 号	不详	地上 2 层	历史建筑	—
16		北头道街 11–13 号	1920	地上 4 层 地下 1 层 砖混结构	不可移动 文物建筑	原大罗新环球货店（武百祥创办，1921 年 10 月 10 日开业，是当时道外最大的百货商场）
17		北头道街 16–20 号	不详	地上 2 层	历史建筑	—
18		北头道街 19 号	不详	地上 2 层	历史建筑	檐下以密集的俄文字母为装饰 现檐部已毁
19		北头道街 23 号	不详	地上 2 层	不可移动 文物建筑	—

续 表

序号	建筑照片	建造地点	建造年代	建筑概况	保护现状	备注
20		北头道街 27 号	不详	地上 2 层	历史建筑	—
21		北头道街 29–33 号	约 1920	地上 4 层	历史建筑	原广和成货店
22		北头道街 35–39 号	不详	地上 3 层	历史建筑	—
23		北头道街 41–51 号	不详	地上 1 层	历史建筑	—
24		靖宇街 408 号与南二道街交口路西	1921	地上 3 层 砖木结构	不可移动文物建筑	原四合堂 鸿陞厚金店（1932 年开业） 婚庆用品商店 兴大兴超市 中亚金行

续 表

序号	建筑照片	建造地点	建造年代	建筑概况	保护现状	备注
25		南二道街	1931	地上2层 砖木结构	不可移动 文物建筑	原仁和永绸缎庄（由烟台人金竹亭创办，是烟台仁和永绸缎庄的分号）
26		南二道街61号	1922	地上2层 砖木结构	不可移动 文物建筑	原义顺成，义兴源（义顺成为票号，经营货币兑换业务，义顺源为货栈，贩卖杂货） 黑龙江省水利厅招待所
27		南二道街30号	不详	地上2层	不可移动 文物建筑	—
28		南二道街41–47号	不详	地上2层	不可移动 文物建筑	原同义福（由河北人崔景贤1921年创办，专为采办货物的商人提供住宿、饭店、代办发货等服务。）
29		南二道街91号	不详	地上2层	不可移动 文物建筑	—

续 表

序号	建筑照片	建造地点	建造年代	建筑概况	保护现状	备注
30		南二道街 103–127 号	不详	地上 2 层 砖木结构	不可移动 文物建筑	原德新池 （浴公同业工会址）
31		南勋街 317–323 号	不详	地上 2 层	尚未划定	原鸿兴大
32		南勋街 325–331 号	不详	地上 3 层	尚未划定	原天合泰
33		南勋街 333–337 号	1917	地上 2 层 砖木结构	尚未划定	原成义公、义成兴京货店
34		靖宇街 392 号	1915	地上 2 层	不可移动 文物建筑	老鼎丰 （由浙江人王阿大、许欣庭创建的“老鼎丰南味货栈”，主要经营南方南味点心，是哈市最早的糕点坊之一）

续 表

序号	建筑照片	建造地点	建造年代	建筑概况	保护现状	备注
35		靖宇街 398 号	不详	地上 2 层 砖木结构	历史建筑	原宝兴长茶庄 靖宇收购寄卖商行
36		北二道街 15–19 号	不详	地上 2 层	尚未划定	—
37		北二道街 33 号	不详	地上 2 层	已毁	只剩门口
38		北二道街 47 号	不详	地上 2 层	已毁	—
39		北二道街 50 号	不详	地上 2 层	尚未划定	—

续 表

序号	建筑照片	建造地点	建造年代	建筑概况	保护现状	备注
40		北二道街 53 号	不详	地上 2 层	尚未划定	—
41		北二道街 57 号	不详	地上 3 层	历史建筑	—
42		靖宇街 382-384 号与南三道街交口路东	不详	地上 2 层砖混结构	不可移动文物建筑	30 年代时曾为“裕庆德毛织厂”门市
43		南三道街 61 号	不详	地上 2 层	不可移动文物建筑	—
44		南三道街 63-71 号	不详	地上 2 层	不可移动文物建筑	—

续 表

序号	建筑照片	建造地点	建造年代	建筑概况	保护现状	备注
45		南三道街 73–87 号	不详	地上 2 层	不可移动文物建筑	原世昌应（东北三省总督徐世昌的私宅）
46		南三道街 74–78 号	不详	地上 2 层	不可移动文物建筑	—
47		南三道街 91 号	不详	地上 3 层	不可移动文物建筑	女儿墙模仿马迭尔
48		南三道街 97 号	不详	地上 2 层	不可移动文物建筑	—
49		南三道街 112–118 号	不详	地上 2 层	不可移动文物建筑	—

续 表

序号	建筑照片	建造地点	建造年代	建筑概况	保护现状	备注
50		南三道街123号	不详	地上3层	已毁	原顺源当
51		南三道街136-150号	不详	地上2层	不可移动文物建筑	原福德永（山西人孙茂堂创办，20世纪30年代初开业，主要经营鞋帽批发。一楼商铺，二楼出租）
52		靖宇街378号	1917	地上3层	不可移动文物建筑	原三友照相馆
53		靖宇街363-365号与北三道街交口路东	1922前	地上2层 砖混结构	不可移动文物建筑	原中国银行 道外新华书店 原本转角顶端有半圆形穹顶，墙体表面用条纹砖
54		北三道街3号	不详	地上3层	不可移动文物建筑	原宝隆峻钱粮业的所有者王丹实的房产，院内有两层高的阳光房

续 表

序号	建筑照片	建造地点	建造年代	建筑概况	保护现状	备注
55		北三道街	不详	地上 2 层	不可移动文物建筑	原传为妓院
56		北三道街 24–28 号	不详	地上 2 层	不可移动文物建筑	—
57		北三道街 15 号	不详	地上 2 层	尚未划定	—
58		北三道街 8–22 号	不详	地上 2 层	不可移动文物建筑	—
59		南四道街 16–22 号	不详	地上 2 层 局部 3 层 砖混结构	历史建筑	原恒聚银行 中共道外区委

续 表

序号	建筑照片	建造地点	建造年代	建筑概况	保护现状	备注
60		南四道街 50 号	不详	地上 3 层	尚未划定	—
61		南四道街 70 号	不详	地上 3 层	尚未划定	—
62		南四道街 100–108 号	不详	地上 3 层	尚未划定	—
63		南四道街 84–89 号	1917	地上 3 层 砖木结构	历史建筑	原殖边银行
64		南四道街	不详	地上 3 层	尚未划定	—

续 表

序号	建筑照片	建造地点	建造年代	建筑概况	保护现状	备注
65		南四道街	不详	地上 3 层	尚未划定	—
66		靖宇街 408 号与北四道街交口路西	1930	地上 2 层 砖木结构	不可移动文物建筑	原震美照相馆 世恩牙科诊所 正阳珠宝行 靖宇典当行
67		北四道街 18 号	1930	地上 4 层 地下 1 层 砖混结构	市级文保单位	原交通银行哈尔滨分行 庄俊建筑师事务所设计，1928 年始建，钢筋混凝土楼板 （现）中国农业银行黑龙江省分行
68		北四道街 12–16 号	不详	地上 2 层 砖混结构	历史建筑	—
69		北四道街 22–32 号	不详	地上 2 层 砖混结构	历史建筑	—

续 表

序号	建筑照片	建造地点	建造年代	建筑概况	保护现状	备注
70		北四道街34-50号	不详	地上2层	历史建筑	—
71		北四道街88-112号	不详	地上2层	不可移动文物建筑	原松光电影院
72		北四道街与升平街交口路西	不详	地上2层	尚未划定	—
73		靖宇街350-354号与南五道街交口路东	1917？	地上3层	不可移动文物建筑	原大东书局、泰东书局
74		靖宇街356号与南五道街交口路西	1927	地上3层	不可移动文物建筑	原益发合百货店 哈尔滨皮鞋公司 五金电料公司 原立面有改动

续 表

序号	建筑照片	建造地点	建造年代	建筑概况	保护现状	备注
75		靖宇街	不详	地上 3 层	历史建筑	世一堂
76		靖宇街与北五道街交口路东	不详	地上 4 层	尚未划定	原福寿堂药店 宝华鞋店
77		北五道街 33 号	不详	地上 2 层	尚未划定	—
78		北五道街 71–81 号	不详	地上 2 层	历史建筑	—
79		北五道街 61 号	不详	地上 2 层	尚未划定	—

续 表

序号	建筑照片	建造地点	建造年代	建筑概况	保护现状	备注
80		靖宇街350号与南小六道街交口路西	1917？	地上3层	不可移动文物建筑	亨达利钟表眼镜店
81		靖宇街325号与北小六道街交口路西	1921	地上3层 砖混结构	不可移动文物建筑	原泰华西药店
82		靖宇街338-344号与南大六道街交口路西	1919	地上3层	不可移动文物建筑	原德庆益中药店（1933年开业）
83		靖宇街334-336号与南大六道街交口路东	1925	地上2层	不可移动文物建筑	原义和堂中药店（1944年开业） 亨得利眼镜店
84		南大六道街259号	不详	地上2层	尚未划定	—

续 表

序号	建筑照片	建造地点	建造年代	建筑概况	保护现状	备注
85		靖宇街297号与北大六道街交口路东	1930？	地上2层	不可移动文物建筑	原益发源货店
86		北大六道街43-47号	1942	地上3层	不可移动文物建筑	—
87		北大六道街54号	不详	地上1层	历史建筑	—
88		北大六道街14号	1936	地上2层 砖混结构	不可移动文物建筑	原基督教浸信会教堂 道外基督教会
89		靖宇街与南七道街交口路东	不详	地上2层	不可移动文物建筑	—

续 表

序号	建筑照片	建造地点	建造年代	建筑概况	保护现状	备注
90		靖宇街324-328号与南七道街交口路西	不详	地上2层	不可移动文物建筑	—
91		南七道街253-257号	不详	地上2层	尚未划定	—
92		南七道街262-268号	不详	地上2层	历史建筑	—
93		南七道街271号	不详	地上3层	历史建筑	—
94		南七道街273-277号	不详	地上2层 砖混结构	历史建筑	—

续　表

序号	建筑照片	建造地点	建造年代	建筑概况	保护现状	备注
95		靖宇街 283 号与北七道街交口路西	不详	地上 2 层	不可移动文物建筑	原《国际协报》社址（1919 年《国际协报》社由长春迁此，该报是哈尔滨发行时间较长、影响较大的一家报纸）
96		北七道街 9-19 号	不详	地上 2 层	尚未划定	—
97		靖宇街 322 号与南八道街交口路西	不详	地上 2 层	不可移动文物建筑	20 世纪 30 年代“世兴钱庄”、“合盛东杂货店”“海发园饭店”旧址
98		靖宇街 312-316 号与南八道街交口路东	不详	地上 2 层	历史建筑	20 世纪 30 年代是同昌药房
99		南八道街 174-180 号	不详	地上 2 层	尚未划定	现只剩外墙

续 表

序号	建筑照片	建造地点	建造年代	建筑概况	保护现状	备注
100		南八道街 197 号	1936	地上 2 层	尚未划定	—
101		北七道街 1 号 靖宇街与北七、八道街交口	20 世纪 20 年代	地上 2 层	不可移动 文物建筑	道外区人民医院 市第八医院
102		靖宇街 279 号与北八道街交口路东	不详	地上 3 层	尚未划定	原奉天储蓄会哈尔滨分会 奉天商工银行哈尔滨分行 60 年代后原立面被更改
103		北八道街 1 号	不详	地上 3 层	尚未划定	—
104		北八道街 3 号	不详	地上 1 层	历史建筑	原滨江县立女子高等小学校 滨江县立第五小学 正阳北小学校

续 表

序号	建筑照片	建造地点	建造年代	建筑概况	保护现状	备注
105		北八道街 4 号	不详	地上 2 层	尚未划定	—
106		南九道街 164–174 号	不详	地上 2 层	尚未划定	现只剩外墙
107		靖宇街 261–265 号与北九道街交口路东	1931 前	地上 3 层 砖木结构	不可移动文物建筑	原银京照相馆 道外区少儿图书馆
108		靖宇街 267–273 号	1915？	地上 2 层	不可移动文物建筑	—
109		北九道街 13 号	不详	地上 3 层	尚未划定	—

续 表

序号	建筑照片	建造地点	建造年代	建筑概况	保护现状	备注
110		北九道街 15–19 号	不详	地上 3 层	尚未划定	—
111		北九道街 16 号	不详	地上 2 层	尚未划定	—
112		靖宇街 245 号与北十道街交口路西	1910	地上 2 层	不可移动文物建筑	—
113		南十三道街 54 号	1935	地上 1 层 砖木结构	市级文保单位	哈尔滨清真寺，又称道外清真寺、清真东寺，设计师是克拉勃廖夫兄妹，为东北最大的清真寺
114		靖宇街 192–196 号与南十五道街交口路东	不详	地上 2 层	历史建筑	（现）玛克威鞋帽城

续　表

序号	建筑照片	建造地点	建造年代	建筑概况	保护现状	备注
115		南十五道街 175 号	不详	地上 2 层	尚未划定	重修过，细部有差异
116		南十五道街 197 号	不详	地上 2 层	尚未划定	重修过，细部有差异
117		靖宇街 170 号与南十六道街交口路东	1920	地上 2 层 砖木结构	不可移动文物建筑	原小世界饭店 中共北满特委《哈尔滨新报》旧址 仁里街派出所 玛克威商厦
118		靖宇街 172 号与南十六道街交口路西	1920	地上 4 层 砖混结构	历史建筑	原新世界饭店（创始人朱安东，1918 年始建，施工单位阜成房产股份有限公司，1920 年新址开业） 市第四医院内科楼
119		靖宇街第四医院院内	不详	地上 2 层 砖混结构	不可移动文物建筑	原滨江县公署

续 表

序号	建筑照片	建造地点	建造年代	建筑概况	保护现状	备注
120		南十六道街 246 号	不详	地上 3 层	尚未划定	原第八百货商店（现）家家副食品商场
121		靖宇街 39 号	1901	地上 2 层 砖木结构	不可移动文物建筑	原胡家大院（房地产商人胡润泽的房产）
122		靖宇街与南十九道街交口路东	不详	地上 2 层	已毁	—
123		靖宇街 50 号与南十九道街交口路西	不详	地上 2 层	已毁	—
124		靖宇街 23 号与北十九道街交口路西	不详	地上 2 层	市级文保单位	周恩来早年来哈住址，原为哈尔滨早期著名教育家、社会活动家邓洁民住宅，周恩来两次来哈均住于此。

续　表

序号	建筑照片	建造地点	建造年代	建筑概况	保护现状	备注
125		靖宇街 33 号	不详	地上 2 层	历史建筑	现杨靖宇红军小学 哈市大同小学靖宇分校
126		靖宇街 8 号	不详	地上 2 层	尚未划定	—
127		北新街 65 号	1906~1907	单层 三进院落	省级文保单位	原哈尔滨关道 1907 年设治时建设。原为青砖砌筑三进院落，有东西跨院，至 21 世纪初仅有少量遗存。2005 年复建
128		景阳街 372 号	1929	地上 2 层 砖混结构	不可移动文物建筑	原平安电影院 （哈市最早放映有声电影的影院） 水都电影院 中央大戏院 新闻电影院
129		新马路 74 号	1924	地上 3 层 地下 1 层	历史建筑	原吉黑榷运局 （建筑师佛莱勃，承修人王兰亭）

续 表

序号	建筑照片	建造地点	建造年代	建筑概况	保护现状	备注
130		新马路 74 号	不详	地上 1 层	已毁	原吉黑榷运局仓库
131		保障街 140 号	1926	地上 2 层 地下 1 层 砖木结构	省级文保单位	原东三省防疫管理处，为中国防疫泰斗伍连德创立的哈尔滨鼠疫研究所、滨江医院和东北防疫管理处所在地 （现）伍连德纪念医院
132		保障街 140 号	1922	地上 2 层 地下 1 层 砖木结构	省级文保单位	原哈尔滨鼠疫研究所 （现）伍连德纪念馆
133		太古街 79 号	不详	地上 1 层 砖木结构	不可移动文物建筑	原武圣庙
134		景兴胡同 13 号	不详	地上 1 层 木结构	已毁	原龙王庙

续 表

序号	建筑照片	建造地点	建造年代	建筑概况	保护现状	备注
135		新马路7号	不详	主体5层 局部2层 砖混结构	尚未划定	原万福广火磨（1919年从俄国人手里收购，后出售成为东兴火磨二厂，1932年后称日满火磨二厂）
136		靖宇街421-425号	不详	地上3层	不可移动文物建筑	—
137		靖宇街422-440号	不详	地上2层	历史建筑	已重修
138		靖宇街446-448号	不详	地上2层	历史建筑	已重修
139		靖宇街308-310号	不详	地上2层	历史建筑	—

续 表

序号	建筑照片	建造地点	建造年代	建筑概况	保护现状	备注
140		靖宇街 397 号	不详	地上 2 层	历史建筑	—
141		靖宇街 178–188 号	不详	地上 2 层	历史建筑	—
142		南三道街 7 号	不详	地上 3 层	不可移动文物建筑	—
143		南三道街 102 号	不详	地上 2 层	不可移动文物建筑	原宝昌源
144		南三道街 124–128 号	不详	地上 2 层	不可移动文物建筑	—

参考文献
References

[1] 哈尔滨市道外区地方志编纂委员会 . 道外区志 [M]. 北京：中国大百科全书出版社，1995.

[2] 侯幼彬 . 中国近代建筑的发展主题：现代转型中国近代建筑研究与保护（二）[M]. 清华大学出版社，2001.

[3] 纪凤辉 . 哈尔滨寻根 [M]. 哈尔滨：哈尔滨出版社，1996.

[4] 李述笑 . 哈尔滨历史编年：1763—1949[M]. 哈尔滨：黑龙江人民出版社，2013.

[5] 柳成栋，王伟光 . 哈尔滨近代城市纪念日的权威日期是设治之日 [J]. 黑龙江史志，1994(5)：28-30.

[6] 池子华 . 中国流民史（近代卷）[M]. 武汉：武汉大学出版社，2015.

[7] 李德滨，石方 . 黑龙江移民概要 [M]. 哈尔滨：黑龙江人民出版社，1987.

[8] 陈绍南 . 哈尔滨经济资料文集（1896—1946）：第一辑机构・商会・贸易 [M]. 哈尔滨：哈尔滨市档案馆，1990.

[9] 武百祥 . 五十年自述 [M]// 中国人民政治协商会议黑龙江省委员会文史资料委员会 . 黑龙江文史资料第二十六辑武百祥与同记 . 哈尔滨黑龙江人民出版社，1989.

[10] 陈绍南 . 哈尔滨经济资料文集（1896—1946）：第三辑工业・交通・邮电 [M]. 哈尔滨：哈尔滨市档案馆，1991.

[11] 黄兴涛 . 闲话辜鸿铭：一个文化怪人的心灵世界 [M]. 桂林：广西师范大学出版社，2001.

[12] 叶涛，吴存浩 . 民俗学导论 [M]. 济南：山东教育出版社，2002.

[13] 张伟男 . 东三省防疫处旧址和防疫泰斗伍连德博士 [J]. 北方文物， 2000(4)：87-88.

[14] 刘大志 . 旧时哈尔滨的娼妓业 [M]// 中国人民政治协商会议黑龙江省哈尔滨市委员会文史资料委员会 . 哈尔滨文史资料第十九辑 [M]. 哈尔滨：黑龙江人民出版社，1995.

[15] 西泽泰彦 . 哈尔滨近代建筑的特色 . 中国近代建筑总览　哈尔滨篇 [M]. 北京：中国建筑工业出版社，1992.

[16] 刘松茯，莫畏 . 哈尔滨的 " 中华巴洛克 " 建筑及其特征中国近代建筑研究与保护（四）[M] 清华大学出版社，2004.

[17] 梁玮男 . 哈尔滨“新艺术”建筑的传播学解析 [D]. 哈尔滨：哈尔滨工业大学，2005.

[18] 姜娓娓 . 建筑装饰与社会文化环境 [D]. 北京：清华大学，2004.

[19] 弗拉维奥・孔蒂 . 巴罗克艺术鉴赏 [M]. 李宗慧，译 . 北京：北京大学出版社，1992.

[20] G.F. 赫德逊 . 欧洲与中国 [M]. 王遵仲，李申，张毅，译 . 北京：中华书局，2004.

[21] 郑军 . 民间吉祥图案 [M]. 北京：北京工艺美术出版社，2005.

[22] 聂志高，王素娟，吴基正，等 . 金门洋楼住宅外廊立面装饰之研究——以檐墙及檐部饰带的装饰为例 [J]. 建筑学报，2005（51）:77-80.

[23] 沈利华，钱玉莲 . 中国吉祥文化 [M]. 呼和浩特：内蒙古人民出版社，2005.

[24] 丁世良，赵放 . 中国地方志民俗资料汇编・东北卷 [M]. 北京：北京图书馆出版社，1989.

[25] 方式济 . 龙沙纪略 [M]. 北京：中华书局，1991.

[26] 刘东璞 . 哈尔滨胡家大院的实态与再利用研究 [D]. 哈尔滨：哈尔滨工业大学，2003.

[27] 李海清 . 中国建筑现代转型 [M]. 南京：东南大学出版社，2004.

[28] 刘松茯 . 哈尔滨城市建筑的现代转型与模式探析 [D]. 哈尔滨：哈尔滨工业大学，2001.

[29] 周尚意，孔翔，朱竑 . 文化地理学 [M]. 北京：高等教育出版社，2004.

[30] 郑永禧 .《衢县志》卷六 [M]. 台北：成文出版社，1983.

[31] 石方 . 黑龙江区域社会史研究 :1644 —1911[M]. 哈尔滨：黑龙江人民出版社，2002.

[32] 丁世良，赵放 . 中国地方志民俗资料汇编・华北卷 [M]. 北京：北京图书馆出版社，1989.

[33] 魏丽丽，乔景顺 . 冀南民居“两甩袖”[J]. 河北建筑科技学院学报，2006，23(3)：27-29.

[34] 陆元鼎，杨谷生 . 中国民居建筑（中卷）[M]. 广州：华南理工大学出版社，2003.

[35] 柏忱 . 火炕小考 [J]. 黑龙江文物丛刊 . 1984：9(1)：98-99.

[36] 张杰，张丹卉 . 清代东北边疆的满族 [M]. 沈阳：辽宁民族出版社，2005.

[37] 张驭寰 . 吉林民居 [M]. 天津：天津大学出版社，2009.

[38] 魏毓兰，馨若氏 . 龙城旧闻 [M]. 哈尔滨：黑龙江人民出版社，1986.

[39] 姜维公，刘立强 . 吉林外记 . 黑龙江外记 [M]. 哈尔滨：黑龙江教育出版社，2014.

[40] 魏声龢 . 鸡林旧闻录 . 长白山丛书初集 [M]. 长春：吉林文史出版社，1986：47.

[41] 辽左散人 . 滨江尘嚣录 [M]. 哈尔滨新华印书馆，1929.

[42] 钱单士厘 . 癸卯旅行记・旧潜记 [M]. 长沙：湖南人民出版社，1981.

[43] 赵君豪 . 游尘琐记 [M]. 上海：琅玕精舍，1934.

[44] 石方，高凌 . 传统与变革——哈尔滨近代社会文明转型研究 [M]. 哈尔滨：黑龙江人民出版社，1995.

[45] 陈国庆 . 中国近代社会转型研究 [M]. 北京：社会科学文献出版社，2005.

[46] 赖德霖 . 中国近代建筑史研究 [M]. 北京：清华大学出版社，2007.

[47] 侯幼彬 . 文化碰撞与“中西建筑交融”[J]. 华中建筑，1988(3):6-9.

[48] 刘万钧，郑志宏，曹默，等 . 满洲黑手党——俄国纳粹黑幕纪实 [M]. 哈尔滨：黑龙江人民出版社，1989.

[49] 李天纲 . 人文上海——市民的空间 [M]. 上海：上海教育出版社，2004.

[50] 萧默 . 中国建筑艺术史下 [M]. 北京：文物出版社，1999.

[51] 杨秉德，蔡萌 . 中国近代建筑史话 [M]. 北京：机械工业出版社，2004.

[52] 张海林 . 近代中外文化交流史 [M]. 南京：南京大学出版社，2003.

[53] 施坚雅 . 中华帝国晚期的城市 [M]. 叶光庭，徐自立，王嗣均，等，译 . 北京：中华书局，2000.

[54] 顾长声 . 传教士与近代中国 [M].3 版 . 上海：上海人民出版社，2004.

[55] 沙永杰 . “西化”的历程——中日建筑近代化过程比较研究 [M]. 上海：上海科学技术出版社，2001.

[56] 张复合 . 北京近代建筑史 [M]. 北京：清华大学出版社，2004.

[57] 罗哲文，杨永生 . 失去的建筑 [M]. 增订版 . 北京：中国建筑工业出版社，2002.

[58] 董黎 . 中国教会大学建筑研究——中西建筑文化的交汇与建筑形态的构成 [M]. 珠海：珠海出版社，1998.

[59] 唐晓峰 . 人文地理随笔 [M]. 北京：三联书店，2005.

[60] 迈克・克朗 . 文化地理学 [M]. 杨淑华，宋慧敏，译 . 南京：南京大学出版社，2003.

[61] 吴格言 . 文化传播学 [M]. 北京：中国物资出版社，2004.

图片来源
Picture Credits

图 1.1，图 2.1，图 2.4，哈尔滨建筑艺术馆编 . 哈尔滨旧影大观 . 哈尔滨：黑龙江人民出版社，2005

图 1.2，图 2.10，吉林省档案馆

图 2.8，图 2.9，张洋主编 . 哈尔滨特别市道外商会会刊第一号 .1934 年 11 月

图 2.19，[日] 越沢明 . 哈尔浜の都市計畫 (1898–1945) . 東京：総和社，1989

图 2.24，图 2.30，图 2.87，曾一智著 . 城与人：哈尔滨故事 . 哈尔滨：黑龙江人民出版社，2002

图 2.25，聂云凌主编 . 哈尔滨保护建筑 . 哈尔滨：黑龙江人民出版社，2005

图 2.35，哈尔滨房产志编纂委员会编 . 哈尔滨房产志 . 哈尔滨房地产管理局 . 内部发行，1993

图 2.36，图 2.109，图 2.110，图 2.111，黑龙江省政协，《退休生活》杂志社编 . 画说哈尔滨 . 北京：华龄出版社，2002

图 2.49，图 2.66，哈尔滨市城市规划局，哈尔滨工业大学城市设计研究所编制 . 哈尔滨市道外传统商市风貌保护区规划与设计 .2000

图 3.1，周尚意，孔翔，朱竑编著 . 文化地理学 . 北京：高等教育出版社，2004

图 3.2，图 3.4，图 3.8，侯幼彬编著 . 中国建筑艺术全集 (第 20 卷) 宅第建筑 (一) (北方汉族) . 北京：中国建筑工业出版社，1999

图 3.3，萧默主编 . 中国建筑艺术史 (下) . 北京：文物出版社，1999

图 3.5，图 3.6，陆元鼎主编 . 中国民居建筑 (中卷) . 广州：华南理工大学出版社，2002

图 3.7，张驭寰著 . 吉林民居 . 北京：中国建筑工业出版社，1985

图 2.5，图 2.103，图 2.104，图 4.1，图 4.2，图 4.3，图 4.4，来源：网络

[注]：
本书除上述图片外，其余照片及插图均为作者拍摄绘制。
测绘图来源于 1998~2016 年哈尔滨工业大学建筑学院学生测绘实习作业。

后 记
Postscript

我生长在哈尔滨，但在我人生的前二十多年时间里，道外之于我，几乎是一个传说。隐约知道有这么一个地方，但因家里没有亲朋住在那里，所以也没有产生过想去的念头。真正去道外还是工作以后，第一感觉是恍如哈尔滨市外。其后因为工作的原因又多次去过，在靖宇街上和街道两侧的院落中看我不太熟悉的各种建筑，但内心对它隐隐只一句话：想说爱你不容易。

直到读了博士，而且误打误撞地选择了道外近代建筑作为我的博士论题，我才真正跟道外纠缠在一起，参与纠缠的还有我的儿子。从他出生到我博士毕业的几年中，我头脑中只装着两件事：儿子，道外。相比抚养儿子的艰辛，道外才更让我魂牵梦绕、爱怨交织。

不得不一次次踏进各种杂乱甚至破败的大院，爬上摇摇欲坠的楼梯和外廊，拍照、访问、测绘，但是同时也不断地收获一次次的惊喜。对道外了解得越多，才越发觉得在这个曾经我不熟悉的道外，蕴含着无数不曾言说的过往。杂乱的大院掩不住曾经的繁华和光鲜，华丽的楼宇也掩不住时光流逝的苍凉。我从前记忆中洋味十足的哈尔滨其实并不是完整的哈尔滨，道外才是传统文化传承和立新图变的地方。这些民俗与洋风相结合的大大小小的院落里深藏着闯关东的民众的理想、奋斗和沧桑，墙上繁复的花饰和檐下的楣子挂落间镌刻着浓浓的乡愁、不羁的创造和奔涌的活力。这里的建筑比哈尔滨其他任何地方都更清晰地记录了近代不同文化间的碰撞、交流和融合，承载了丰富的民间智慧和创造，虽难登大雅，却无碍它被好好地记录、认真地研究。

是道外成就了我的博士论文，让我第一次独立完成了真正的科研工作。在这个过程中，我的导师侯幼彬教授教我真正懂得了“学术”的内涵和意义，亦师亦友的刘大平教授教我用全新的视角去观察、去读懂道外和它的建筑文化。还有许许多多的师长、同学、朋友甚至素昧平生的人为我提供各种资料、给予我无私的帮助，我将我的感激和他们的名字一起珍藏心底。

在毕业整整十年后的今天，这本在博士论文基础上重新调整修改而成的小书即将付梓，我内心的忐忑一如十年前的毕业答辩前夕。十年间新的研究成果不断涌现，使我时时惴惴于能否跟得上节奏，只能尽我有限的力量为哈尔滨近代地域建筑研究轻添一笔。感谢卞秉利老师的大力支持和协助，感谢研究生司道光不辞辛苦地协助排版、编辑处理插图，以及研究生于正委、李琦、张书铭、朱彦涵的倾情相助。感谢我的家人多年来为我的付出。

十年间，城市不断地改变着它在我记忆中的模样，我曾经看过拍过画过凝神过的大院消失了一个又一个，许多曾经华丽丽的楼宇如今也徒留痕迹在图纸和照片上。面对此景我无力挽留，我有限的研究也只能触及道外文化的一角，但至少我还可以帮它记录和诉说。希望本书还能为人们提供一个理解道外、回望道外的窗口。

道外于我，已不再仅仅是传说。

王 岩
2018.4 于哈尔滨

图书在版编目(CIP)数据

碰撞与交融:哈尔滨道外近代建筑文化解读/王岩著.
—哈尔滨：哈尔滨工业大学出版社,2018.6
（地域建筑文化遗产及城市与建筑可持续发展研究丛书）
ISBN 978-7-5603-5829-1

Ⅰ. ①碰… Ⅱ. ①王… Ⅲ. ①建筑史-研究-哈尔滨-近代 Ⅳ. ①TU-092.5

中国版本图书馆CIP数据核字(2018)第138012号

策划编辑 杨 桦
责任编辑 陈 洁 佟 馨 鹿 峰 宗 敏
装帧设计 卞秉利
出版发行 哈尔滨工业大学出版社
社 址 哈尔滨市南岗区复华四道街10号 邮编150006
传 真 0451-86414749
网 址 http://hitpress. hit. edu. cn
印 刷 哈尔滨市石桥印务有限公司
开 本 889mm×1194mm 1/16 印张15 字数359千字
版 次 2018年6月第1版 2018年6月第1次印刷
书 号 ISBN 978-7-5603-5829-1
定 价 138.00元